燕麦种质资源及西南区
燕麦育种与栽培管理

彭远英　主编

中国农业大学出版社
·北京·

内 容 简 介

本书系统介绍了燕麦种质资源以及在西南区不同生态类型下燕麦的育种和栽培技术,内容包括燕麦的起源、进化和种质资源评价,西南区燕麦的栽培历史、生产现状、形态特征、生长发育、生态适应性、品种资源、育种概况、栽培技术和主要病虫草害防治,是第一本全面系统介绍燕麦种质资源研究进展和西南区燕麦种植的著作,既考虑了内容的系统性,又突出了西南区作为特殊生态气候类型的燕麦种植区域的特点。

本书适合从事燕麦及相关禾本科作物研究和种植生产的农业、草业和畜牧业的科研人员、生产者、管理者等参考使用。

图书在版编目(CIP)数据

燕麦种质资源及西南区燕麦育种与栽培管理 / 彭远英主编. —北京:中国农业大学出版社,2019.6

ISBN 978-7-5655-2243-7

Ⅰ.①燕… Ⅱ.①彭… Ⅲ.①燕麦-种质资源-研究②燕麦-作物育种-研究

Ⅳ.①S512.6

中国版本图书馆 CIP 数据核字(2019)第 140751 号

书　　名	燕麦种质资源及西南区燕麦育种与栽培管理		
作　　者	彭远英　主编		
策划编辑	孙　勇　王笃利	责任编辑	韩元凤　孟丽萍
封面设计	郑　川		
出版发行	中国农业大学出版社		
社　　址	北京市海淀区学清路甲 38 号	邮政编码	100083
电　　话	发行部 010-62818525,8625	读者服务部	010-62732336
	编辑部 010-62732617,2618	出　版　部	010-62733440
网　　址	http://www.caupress.cn	e-mail	cbsszs @ cau.edu.cn
经　　销	新华书店		
印　　刷	涿州市星河印刷有限公司		
版　　次	2019 年 7 月第 1 版　　2019 年 7 月第 1 次印刷		
规　　格	787×1 092　16 开本　　12 印张　　300 千字　　插页 1		
定　　价	57.00 元		

图书如有质量问题本社发行部负责调换

编委会

前　　言

　　燕麦($Avena\ sativa$ L.)隶属于禾本科(Poaceae)燕麦属($Avena$ L.),是一种营养价值很高的粮饲兼用型作物,燕麦籽粒中含有更高的膳食纤维、维生素、矿物质及抗氧化活性成分。我国作为栽培燕麦的起源中心之一,具有悠久的种植历史,燕麦生产在我国农业生产体系中至今仍然占据着重要地位。然而,由于研究投入较低,燕麦在基础研究和新品种选育等方面严重滞后于其他主要粮食作物如小麦、大麦等,较低的单位产量也使得燕麦全球耕种面积逐年下滑。因此,加大燕麦基础研究投入,全方位提升燕麦产量和品质,是燕麦进一步发展亟待解决的关键问题。

　　近年来,燕麦作为特色农作物之一,得到国家科研投入前所未有的支持。2005年以来,国家农业、财政、科技等部门先后启动了一批燕麦科研项目。2008年,在农业部"948"燕麦重大项目、燕麦科技支撑计划项目和国家公益性行业科研燕麦专项取得较大成果的基础上,启动了国家燕麦产业技术体系建设工作,并于2011年开始建立了国家燕麦、荞麦产业技术体系。同时,四川农业大学燕麦研究团队从2011年起连续获得国家自然科学基金委给予的燕麦相关基础研究的经费支持,为西南区的燕麦科研和育种栽培工作提供了必要的条件和经费支撑。

　　种质资源利用的广度和深度在很大程度上决定育种成败,深入开发燕麦属遗传资源将为大幅提高栽培燕麦的产量和质量以及为其他作物提供有益基因源奠定基础。但是,要有效地利用和保护燕麦属基因库中的遗传多样性,必须首先明确燕麦属分类和生物系统学的理论框架,对燕麦属种间的系统发育关系以及各个染色体组之间的亲缘关系有清楚的认识。在此基础上对燕麦属野生和栽培资源进行系统的收集评价,以筛选出更多目标性状突出的种质资源,用于燕麦育种。本书以研究团队多年来从事燕麦属物种系统进化和种质资源评价的研究积累为基础,回顾和总结了世界范围内燕麦种质资源鉴定评价和创新利用方面的研究进展,并综述了分子标记在燕麦种质资源中的应用情况,为燕麦工作者全面了解和利用燕麦种质资源提供便利。此外,西南区作为中国燕麦的主栽区域,具有悠久的燕麦栽培历史和独特的地理气候环境,也拥有与其他燕麦种植区域不同的生态类型。选育适合西南区播种的燕麦高产品种,并研究配套的高产栽培方案是目前西南区传统燕麦种植工作和为适应国家种植业发展要求急需解决的实际生产问题。本书基于科学翔实的调查研究资料,对西南区燕麦的生态类型,以及针对不同生态型的燕麦育种和栽培管理从西南区燕麦生长种植特点、西南区燕麦育种、西南区燕麦高产栽培技术、西南区燕麦主要病虫草害及其防治等方面进行系统的描述。可供从事燕麦育种、栽培等专业的教学、科研、推广及管理人员参考,尤其可作为西南区从事燕麦种植相关人员的实用技术参考。

本书编写人员均长期从事燕麦相关的研究工作,在编写分工上结合个人研究领域和专长,以保证本书编写内容能尽可能准确地展示燕麦属物种的起源进化和种质资源最新研究进展并充分反映西南区燕麦生产实际。全书共分七章:第一章燕麦的起源与进化,由彭远英、杨可涵和杨闯编写;第二章燕麦种质资源,由颜红海、彭远英和赵军编写;第三章西南区燕麦生长种植特点,由彭远英、李骏倬、赖世奎、熊仿秋和廖姝编写;第四章西南区燕麦育种,由彭远英、熊仿秋、钟林和罗晓玲编写;第五章西南区燕麦高产栽培技术,由熊仿秋、彭远英、马莉、刘纲和周萍萍编写;第六章西南区燕麦主要病虫草害及其防治,由罗晓玲、熊仿秋、杨馨和孙崇兰编写;第七章西南区燕麦的发展趋势与展望,由彭远英、熊仿秋和沈利洲编写。

本书的编写和出版得到了国家自然科学基金"六倍体栽培裸燕麦的起源与驯化"(31571739)、"基于 GBS 测序的燕麦地方品种遗传多样性研究及产量相关农艺性状的全基因组关联分析"(31801430)、国家燕麦荞麦产业技术体系专项资金(CARS-07)和国家双一流建设学科四川农业大学农业科学学科群建设经费的资助,也得到了国家燕麦荞麦产业技术体系首席科学家任长忠研究员的大力支持和指导,在此一并致谢。

编者尽力全面介绍燕麦属物种种质资源研究进展和西南区燕麦育种与栽培管理方面的实用技术,但限于水平有限,书中难免有错误和疏漏之处,敬请读者批评指正。

编者

2019 年 2 月

目 录

第一章

燕麦的起源与进化

第一节　燕麦属的分类系统和染色体组研究

一、燕麦属分类系统

(一)燕麦属系统位置

燕麦(Avena sativa L.)隶属于禾本科早熟禾亚科燕麦族燕麦属,燕麦属(Avena L.)是由瑞典植物分类学家林奈建立的(Linnean,1753)。在传统分类学中,Clayton & Renvoize 根据形态学性状将燕麦族划分为 5 个亚族:剪股颖亚族(Agrostidinae Fr.)、燕麦亚族(Aveninae J. Presl)、凌风草亚族(Brizinae Tzvelev)、虉草亚族(Phalaridinae Fr.)、Torreyochloinae Soreng & J. I. Davis 亚族。燕麦亚族有 2 个属群:燕麦属群,每小穗含 1 至多朵可育小花,包括燕麦属、燕麦草属(Arrhenatherum P. Beauv.)、异燕麦属(Helictotrichon Besser ex Schult. & Schult. f.);三毛草属群,每小穗含 2 至多朵可育小花,包括三毛草属(Trisetum Pers.)、紫喙草属(Graphephorum Desv.)、溚草属(Koeleria Pers.)、喙秭草属(Rostraria Trin.)(Saarela 等,2010)。燕麦亚族具有燕麦族的典型特征,即大型染色体基数 $x=7$,分布于温寒地带和热带高海拔山地,传统分类学中燕麦属位于燕麦属群演化分支的顶端。分子系统学研究发现燕麦族呈网状演化模式:基于叶绿体基因 trnL-F 片段构建的系统树中,燕麦属、燕麦草属(Arrhenatherum P. Beauv.)、异燕麦属(Helictotrichon Bess.)和三毛草属(Trisetum Persoon)形成并系类群,而核糖体 DNA 的 ITS 系统树中燕麦属与燕麦族蓝禾属复合群的蓝禾属(Sesleria Scop.)和 Mibora Adans. 共祖,与燕麦亚族其他成员并非近亲(杨海鹏和孙泽民,1989;Saarela 等,2010)。因此针对燕麦族的系统学研究还没有关于燕麦属系统位置的定论。

(二)燕麦属系统学研究

燕麦属物种分类同其他植物一样,经历了传统分类学和现代分类学,主要从最初的基于外部形态学特征的分类,到基于染色体组的细胞学分类再到现在的综合分类。

在燕麦形态学分类阶段中,有几个重要的分类标准在当时被广泛地认可和使用。1753年,植物分类学的先导林奈首先对燕麦属物种进行分类,他根据形态学特征将燕麦分为4个种:*Species Plantarum* 中记载的野生燕麦(*A. fatua* L.)、普通栽培燕麦(*A. sativa* L.)和野红燕麦(*A. sterilis* L.),及 *Demonstrationes Plantarum in Horto Upsaliensi* 中记载的大粒裸燕麦(*A. nuda* L.),这些分类至今被沿用。随着林奈对燕麦分类学的研究,先后有众多科学家依据不同的分类标准对燕麦属物种进行研究,但是大家的意见分歧较大,这其中最重要的当属 Marshall 和 Bieberstein(1819)、Grisebach(1844)、Koch(1848)以及 Cosson 和 Durie de Mmsonneuve(1855)这几位学者的研究成果。其中 Cosson 和 Durie de Maissonnueve 的分类系统是那个时代最为详尽的,该系统是依据燕麦穗部性状,如花序形态、外稃软毛以及小花是否脱落等,将燕麦属分为2个组,共12个种,分别是 Section Ⅰ:*A. sativa* 等,Section Ⅱ:*A. sterilis* 等,Cosson 的分类系统沿用了近80年。1890年 Hock 认为欧洲旧大陆燕麦属中有50个种。1916年 Etheridge 根据燕麦稃皮颜色等形态特征将燕麦分为8个组,首次发表美洲地区的燕麦分类系统,并且这个分类系统被欧洲广泛认同。1927年 Dorsey 等认为燕麦属有9个种。同年,Stanton 也把燕麦属分成9个种,将其中的小裸燕麦与大裸燕麦合成一个种。1930年,Malzew 根据植物生活史特征,将燕麦分为两组:sect. *Avenastrum* Dumort. 和 sect. *Euavena* Griseb.(真燕麦组),其中 sect. *Avenastrum* Dumort. 组只包含多年生野生的大穗燕麦(*A. macrostachya* Balansa ex Coss. & Dur.),sect. *Euavena* Griseb 组包含所有的一年生燕麦物种。Malzew 又根据颖片和浆片特征将 sect. *Euavena* Griseb 组分为两个亚组,分别是 *Aristulatae* Malz. 亚组和 *Denticulatae* Malz. 亚组,每个组又进一步分为不同的系列,亚组间的各个燕麦物种之间具有生殖隔离。1953年 A. N. MopgBrma 认为一年生燕麦属中有16个种,她根据花的性状和种子的特点把普通燕麦分为3个变种:①具有周散圆锥花序和带壳种子的燕麦——周散燕麦(*Avena sativa* grex var. *aliffusal* Mordv.);②具有紧密花序和带壳种子的燕麦——侧散燕麦(*Avena sativa* grex var. *orientalis* Mordv.);③裸粒燕麦——裸燕麦(*Avena sativa* grex var. *nuda* Mordv.)。燕麦栽培种的变种还可根据种子颜色、有芒性、外颖上的茸毛和叶舌来加以区别(彭远英,2009)。燕麦形态学分类的研究是在众多分类学家的共同努力下,在不同分类标准的争议下不断完善的,同时,多种燕麦形态学分类对燕麦属中各物种的形态学特征进行了详细的描述,这为燕麦系统分类学的进一步研究提供了重要依据。

20世纪20年代,细胞生物学的发展推进了燕麦属物种分类学的发展,燕麦属分类学研究进入到细胞学分类阶段。染色体数目首先被用于分类学中,染色体数目在分类学上具有重要的价值,1921年,Belling 创立染色体压片技术,成为植物染色体研究中最广泛采用的常规技术,推动了染色体的广泛研究,染色体的技术工作开始迅速发展。除了染色体数目外,在30年代开始发现染色体形态和大小具有很大的分类价值,这方面的开拓者是 Babcock 等,他们认识到染色体结构重排的重要性,并根据这样的变化解释核型差异(洪德元,1990)。1919—1924年日本学者木原均、西山市三等最先运用细胞学手段对燕麦10个种进行了鉴定分类,发现燕麦属中包含有3种染色体数目的物种,因此根据染色体数目将燕麦物种分为3个类群,其中二倍体($n=7$)物种4个,包括砂燕麦($A.\ strigosa$)、沙漠燕麦($A.\ wiestii$)、小粒裸燕麦($A.\ nudibrevis$)和短燕麦($A.\ brevis$);四倍体($n=14$)物种2个,包括细燕麦($A.\ barbata$)和阿比西尼亚燕麦($A.\ abyssinica$);六倍体($n=21$)物种4个,包括普通栽培燕麦($A.\ sativa$)、野红燕麦($A.\ sterilis$)、裸燕麦($A.\ nuda$)和地中海燕麦($A.\ byzantina$)。这种以染色体数目为依据的分类方法,是燕麦分类的重大进步,得到了形态学分类专家的赞同,此后世界各国均以此作为燕麦属分种的基础。1961年,O. mara(欧·马拉)在前人燕麦属物种分类研究的基础上,进一步通过细胞学手段将燕麦分类完善,对燕麦种进行了补充,把燕麦分为5个二倍体物种、4个四倍体物种和7个六倍体物种,建立了新的分类系统。燕麦细胞学分类系统的产生,是燕麦属物种系统分类的重大突破,该分类系统得到了众多学者们的一致认同,这也为后来的燕麦现代分类体系的建立奠定了基础。

现如今被大家广泛采用的燕麦属物种分类系统是沿用 Baum 的分类系统(Baum, 1977),也就是我们常说的现代分类系统(表1-1)。Baum 分类系统是在 Malzew 分类系统基础之上,结合花序形态特征、染色体数目和燕麦属物种地理分布等,将燕麦分为7个组共26个物种。其中 Malzew 分类系统中位于 sect. $Avenastrum$ Dumort 组的多年生野生物种 $A.\ macrostachya$ 在该分类系统中仍然被单独分为一组,其他25个物种被分为6个组。最新发现的3个物种,四倍体物种 $A.\ agadiriana$ 和 $A.\ insularis$,二倍体物种 $A.\ atlantica$ 也被划分到这6个组内。因此,现在 Baum 分类系统中共有29个燕麦物种,其中二倍体15个,四倍体8个,六倍体6个。这一分类系统也是目前美国种质资源库(USDA-ARS)和加拿大植物基因库(PGRC)所采用的分类体系。

表1-1 燕麦属分类系统和染色体数目(Baum, 1977)

组	种	染色体数目
$Avenotrichon$(Holub)Baum	$A.\ macrostachya$ Bal. ex Coss. et Dur.	$2n=4x=28$
$Ventricosa$ Baum	$A.\ clauda$ Dur.	$2n=2x=14$
	$A.\ eriantha$ Dur.	$2n=2x=14$
	$A.\ ventricosa$ Bal. ex Coss	$2n=2x=14$
$Agraria$ Baum	$A.\ brevis$ Roth	$2n=2x=14$
	$A.\ hispanica$ Ard.	$2n=2x=14$
	$A.\ nuda$ L.	$2n=2x=14$
	$A.\ strigosa$ Schreb.	$2n=2x=14$
$Tenuicarpa$ Baum	$A.\ agadiriana$ Baum et Fedak	$2n=4x=28$
	$A.\ barbata$ Pott ex Link	$2n=4x=28$
	$A.\ atlantica$ Baum et Fedak	$2n=2x=14$
	$A.\ canariensis$ Baum Raj. et Samp	$2n=2x=14$
	$A.\ damascena$ Raj. et Baum	$2n=2x=14$
	$A.\ hirtula$ Lag.	$2n=2x=14$
	$A.\ longiglumis$ Dur.	$2n=2x=14$

续表 1-1

组	种	染色体数目
	A. lusitanica(Tab. Mor.)Baum	$2n＝2x＝14$
	A. matritensis Baum	$2n＝2x＝14$
	A. wiestii Steud.	$2n＝2x＝14$
Ethiopica Baum	*A. abyssinica* Hochst.	$2n＝4x＝28$
	A. vaviloviana(Malz.)Mordv.	$2n＝4x＝28$
Pachycarpa Baum	*A. maroccana* Gdgr.	$2n＝4x＝28$
	A. murphyi Ladiz.	$2n＝4x＝28$
	A. insularis Ladiz.	$2n＝4x＝28$
Avena	*A. fatua* L.	$2n＝6x＝42$
	A. hybrida Peterm.	$2n＝6x＝42$
	A. occidentalis Dur.	$2n＝6x＝42$
	A. sativa L.	$2n＝6x＝42$
	A. sterilis L.	$2n＝6x＝42$
	A. trichophylla C. Koch	$2n＝6x＝42$

现代植物分类学家一般认为主要有四个标准来区别种(杨海鹏和孙泽民，1989)：

(1)种内无生殖隔离现象，后代可育；

(2)同种染色体的数目与结构相同；

(3)同种植物个体发育中具有近似的形态特征；

(4)同种应具有共同的近缘祖先。

根据这些标准来考察燕麦属内各个种，则可以发现它们不完全符合上述标准。在 Baum 分类系统中一些物种之间并不存在生殖隔离的现象，后代可育，因此被认为不应该成为单独的种。目前，据资料报道：四倍体类群与六倍体类群之间杂交，其后代多数可育，少数不育；二倍体类群分别与四倍体、六倍体类群之间相互杂交，其后代极少数可育，基本上不育。AB 基因组四倍体类群内各个种之间杂交，除 *A. agadiriana* 外，以 *A. barbata* 为代表的其余 3 个四倍体种其后代杂交可育；二倍体则部分杂交后代可育，如以 *A. strigosa* 为代表的 As 基因组二倍体物种间无生殖隔离，杂交后代可育，而 C 基因组二倍体 *A. clauda* 和 *A. eriantha* 杂交可育(Ladizinsky，2012)；六倍体各个种之间杂交，后代可育。于是，似乎六倍体内 7 个种并不存在生殖隔离现象，不应该成为单独的种。由此可见，Baum 分类系统中物种的分类存在诸多争议。

根据 1971 年《国际植物命名法规》的规定，种下可设立亚种(subspecies)、变种(varietas)和变型(forma)等，它们都是"依次从属的等级的诸分类群"。分类学上采用的种下亚种、变种与变型这三个等级分别指：

亚种：是种内的变异类型，它除在形态结构上有显著的特征外，在地理上也有一定的地带性和分布区域。

变种：也是种内的变异类型，但在地理上没有明显的地带性分布区域。

变型：是指形态性状变异比较小的类型，比如毛的有无、花的颜色等。

Ladizinsky 提出了燕麦中形态学种和生物种的概念，认为生物学的种应该遵循是否存在生殖隔离的标准，通过杂交判断材料间种或亚种的划分，认为目前划分的很多物种应该为同一生物学种，因此 Ladizinsky 对 Baum 分类系进行修订，将多年生的大穗燕麦转隶到异燕麦属（*Helictotrichon* Bess.），燕麦属一年生物种被划分为 2 组 13 种，而将 Baum 分类系统的其余 13 形态种处理为亚种，强调不同物种间具有生殖隔离和同一物种共享一个基因库（Harlan 和 de Wet，1971），Ladizinsky（2012）的新分类系统是建立燕麦属自然分类系统的必然趋势（表 1-2）。

表 1-2　燕麦属生物学种的划分及其主要亚种（Ladizinsky，2012）

种名	亚种	染色体数目
A. clauda	clauda	14
	eriantha	
A. ventricosa		14
A. longiglumis		14
A. prostrata		14
A. damascena		14
A. strigosa	strigosa	14
	wiestii	
	hirtula	
	atlantica	
A. barbata	barbata	28
	abyssinica	
	vaviloviana	
A. canariensis		14
A. agadiriana		28
A. insularis		28
A. murphyi		28
A. magna		28
A. sativa	sativa	42
	sterilis	
	fatua	

大粒裸燕麦（莜麦）起源于中国，传统观点认为它是普通栽培燕麦在中国形成的地理特有类型，但其裸粒特性、穗型、外稃质地等变异性状与普通栽培燕麦存在差异。因此，国内学者将其作为独立种 *Avena nuda* 处理。但在现今广泛采用的 Baum（1977）的分类体系中，*Avena nuda* 是二倍体小粒裸燕麦的拉丁学名，而大粒裸燕麦是作为普通栽培燕麦的变种处理，其拉丁名为 *Avena sativa* Grex var. *nuda* Mordv.。通过大粒裸燕麦与普通栽培燕麦的杂交试验表明，两者之间并不存在生殖隔离，杂交后代可育。根据物种划分标准，将大粒裸燕麦和普通栽培燕麦处理为同一物种更合适。但大粒裸燕麦与普通栽培燕麦在穗部形态结构上有显著

差异,且主要起源并分布在中国。现今分类学界通过国际会议专门制定了栽培植物的命名法规,不再采用以拉丁文来命名的"变种",而是根据差异划分为不同的品种群(cultivar group),为与种以上的分类群相衔接,采用拉丁化的品种族(concultivar=concv.)一词。由于生态、地理条件的不同而构成不同的自然选择,我们把由自然选择形成的相近似基因组合个体群,称为变种;由于栽培条件与经济目的的不同而构成不同的人工选择,我们把由人工选择形成的相近似基因组合个体群,称为栽培品种,而把相近似的品种合在一起的人为归类,称之为栽培品种群,它应当是与变种同级的人为分类群,在资源管理与应用上有重要意义。因此,六倍体栽培皮燕麦和裸燕麦应为同属于栽培燕麦的两个不同的品种群,大粒裸燕麦的拉丁学名用 *Avena sativa* concv. nuda 更为合适。

二、燕麦属染色体组

19 世纪末发现了染色体,并且随后证明了它们是遗传信息的携带者,这不仅推动了 20 世纪的实验进化研究,也是细胞分类学的先声。染色体是细胞核中载有遗传信息的物质,在显微镜下呈圆柱状或杆状,主要由 DNA 和蛋白质组成。染色体有多种功能:第一,储存、复制和传递遗传物质,第二,对基因活动的调节,第三,调节有性后代的基因重组频率,第四,控制生物的能育性。

通过观察种间杂种减数分裂中期的染色体配对行为来确定染色体组的研究可以追溯到 20 世纪初期(Kihara,1924)。这种研究对植物系统学和分类学都产生了深远的影响,染色体的识别鉴定是植物遗传学研究的基础。依据每条染色体的特异物理标记对每条染色体进行初步识别及命名,进而构建物种的染色体物理图谱,通过染色体物理图谱和分子生物学的基因图谱连锁,可以明晰物种中各染色体部分同源关系。

染色体识别经历了从最初的染色体核型分析,再到后来的 C 带分析,直到现在被广泛应用的原位杂交技术。在原核生物中,染色体结构十分简单,结构上较分散,而真核生物却不同,每条染色体在结构上是独立的,但在功能上不是彼此独立,而是共同组成一套染色体,称为染色体组分。在二倍体生物中,一个单倍染色体组分就是一个染色体组,在多倍体生物中,则有两个至多个染色体组。染色体组在二倍体中是指生物的配子体细胞核中的全部染色体,在多倍体生物中则指染色体的组成成分。染色体核型分析是以分裂中期染色体为研究对象,根据染色体的长度、着丝点位置、长短臂比例、随体的有无等特征,并借助显带技术对染色体进行分析、比较、排序和编号,根据染色体结构和数目的变异情况来进行诊断,建立核型图。核型分析可以为细胞遗传分类、物种间亲缘关系以及染色体数目和结构变异的研究提供重要依据,可以根据染色体大小、染色体臂比、着丝点位置和随体大小,对染色体进行识别和命名。

1934—1966 年,Nishiyama 等根据染色体的行为定义了燕麦的 A、B、C、D 基因组(Nishiyama,1934)。由于 A、C 基因组内部核型的细微差别,将 A 基因组分为 Ac、Ad、Al、Ap、As 5 个亚型,1960 年,Rajhathy 等指出二倍体长颖燕麦(*A. longiglumis*)与砂燕麦(*A. strigosa*)、*A. hirtula*、沙漠燕麦(*A. wiestii*)、短燕麦(*A. brevis*)的核型有区别,长颖燕麦中无近端着丝粒染色体,有 2 对中着丝粒染色体,具较大随体的染色体,其随体与短臂的长度比例与其他物种差别较大,因此长颖燕麦的核型被定义为A′,随后Rajhathy等又将其命名为Al(Rajhathy和Dyck,1963)。其后学者分别将匍匐燕麦基因组(*A. prostrata*)命名为Ap(Ladizinsky,1971),大马士革燕麦(*A. damascena*)基因组命名为Ad(Rajhathy和Baum,1972),加纳利燕麦(*A. canariensis*)基因组命名为Ac(Baum等,1973),其余A基因组二倍体物种为As。C基因组分为Cp、Cv、Cm 3个亚型,Rajhathy认为普通栽培燕麦具有C基因组,并将偏肥燕麦(*A. ventricosa*)基因组命名为Cv,将不完全燕麦(*A. clauda*)和异颖燕麦(*A. eriantha*)基因组命名为Cp(Rajhathy,2011),他还认为偏肥燕麦来自祖先种不完全燕麦或者异颖燕麦(Rajhathy和Thomas,1974),大穗燕麦(*A. macrostachya*)基因组被命名为Cm(Baum和Rajhathy,1976)。有研究表明C基因组是燕麦属进化最慢的基因组(Loskutov,2008)。但A基因组二倍体物种具有等臂染色体、长臂末端富含常染色质的特征,而C基因组二倍体物种具有不等臂染色体、染色体长臂末端富含异染色质的特征,这一细胞学特征又表明A基因组比C基因组更原始。目前尚未发现B、D基因组的二倍体燕麦。

20世纪60年代末,染色体显带技术问世了,它使染色体研究深入一大步,因为它揭示了许多按照常规技术不能显示的物种种间差异,更能显示种内的染色体分化。染色体显带技术是指染色体经过某种特殊的处理或特异的染色后,染色体上可显示出一系列连续的明暗条纹,称为显带染色体,染色体显带技术是在显示染色体基础上发展起来的技术,其优点是能显现染色体本身更细微的结构,使得染色体更加直观易懂,染色体显带技术极大地促进了细胞遗传学的发展,有助于更准确地识别每条染色体形态及染色体结构异常,适用于各种细胞染色体标本,同时也为基因定位的研究提供基础(洪德元,1990)。常用的染色体显带技术有G带、Q带、R带和C带。C带分析主要是对染色体异染色质的分析,该技术被运用在燕麦的染色体研究上,俞益等利用染色体C带法对二倍体燕麦进行了研究,分析了每对染色体的C带特征,并确定了最佳分带流程(俞益和周良炎,1997)。Fominaya等(1988a)首次利用C带和核型分析对 *A. strigosa*(As)和 *A. hirtula*(As)、*A. canariensis*(Ac)、*A. damascena*(Ad)、*A. longiglumis*(Al)、*A. clauda*(Cp)和 *A. pilosa*(Cp)以及 *A. ventricosa*(Cv)8个二倍体燕麦物种的染色体结构、异染色质分布进行系统分析,从而对燕麦各染色体进行了定位命名。为探究AB基因组四倍体和AC基因组四倍体燕麦的进化,Fominaya等(1988b)再次利用C带和核型分析对AB基因组四倍体燕麦 *A. barbata*、*A. vaviloviana*、*A. abyssinica* 和AC四倍体燕麦 *A. maroccana*、*A. murphyi* 的染色体分析命名,并且将C基因组7对染色体从AC(CD)基因组中分开。

染色体的研究还有一个重要的方法——原位杂交,也是我们现在最常用的方法。原位杂交是以特定标记的已知顺序核酸为探针与细胞或组织切片中核酸进行杂交,从而对特定核酸顺序进行精确定量定位的过程,可以在细胞标本或组织标本上进行。原位杂交分为两个类型,一个是以克隆DNA片段为探针的荧光原位杂交(fluorescent in situ hybridization,FISH),另外一个是以基因组总DNA为探针的基因组原位杂交(genomic in situ hybridization,GISH)。对于燕麦染色体原位杂交的研究众多,许多重要成果也都是通过原位杂交技术而得来的。Chen等针对普通栽培燕麦开展荧光原位杂交试验,发现砂燕麦标记28条染色体,而异颖燕麦标记14条染色体,说明A、D基因组同源性较高(Chen和Armstrong,1994),Katsiotis等(1997)报道A基因组物种和AB基因组物种没有明显的染色体带型差异,表明

A、B基因组同源性较高,并且在目前已经发现的燕麦物种中没有 B 和 D 基因组的二倍体物种,所以推测 B 和 D 基因组均来自 A 基因组或者是 A 基因组的一种修饰类型(Irigoyen 等,2006;Linares 等,1998;Fominaya 等,1988b)。因此,对于只在燕麦多倍体物种中存在的 B 基因组和 D 基因组的起源,一直以来都是燕麦属物种起源和多倍体进化研究的焦点。荧光原位杂交(FISH)技术在四倍体燕麦的应用更加明确了染色体的识别。Fominaya 和 Linares 等通过 C 基因组特异探针 pAm1 在四倍体燕麦 A. maroccana 和 A. murphyi 的信号差异,并结合探针 pTa71 的信号,将 A. maroccana 的 14 对染色体命名为 1A、6A、7A、9A、10A、11A、13A、2C、3C、4C、5C、8C、12C、14C(Fominaya 等,2017;Linares 等,1996),其中探针 pTa71 的信号位于染色体 1A、10A 和 8C,探针 pAm1 在染色体 7A、10A 和 11A 端部有信号;将 A. murphyi 的 14 对染色体命名为 4A、7A、8A、11A、12A、13A、14A、1C、2C、3C、5C、6C、9C、10C,其中探针 pTa71 的信号位于染色体 4A、8A 和 9C,探针 pAm1 在染色体 8A、12A 和 13A 端部有信号(Fominaya 等,1995)。结合探针 pAm1 和 pTa71 在 AC 四倍体燕麦染色体的分布情况,探针 pTa794 的信号位于 A. maroccana 的 1A 和 7A 染色体上,A. murphyi 的 4A 和 12A 染色体上。

虽然 AC 基因组四倍体燕麦的这套染色体命名系统得到了众多学者的认同并被应用,但 A 基因组和 C 基因组之间的部分同源关系是不明确的。同二倍体、四倍体燕麦染色体的识别及命名一样,六倍体燕麦各染色体的识别及命名也是主要依据核型、C 带和原位杂交技术。尽管有关报道已经表明可以通过多个探针标记组合对六倍体燕麦染色体进行初步识别(Fominaya 等,2017),但仍然需要结合核型进行基本的分析。

第二节　燕麦属物种的起源与进化

一、燕麦属物种的地理分布

(一)世界燕麦属物种分布

燕麦与小麦、大麦一样,为一种温带作物,其种植地区主要分布在北半球,只有少部分种植在南半球,如澳大利亚、新西兰。除了栽培燕麦外,在燕麦属内还含有约 29 个物种(Baum,1977),这些物种主要分布在北纬 20°~60°。根据地理位置,林磊和刘青(2015)将燕麦种质资源分布地区划分为 10 个区域,包括地中海沿岸、东非、北非、南非、西亚、中亚、亚洲其他地区、欧洲、澳大利亚和美洲。其中地中海和北非地区燕麦物种分布最为广泛,分别为 25 种和 23 种,南非地区燕麦物种分布最少,仅发现 4 种。

Malzew 燕麦属分类系统中的多年生燕麦组[sect. Avenotrichon(Holub)Baum]分布在北非的阿尔及利亚东北部山地;埃塞俄比亚燕麦组分布在东非的埃塞俄比亚高原及西亚的沙特阿拉伯半岛;厚果燕麦组主要分布在地中海和北非地区;偏凸燕麦组分布在地中海、北非、西亚、中亚和欧洲地区;耕地燕麦组分布范围较广,地中海、北非、亚洲、欧洲、澳大利亚、美洲均有分布;软果燕麦组主要分布在地中海、北非、西亚、欧洲地区;真燕麦组(sect. *Avena*)除南极洲之外,其他大洲均有分布(林磊和刘青,2015)。表 1-3 中所列燕麦属物种地区分布参照林磊等(2015)统计分析。

表 1-3　燕麦属各物种的分布地区

分布地区	物种	总计
地中海沿岸	A. macrostachya, A. clauda, A. eriantha, A. ventricosa, A. brevis, A. hispanica, A. strigosa, A. agadiriana, A. barbata, A. atlantica, A. canariensis, A. damascena, A. hirtula, A. longiglumis, A. lusitanica, A. matritensis, A. prostrata, A. wiestii, A. maroccana, A. murphyi, A. insularis, A. fatua, A. occidentalis, A. sativa, A. sterilis	25
东非	A. abyssinica, A. vaviloviana, A. fatua, A. sativa, A. sterilis	5
北非	A. macrostachya, A. clauda, A. eriantha, A. ventricosa, A. brevis, A. agadiriana, A. barbata, A. atlantica, A. canariensis, A. damascena, A. hirtula, A. longiglumis, A. lusitanica, A. matritensis, A. prostrata, A. wiestii, A. maroccana, A. murphyi, A. insularis, A. fatua, A. occidentalis, A. sativa, A. sterilis	23
南非	A. barbata, A. fatua, A. sativa, A. sterilis	4
西亚	A. clauda, A. eriantha, A. ventricosa, A. brevis, A. barbata, A. damascena, A. hirtula, A. longiglumis, A. lusitanica, A. wiestii, A. abyssinica, A. fatua, A. hybrida, A. occidentalis, A. sativa, A. sterilis	16
中亚	A. clauda, A. eriantha, A. barbata, A. fatua, A. hybrida, A. sativa, A. sterilis	7
亚洲其他地区	A. strigosa, A. barbata, A. fatua, A. hybrida, A. nuda, A. sativa, A. sterilis	7
欧洲	A. clauda, A. eriantha, A. brevis, A. hispanica, A. strigosa, A. barbata, A. hirtula, A. lusitanica, A. matritensis, A. wiestii, A. murphyi, A. fatua, A. hybrida, A. nuda, A. sativa, A. sterilis	16
澳大利亚	A. brevis, A. strigosa, A. barbata, A. fatua, A. sativa, A. sterilis	6
美洲	A. brevis, A. hispanica, A. strigosa, A. barbata, A. fatua, A. hybrida, A. occidentalis, A. sativa, A. sterilis	9

(二)中国燕麦属物种分布

我国是燕麦的起源中心之一,具有悠久的燕麦种植历史,在《史记》《说文解字》等古代著作中均有关于燕麦的记载。时至今日,燕麦仍然是我国重要的粮食作物之一,在我国现代农业生产体系中具有不可替代的作用。据统计,近年我国燕麦种植面积维持在 70 万 hm² 左右,产量约为 85 万 t,占世界总产量的 2.8%,位居世界第 8 位(任长忠等,2018)。燕麦栽培分布我国 15 个省市,其中,华北、西北以及西南高寒冷凉地区是燕麦主要种植区,占总的种植面积的 90% 以上(赵宝平和武俊英,2017)。在我国境内,除了栽培燕麦(包括普通栽培燕麦 *A. sativa* L. 和大粒裸燕麦 *A. sativa* conw. *nuda*)外,还分布有两种野生六倍体燕麦,分别为野燕麦(*A. fatua* L.)和野红燕麦(*A. sterilis* L.)(Wu 和 Phillips,2006)。其中野燕麦分布十分广泛,遍布我国 29 个省市,而野红燕麦分布较为狭窄,只发现在云南地区有少量分布(表 1-4)。

表 1-4　燕麦物种在中国的地理分布(林磊和刘青,2015)

物种	地理分布
野燕麦(*A. fatua* L.)	安徽、北京、重庆、福建、甘肃、广东、广西、贵州、河北、黑龙江、河南、湖北、湖南、江苏、江西、辽宁、内蒙古、宁夏、青海、陕西、山东、上海、山西、四川、台湾、新疆、西藏、云南、浙江
大粒裸燕麦(*A. sativa* conw. *nuda*)	北京、重庆、甘肃、贵州、河北、河南、湖北、辽宁、内蒙古、青海、陕西、山西、四川、新疆、云南
普通栽培燕麦(*A. sativa* L.)	北京、广东、贵州、河北、黑龙江、福建、广西、湖北、江西、吉林、辽宁、内蒙古、陕西、山东、山西、四川、新疆、云南、香港、澳门
野红燕麦(*A. sterilis* L.)	云南

二、燕麦属物种的起源

(一)燕麦属物种的起源假说

燕麦属中物种众多,分布十分广泛,但其多态性最丰富的地区主要分布于北纬 25°至 45°,及西经 20°至东经 90°之间,从加那利群岛延伸到地中海盆地,再从中东地区延伸到喜马拉雅山脉(Murphy 和 Hoffman,1992)。关于燕麦物种起源至今仍无一致定论。19 世纪末,De Candolle(1886)根据燕麦习性,推测燕麦起源于东欧气候温暖的地区或者亚洲西南部,但是这一推断并未得到广泛认同。Vavilov(1926)根据多态性丰富的地区即物种的起源中心这一学说,推测六倍体燕麦起源于亚洲西南地区,因为这一地区正是六倍体栽培燕麦多态性最为丰富的地区。Malzew(1930)则认为燕麦具有多个起源中心,不同的物种有不同的起源中心。Denticulatae 亚组的物种来源于中东地区,Aristulatae 亚组则起源于伊比利亚半岛和非洲西南部。Rajhathy 和 Thomas(1974)认为一些物种起源于地中海西岸,且这一结果得到最近发现于摩洛哥的新物种的支持（Baum 和 Fedak，1985）。根据大量研究比较，目前比较公认的燕麦起源中心有 4 个，即地中海沿岸、伊朗高原、非洲以及中国西部。

（二）燕麦属物种的起源时间

Christin 等（2014）基于叶绿体基因 *ndhF*、*rbcL*、*matK* 序列，采用植硅体微化石记录（Prasad 等，2011）校正分子钟，估算禾本科的起源时间为晚白垩纪 7400—8200 万年前，而在此之前采用小穗大化石记录校正分子钟，估算禾本科的起源时间为晚古新世 5100 万—5500 万年前（Christin 等，2008）。禾本科最早的花粉化石年龄为 6000 万—7000 万年前（*Monoporites*）（Prasad，2005）。植物起源时间一般比自身化石记录早，表明采用微化石记录校正的分子钟更接近真实。目前栽培燕麦起源于不同地区已得到公认（郑殿生，2006），但缺乏燕麦属可靠的化石记录。因此，采用微化石记录校正内嵌燕麦属的禾本科分子钟方法，将为估测燕麦属起源时间提供新途径（刘青等，2014）。

三、燕麦属系统进化

（一）燕麦属基因组组成及进化

燕麦是一个比较古老的作物属，分布广泛，基因组组成复杂。利用传统的染色体组分析方法，大多数燕麦属种类的染色体组构成被确定。燕麦属物种中包含六种基因组组成，分别为 A、C、AB、AC/CD、CC 和 ACD，3 种染色体倍性，即二倍体、四倍体和六倍体。其中二倍体物种为 AA、CC 基因组二倍体，四倍体物种分为 AABB、AACC（CCDD）和 CCCC 基因组四倍体，六倍体物种为 AACCDD 基因组六倍体。由于 A、C 基因组内部核型的细微差别，将 A 基因组分为 Ac、Ad、Al、Ap、As 5 个亚型，C 基因组分为 Cp、Cv、Cm 3 个亚型（Rajhathy 和 Thomas，1974；Baum，1977；Thomas，1992；Rodionova 等，1994；Leggett 和 Markhand，1995；Loskutov，1999，2001，2008；Drossou 等，2004；Rodionov 等，2005）。

染色体核型（Badaeva 等，2005；Loskutov，2010）、基因组原位杂交（GISH）（Chen 和 Armstrong，1994；Jellen 等，1994；Leggett 和 Markhand，1995；Katsiotis 等，1997）、分子遗传学（Peng 等，2010；Yan 等，2014 等）研究证实 A 基因组和 C 基因组是燕麦属中差异最显著的两个基因组，并作为燕麦属物种两个基础的基因组。A 基因组染色体为对称核型，C 基因组染色体为非对称核型，基于对称核型染色体是更为原始的染色体这一观点（Stebbins，1971），推断 A 基因组更为原始，C 基因组可能是由 A 基因组的染色体结构差异的积累和染色体结构的重排形成（Leggett 和 Thomas，1995）的。

A 基因组内部存在丰富的遗传多样性，并且染色体结构差异相对明显。同样亲缘关系和进化关系也十分复杂（任自超，2018）。前人通过对 A 基因组内各亚型之间的亲缘关系研究，推断出 As 基因组为最进化的亚型，但究竟是 *A. longiglumis* 中的 Al 基因组还是 *A. canariensis* 中的 Ac 基因组为最原始亚型，一直存争议（Rajhathy 和 Thomas，1974；Leggett，1989；Linares 等，1998；Irigoyen 等，2006；Peng 等，2010a）。1972—1995 年，Leggett 等将 A 基因组内各个亚型之间进行杂交,寻找 A 基因组各个亚型之间的亲缘关系,Li 等认为有些 As 基因组亚型物种与 Ac 基因组亚型物种亲缘关系比较近,有些 As 基因组亚型物种与 Al 基因组亚型物种亲缘关系比较近,但具体的各个亚型之间的进化关系还未能确定。

C 基因组在二倍体、四倍体、六倍体物种中都存在。根据 C 基因组染色体结构差异,分为 3 个亚型,其中 Cp 亚型存在于二倍体物种 *A. clauda* 和 *A. eriantha*,Cv 亚型存在于二倍体物种 *A. ventricosa*,Cm 亚型存在于多年生四倍体物种 *A. macrostachya*。各项研究表明,C 基因组为进化最慢的基因组(Loskutov,2008),且在不同倍性物种中的 C 基因组之间差异较小(Yan 等,2014)。

B 基因组只存在于燕麦四倍体物种,分别是 *A. abyssinica*、*A. barbata*、*A. vaviloviana* 和 *A. agadiriana*。D 基因组只存在于六倍体燕麦物种。目前,对燕麦属仅在多倍体中存在的 B 和 D 基因组的来源有 3 种争论:①燕麦 B 或 D 基因组的二倍体供体物种曾经存在,但现在已经灭绝或尚未找到;②BB 或 DD 二倍体物种在进化过程中已发生变化,以至于变为一个和现在已知二倍体物种完全不同的个体;③基因组 A、B、D 间关系很近,难以区分,B 基因组和 D 基因组只是在进化过程中 A 基因组的另外一种进化形式或者是 A 基因组的不同生态型变异而来的(Fominaya 等,1988a;Leggett 和 Markhand,1995;Linares 等,1998;Irigoyen 等,2006)。同时,B 基因组和 D 基因组都参与了燕麦多倍体物种的起源,因此 B 基因组和 D 基因组一直以来都是被研究的焦点(彭远英,2009)。

(二)燕麦属物种的进化

燕麦属的两种二倍体物种,AA 和 CC 体现了燕麦中主要的染色体差异。Lewis(1966)提出了不同种染色体差异的两种假设:①染色体差异的逐渐积累;②突发事件导致的染色体结构的变化使染色体片段重排。如果第二种假设成立,那么可以推断燕麦祖先种的染色体在遭遇某次突发事件发生较大差异后各自进化成现的 A 和 C 基因组(彭远英,2009)。但 Rajhathy 和 Thomas(1974)指出 A 基因组先经历了逐渐积累的结构变化,然后这些 A 基因组的二倍体种在某次外界变化中经历了染色体结构重排,从而产生了 C 基因组的祖先,然后进一步分化成现在 C 基因组二倍体种。他们得出这种推断主要基于 Stebbens(1971)提出的染色体的对称型核型是更原始的类型。同时,二倍体基因组内大量的染色体易位以及未知水平的同源性使我们理解燕麦的系统进化变得更加复杂(Leggett 和 Thomas,1995)。

对于燕麦属的多倍体物种,在自然界中,除同源四倍体 *A. macrostachya* 外,燕麦多倍体物种的起源至少经历两次事件,一是杂交事件,二是加倍事件(Rajhathy,1991)。燕麦属物种多倍体起源,存在两种主要的进化路径:其一是 A 基因组二倍体和 C 基因组二倍体在自然界中杂交然后加倍形成 AC 基因组四倍体的祖先种,再经过自然选择形成现存 AC(CD)基因组四倍体物种。AC(CD)基因组四倍体再与 A 基因组二倍体杂交、加倍形成燕麦六倍体祖先种,然后再经过自然选择形成现存 ACD 基因组六倍体物种。不同 A、C 基因组二倍体被认为是多倍体物种 A、C 基因组的供体。其二是 A 基因组二倍体与未知的 B 基因组二倍体或者 A 基因组二倍体的一种修饰杂交、加倍形成 AB 基因组四倍体的祖先种,然后再经过自然选择形成现存 AB 基因组四倍体物种。

目前发现燕麦 AC(CD) 基因组四倍体物种共有 3 个,分别是 *A. maroccana*、*A. murphyi* 以及最新发现的 *A. insularis*(Ladizinsky,1998)。Shelukhina 等(2007)研究,在 3 个 AC(CD) 基因组四倍体物种中,*A. maroccana* 和 *A. insularis* 显示出更近的亲缘关系,而 *A. murphyi* 和他们的亲缘关系较远。关于 AC(CD) 基因组四倍体的形成被认为是 A 基因组二倍体和 C 基因组二倍体自然杂交,然后染色体加倍形成 AC(CD) 基因组四倍体的祖先种,再次经过染色体结构变异和重排,最终形成现存的 3 个 AC(CD) 基因组四倍体物种(Nishiya-ma,1984;Nikoloudakis 和 Katsiotis,2008;Li 等,2009)。这一观点由 Leggett 的基因组原位杂交(GISH)结果推测(Leggett 等,1994)。其中 A 基因组作为母本,C 基因组作为父本参与到 AC 基因组四倍体进化过程。AC(CD) 基因组四倍体物种中的 A 基因组的供体一直没有一致的线索(任自超,2018)。Ladizinsky 等(1999)通过种间杂交实验,观察到 *A. strigosa* 和 *A. insularis* 杂交后代 F$_1$ 代的花粉母细胞染色体配对很少,平均形成 3 个二价体,认为 *A. strigosa* 不是 *A. insularis* 的 A 基因组供体。另外,Linares(1998)等利用荧光原位杂交(FISH)手段,重复序列片段 pAs120a(来自 *A. strigosa*)作为探针,对 AC(CD) 基因组四倍体进行标记并未发现同源区段。Baum 等(1973)认定 Ac 基因组二倍体燕麦 *A. canariensis* 为 AC(CD) 基因组四倍体燕麦 *A. maroccana* 的供体。但是 *A. canariensis* 和 *A. maroccana* 的杂交后代 F$_1$ 代的花粉母细胞染色体配对情况(Leggett,1980)和线粒体基因组比较(Murai 和 Tsunewaki,1986)结果并不支持这一观点。此外,目前的研究对 AC(CD) 基因组四倍体中 C 基因组的起源没有明确结论(任自超,2018)。Thomas(1992)推测 *A. ventricosa* 可能为 AC(CD) 基因组四倍体的 C 基因组供体。Kummer 和 Miksh(1995)进一步研究确认,AC 基因组四倍体中 C 基因组不是来源于 *A. eriantha*。然而近几年,Yan 等(2016)基于 GBS 数据显示 Cp 和 Cv 基因组具有高度的同质性。同时,两种 C 基因组二倍体物种在地理分布上相互重合(Baum,1977),表明两种 C 基因组二倍体物种有共同祖先,并且这个祖先参与燕麦多倍体的起源。谷蛋白聚类图谱(Yan 等,2014b)结果表明,二倍体中 C 基因组、四倍体中 C 基因组和六倍体中 C 基因组难以区分,C 基因组在参与多倍体进化过程中是比较稳定的。

六倍体燕麦的起源一直以来是最为复杂但又必须解决的问题。现存六倍体燕麦共有 8 个种,在 1999 年确定了六倍体燕麦 *A. sativa*、*A. sterilis* 和 *A. fatua* 的 ACD 的基因组组成。六倍体燕麦的起源有单亲起源(Zhou 等,1999)和多亲起源(Ladizinsky,1998;Li 等,2000b)两种假说的争论。但目前大多数学者支持六倍体燕麦多亲起源假说,也就是说至少 3 种或 3 种以上野生种参与燕麦六倍体起源(任自超,2018)。多亲起源有以下 3 种观点(刘青等,2014):

1. AC 基因组四倍体和 D 基因组二倍体杂交加倍形成六倍体燕麦

AC 基因组四倍体燕麦是六倍体燕麦的供体,该观点已基本被认可。例如,Ladizinsky(1998)通过 *A. insularis* 与六倍体燕麦杂交后代的染色体配对情况,认为 *A. insularis* 为六倍体燕麦的供体。同时,Fu 等(2008)AFLP 结果对这一结论提出质疑,认为 *A. maroccana* 是六倍体燕麦的 AC 基因组供体。Shelukhina(2007)研究表明,*A. maroccana*、*A. murphyi* 和 *A. insularis* 3 个 AC 基因组四倍体物种由同一祖先共同进化而来,并且这个共同祖先种是六倍体的四倍体供体。

2. A 基因组二倍体、C 基因组二倍体和 D 基因组二倍体自然杂交形成六倍体燕麦

六倍体 A 基因组的供体是比较混乱的，没有一致的结论。染色体核型分析（Rajhathy 和 Thomas，1974）和基因组原位杂交（Chen 等，1994；Jellen 等，1994；Leggett 和 Markhand，1995）结果支持 A. strigosa 是六倍体 A 基因组的供体，但该结论与 C 带结果相驳。叶绿体基因 psbA-trnH 的系统发育（Yan 等，2014a）表明普通栽培燕麦的 A 基因组供体可能是 A. atlantica 或者 A. canariensis。然而 Peng 等（2010b）认为 A. damascena 作为 A 基因组供体参与到六倍体燕麦的进化。所以不同 A 基因组二倍体参与了六倍体燕麦的进化过程。二倍体燕麦 A. ventricosa（Cv）（Nikoloudakis 和 Katsiotis，2008）和 A. clauda（Cp）（Peng 等，2010a）都被证明其作为 C 基因组供体参与了六倍体燕麦的形成。另外，相关研究表明 ACD 六倍体燕麦的 C 基因组是由现存 C 基因组二倍体燕麦的共同祖先提供。由于在自然界中尚未发现 D 基因组二倍体物种，所以关于 ACD 六倍体燕麦 D 基因组的起源有不同的猜测：①D 基因组二倍体参与了六倍体的进化，在物种演化过程中灭绝。②D 基因组二倍体参与了六倍体的进化，但遗传变异显著，与现存二倍体物种完全不同。③D 基因组来自 A 基因组或者是 A 基因组的一种修饰类型（Linares 等，1998；Irigoyen 等，2006）。根据形态学特征比较（Baum 等，1973）和荧光原位杂交证据（Linares 等，1998）显示，Ac 基因组二倍体燕麦是六倍体燕麦 D 基因组的供体。

3. A 基因组二倍体和 CD 基因组四倍体杂交加倍形成六倍体燕麦

目前，诸多研究表明 AC 基因组四倍体燕麦的基因组组成是 CD 而不是 AC。Linares（1998）通过 FISH 研究表明，利用 A 基因组特异探针 pAs120a 在 A. insularis 染色体上并未检测出信号。单拷贝核基因 Acc1 序列研究（Yan 等，2014），结果也显示 A. insularis 的基因组组成为 CD。同时 Peng 等（2010）低拷贝核基因 FL int2 研究，揭示 A. clauda 具有 CD 基因组等位基因。最新研究也揭示了这一观点，Yan（2016）的 GBS 数据表明，原先认定的 AC 基因组四倍体燕麦物种，其基因组组成应该为 CD。Fominaya 等（2017）利用寡聚核苷酸（AC）₁₀作为探针对燕麦种间关系研究，其结果也支持这一结论。任自超采用多种 FISH 探针对燕麦属不同基因组组成的物种进行标记，也表明 AC 基因组四倍体物种的染色体与六倍体中的 C 和 D 基因组更接近（任自超，2018）。如果这一结论成立，六倍体燕麦的进化路径更加清晰。

现存的 AB 基因组四倍体燕麦物种共有 4 个，分别是 A. abyssinica、A. barbata、A. vaviloviana 和 A. agadiriana。众多研究表明 AB 基因组四倍体物种内存在差异。FL int2（Peng 等，2010a）和 ITS（Peng，2010c）序列证据支持 AB 基因组四倍体物种分为两个进化分支，一支由 A. agadiriana 构成，另外一支由 A. abyssinica、A. barbata 和 A. vaviloviana 3 个物种构成，被认为来源于同一祖先。低拷贝核基因 Acc1（Yan 等，2014）和 Pgk1（颜红海，2013）序列证据支持这一观点。另外 Peng 等（2008）通过 5S rDNA 序列的分析也支持此观点。Badaeva（2011）的细胞学证据与其也一致。AB 基因组四倍体燕麦的形成是多倍体燕麦起源的另一条独立进化路径。AB 基因组四倍体燕麦进化路径的研究，到目前为止没有明确的结论。AB 基因组四倍体的形成以下有两种假设：

1. A 基因组二倍体同源加倍而成（任自超，2018）

Rajhathy 等（1974）通过对 *A. barbata* 核型研究，发现 As 基因组二倍体的染色体核型与 *A. barbata* 的两套染色体核型相似，因此认为 *A. barbata* 可能是由 *A. hirtula* 或 *A. wiestii* 同源加倍而成。Leggett（1995）和 Katsiotis（1996）等试图通过基因组原位杂交的方法区分 A、B 基因组，实验失败也证明了 AB 基因组四倍体由 A 基因组同源加倍而成。Fominaya 等（1988b）基于染色体 C 带带型研究，发现 AB 基因组四倍体物种和 A 基因组二倍体物种有着相似的带型结果。

2. 由不同 A、B 基因组二倍体供体异源加倍而成

AB 基因组四倍体的供体来源于不同 A 基因组二倍体。细胞学研究证实了这一假设，例如，Irigoyen（2001）利用特异序列探针 pAs120a，通过荧光原位杂交实验成功将 B 基因组识别出来。对于 AB 基因组四倍体燕麦的供体研究，出现了不同的结论。根据细胞学、形态学和地理分布的研究（Rajhathy 和 Thomas，1974），认为 As 基因组二倍体燕麦 *A. hirtula* 或者 *A. wiestii* 可能为 AB 基因组四倍体燕麦的供体。RFLP 分子标记也显示出一致的结果（Irigoye 等，2006）。Peng 等（2010b）通过对叶绿体基因片段 *matK* 的序列分析，也发现 As 基因组二倍体物种 *A. hirtula* 和 AB 基因组四倍体表现出较近的亲缘关系。但是荧光原位杂交实验（Irigoyen 等，2001；Badaeva 等，2010）表明，As 基因组二倍体物种 *A. strigosa* 与 AB 基因组四倍体 *A. barbata* 和 *A. vaviloviana* 表现出更近的关系。由于自然界中尚未发现 B 基因组二倍体物种，所以 AB 基因组四倍体的 B 基因组来源一直只是推测（任自超，2018）。低拷贝核基因 *FL* int2（Peng 等，2010a）的燕麦属物种系统发育分析结果显示，Ad 基因组二倍体燕麦 *A. damascena* 可能是 AB 基因组四倍体的 B 基因组供体。同时 Badaeva 等（2010）认为 AB 基因组四倍体燕麦的 B 基因组可能来源于 Ac、Ap、Ad 或者 Al，但不会来源于 As 基因组。

（三）燕麦系统进化研究存在的问题

1. 多倍体形成路径不明

燕麦中存在两条独立的多倍体进化路径，即含有 AB 基因组的四倍体物种和含有 AC 基因组的四倍体物种及与 AC 基因组四倍体密切相关的 ACD 基因组六倍体的形成（颜红海，2017）。核型分析结果表明，除 *A. agadiriana* 外，AB 基因组四倍体拥有几乎相同的两套染色体（Sadasivaiah 和 Rajhathy，1968），基因组原位杂交并不能将 B 基因组从 A 基因组中分开（Leggett 和 Markhand，1995；Katsiotis 等，1997），因此不少学者认为 AB 基因组四倍体为某个 A 基因组二倍体同源加倍而成（Holden，1966；Fabijanski 等，1990；Katsiotis 等，1997）。然而，其他证据却表明 AB 基因组四倍体为异源四倍体（颜红海，2017）。C 带结果表明，尽管 A、B 基因组具有相似的带型，但仍然存在差异（Fominaya 等，1988b）。利用来自 As 基因组二倍体物种 *A. strigosa* 的重复序列作探针的荧光原位杂交已经成功将 B 基因组从 A 基因组中分离开来（Irigoyen 等，2001），从而支持 AB 基因组的异源性起源。

目前，六倍体形成路径被广泛认定为 AC＋D，即 AC 基因组四倍体与 D 基因组二倍体杂

交,经染色体加倍形成六倍体。这个模型的提出部分归结于被认定为六倍体的四倍体物种供体的物种染色体组成为 AC 基因组。然而,一些分子学证据表明,这些 AC 基因组四倍体中可能含有 D 基因组(Peng 等,2008;Yan 等,2014),加之目前尚未发现 D 基因组二倍体,因此六倍体物种的形成路径还需要进一步探究。

2. 多倍体物种供体不清

燕麦多倍体供体物种研究已经持续近一个世纪,然而并无一致结论。对于燕麦多倍体中 A 基因组的来源,尽管目前尚未发现任何 A 基因组二倍体的染色体结构能够和多倍体中的 A 基因组完美契合,但多数研究,包括杂交后代染色体配对行为(Kihara 和 Nishiyama,1932;Rajhathy 和 Morrison,1960;Marshall 和 Myers,1961)、荧光原位杂交(Jellen 等,1994;Linares 等,1998)及核酸序列比对结果(Peng 等,2010;Yan 等,2014)均表明 As 基因组二倍体与多倍体中的 A 基因组匹配程度最高。C 基因组二倍体包括三种不同的物种,然而都分别被认为是多倍体中 C 基因组的供体物种(Rajhathy 等,1974;Jellen 等,1994;Chen 和 Armstrong,1994;Nikoloudakis 和 Katsiotis,2008;Peng 等,2010)。由于尚未发现含有 B 和 D 基因组的二倍体物种,因此 AB 基因组四倍体中的 B 基因组以及 ACD 基因组六倍体中的 D 基因组来源是目前燕麦进化研究中的焦点问题(颜红海,2017)。多数研究表明 A、B、D 基因组之间存在很高的同源性,因此被认为均来自 A 基因组,是 A 基因组的修饰类型(Leggett 和 Markhand,1995;Linares 等,1998;Igigoyen 等,2006)。Linares 等(1998)和 Irigoyen 等(2001)利用来自 As 基因组二倍体 *A. strigosa* 的重复序列做探针进行原位杂交实验,结果表明,这个重复序列广泛分布于多倍体中的 A 基因组染色体,而 D、B 基因组上却未能检测到,因此成功将 D、B 基因组从 A 基因组中分离,且此重复序列同样没能在 Ac 基因组二倍体 *A. canariensis* 和 Ad 基因组二倍体 *A. damascena* 中检测到,因此这两个 A 基因组二倍体被推测为 D、B 基因组的供体。然而,由于荧光原位杂交的灵敏度受到拷贝数的限制,低拷贝的片段并不容易被检测到,因此这两个物种是否为 D、B 基因组供体还需 D、B 基因组特异探针去进一步证实(颜红海,2017)。

第二章

燕麦种质资源

第一节　燕麦种质资源

一、种质资源的概念

种质一词来源于德国著名遗传学家魏斯曼（Weismann，1834—1914）提出的种质理论（germplasm theory），是指能从亲代传递给子代的遗传物种总体。广义上讲，携带种质的材料包括群体、个体、器官、组织，乃至染色体片段都称为种质资源。一般而言，对于燕麦种质资源，主要是指栽培种、野生种以及一些特殊遗传材料，如人工诱导的多倍体、单倍体、缺体，以及附加系、易位系、代换系在内的所有可利用的遗传物质。

种质资源是生物多样性的重要组成部分，是人类赖以生存和发展的物质基础。对于作物来讲，种质资源是作物新品种选育和改良的遗传基础，丰富的种质资源给作物研究提供了取之不尽的基因来源。因此，毫不夸张地说，种质资源的多少，以及对种质资源利用的广度和深度决定了育种成败。

二、世界燕麦种质资源收集工作

燕麦种质资源的发展具有悠久的历史。回顾其发展历史，主要经历了三个阶段。第一个阶段为自发阶段。自燕麦驯化为人工栽培品种以后，这些栽培品种分散在农户手中，靠着一代又一代的种植、繁衍而保存下来。第二个阶段为育种原始材料阶段。随着育种学的产生和发展，育种家们根据育种需要收集可作为育种原始材料的品种资源，并加以保存。第三个阶段为集中保存和研究阶段。随着现代育种进程的发展，人类普遍使用一些高产品种，先前种植的众多地方品种逐渐被淘汰，从而使这些地方品种面临消失的可能。在这种形势下，许多国家纷纷成立专门的机构来收集这些原始材料，从而使种质资源的遗传多样性得以保存。

如今,经过几代燕麦工作者的努力,燕麦种质资源收集工作取得了显著成效。据统计,保存在世界各地资源库的燕麦种质资源超过 80 000 份(Diederichsen,2008)。其中多数为六倍体栽培燕麦。在这些资源库中,加拿大植物基因资源库(Plant Gene Resources of Canada,PGRC)是世界最大的燕麦种质资源基因库。截至 2012 年,PGRC 收录并保存的燕麦种质资源超过 27 000 份,其中 81% 为六倍体栽培燕麦。此外美国、俄罗斯等国家也保存了超过 10 000 份的燕麦种质资源。其他国家,包括捷克、肯尼亚、波兰、南非、德国、匈牙利、中国也保存了相当数量的燕麦种质资源。这些种质资源的收集和保存为燕麦育种工作的顺利开展奠定了基础。

我国燕麦种质资源收集工作始于新中国成立以后,起步较晚。前后经历了几次大的收集和征集工作(郑殿升和张宗文,2017)。第一次收集工作始于 20 世纪 50 年代末,中国农业科学院作物研究所通过引种从苏联、加拿大、瑞典、法国、丹麦、蒙古、匈牙利和日本等 21 个国家引入燕麦种质资源 489 份,同时农业部组织相关部门在全国范围内进行了燕麦种质资源收集和记录工作,至 1966 年共收集、整理、登记造册了国内外燕麦种质资源 1 497 份。随着 1973 年外引工作的恢复,中国农业科学院又开展了第二次燕麦种质资源引进和收集工作,根据 20 世纪 80 年代编撰的《中国燕麦品种资源目录Ⅰ》和 90 年代编撰的《中国燕麦品种资源目录Ⅱ》记载,共入编的燕麦资源 2 978 份,涵盖了燕麦属 9 个物种。第三个阶段是 20 世纪 90 年代至今,随着国家对燕麦研究的重视和国际合作的加强,我国燕麦工作者也加大了从国外引进燕麦种质资源的力度,从 28 个国家和地区共引进燕麦种质 1 017 份。近些年来,通过与 PGRC 合作,从 PGRC 引进了包括 29 个物种在内的野生燕麦 312 份、加拿大主栽品系 364 份,以及来自世界 49 个国家和地区的地方品种 402 份,共计 1 078 份,这些种质资源保存在四川农业大学小麦研究所。至此,目前我国收集和保存的燕麦种质资源超过 6 200 份,涵盖燕麦 29 个物种。

第二节　燕麦属种质资源评价

一、种质资源评价的概念

种质资源是燕麦育种和改良的遗传基础,对燕麦种质资源进行全面评价是高效利用这些资源的关键。同时也是对这些种质资源进行保护的理论基础。燕麦种质资源评价是燕麦种质研究工作的基础环节之一。从广义来说,资源评价就是对收集到的遗传资源样本的描述。而狭义而言,资源评价就是在适生环境和特定的条件下,对收集到的燕麦遗传资源样本进行指标性的描述,是在所描述的环境和特定条件下这些指标对环境的敏感程度。理想的遗传资源评价是既包括对表型性的性状描述,也要求对控制该性状的基因和等位基因的描述。但目前而言,仅有对少数性状的描述达到理想要求。

二、种质资源评价的内容和方法

(一)评价内容

资源评价就是对收集到的遗传资源样本的描述,评价工作主要包括以下 3 部分。

1. 基本资料记载

首先进行种质资源收集,记录收集地点的详细信息。包括收集时间、收集地点的具体位置,种质资源的生长方式(野生资源或地方品种、或育成品种)、培育历史(对选育品种而言),包括谱系关系和选育、应用方法。

2. 进行初步评价

初步评价通常在第一次繁种过程中进行。主要包括基本的植物学特征和生物学特征,以及一些育种相关的特性。

3. 进行系统、全面的评价与鉴定

进行初步鉴定以后,需要在严格、一致的试验条件下进行全面、系统的评价和鉴定。除了对登记材料的基本性状描述之外,主要对种质资源利用相关,即育种相关的性状进行进一步的鉴定和评价。主要包括丰产性,如株高、分蘖数、千粒重等,抗逆性,如抗病性、抗旱性、耐盐碱等,抗虫性以及品质特性进行详细、系统评价。对这些性状的进一步鉴定和评价往往需要相关专家和专门机构的参与,且随着农业实践和育种策略等的变化而有所不同。

(二)评价方法

传统上,种质资源评价主要是对收集的种质的植物学特征和生物学特征,尤其是种质资源利用相关的特征进行全面系统的评价,因此对这些特征进行评价和鉴定需要根据各性状的特征制定不同的鉴定方法。对种质资源进行评价一般应遵循以下原则。

1. 首先要制定性状描述的标准

一般而言,在对于一些燕麦中的重要性状的统计记载,经过多年的学术交流和科学累积,已经形成国际通用或国内通用的记载标准。对一个性状的描述,首先应选定标准的测定方法,再对测定的结果进行分级,从而对被鉴定的种质资源在该性状上的优劣作出评价。对于分级结果,应做出相应的详细、明确的说明。对于某些随着生长周期而发生变化的性状,其评价时必须详细注明评价的时间、方法。

2. 对不同性状的描述应区别对待

燕麦所具备的性状大致分为两类,即质量性状和数量性状。同一质量性状不同等级或水平之间存在较明显差异,容易进行分级记载。但数量性状由于往往易受环境的影响,因此对它们的定量、定性描述需要做更为系统的认定。通常地,对某一数量性状进行评价时,需要选取一套公认的、可靠的材料作为对照,通过与对照进行比较,来核实试验结果的准确性。

3. 注意基因与环境互作对性状描述结果的影响

对于多数数量性状而言,基因与环境的互作会导致该性状在材料之间的排列顺序。因而,对这类性状评价和鉴定时,只通过一次鉴定很难作出准定的描述,这就需要进行多次鉴定才能够获得较好的评价结果。通常可以先对对照材料在不同试验间的基因-环境互作值进行测定,从而作为资源评价时的参考依据。

基于上述原则,我国燕麦工作者通过多年的科学积累与对外交流,对燕麦农艺性状的鉴定评价进行了系统研究。郑殿升等(2006a)在《燕麦种质资源描述规范和数据标准》一书中对燕麦种质资源主要植物学特征、生物学特征和部分经济性状的统计和描述进行了规范,形成了目前我国燕麦种质资源评价的标准体系。

除此之外,随着分子生物学的高速发展和随之而来的 DNA 分子标记技术在性状鉴定上的应用,燕麦某些性状的鉴定已经发展到 DNA 分子水平。通过这些 DNA 分子标记便可以对待测遗传资源某些性状进行评价。这些分子遗传学的进一步发展和应用,使得理想的遗传资源描述,即基因型描述,将逐渐占据主导地位。

三、燕麦种质资源基础评价

燕麦种质资源评价的内容主要是对燕麦的农艺性状,包括生长发育习性、植物学特征以及产量与品质性状特征进行系统、翔实的描述。这些性状往往具有表现直观、易于掌握的特点,是人类认识植物和进行区分的基础。

(一)植物学性状评价和鉴定

植物学性状是对种质进行分类、识别、鉴定的基础。对于作物而言,植物学性状鉴定主要包括对不同植物组织、器官的颜色、大小、有无等进行鉴定。对燕麦而言,基础的植物学性状包括幼苗、茎秆、穗子、叶片、种子的颜色、大小以及形状,此外还包括芒、茸毛的有无、颜色和形状。

在燕麦属中,这些植物学性状存在广泛的变异。Tang 等(2014)对种植于西南地区的 114 份包含 25 个燕麦属物种的燕麦材料的 18 个植物学性状(图 2-1),包括芒(芒性、芒型、芒色)、稃皮(外稃和内稃颜色)、籽粒(粒型、粒色、籽粒饱满度)、穗子(穗型、穗长)、轮层数、茸毛(有无及颜色)、落粒性等进行了连续两年的统计,结果表明,在数量性状中,落粒性的变异系数高达 140.42%,而在质量性状中,外稃颜色和籽粒颜色的多样性指数均超过 1.0,分别为 1.30 和 1.10。

在栽培燕麦中,一些植物学性状也存在极为丰富的变异。Diederichsen(2008)对保存在 PGRC 中的 10 105 份栽培燕麦种质资源的 9 个植物学性状进行了评价(图 2-2)。从地理来源来看,一些性状的频数分布与地理来源相关。与地理来源相关最明显的性状是皮裸性状。裸燕麦主要分布在中国、北美洲和欧洲,而在中美洲、地中海、印度尼西亚、东南亚无分布。同时普通栽培燕麦类型(*sativa* type)分布较广,而地中海燕麦类型(*byzantina* type)则集中在澳洲

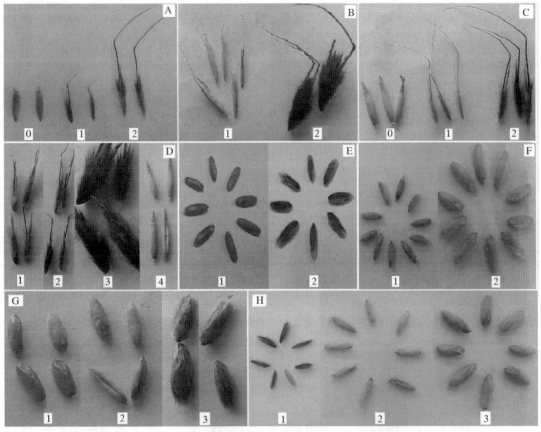

图 2-1 不同燕麦种质的部分植物学性状（Tang 等，2014）

A：芒性；B：芒型；C：芒色；D：外稃颜色；E：籽粒颜色；

F：籽粒大小；G：籽粒表面茸毛；H：籽粒饱满度

和地中海区域分布。在穗直立性性状上，直立类型主要在东亚地区，在欧洲分布频率较低，而下垂类型的燕麦则主要分布在中欧、北欧和西欧，半直立的类型则主要在地中海区域。在外稃颜色上，褐色外稃的燕麦种质主要分布在美洲南部和亚洲西部，外稃为白色的种质则主要分布在欧洲。在美洲，有芒的种质很少，这类种质主要分布在欧洲和亚洲。

在国内，许多学者对保存（包括收集和引种）在我国的燕麦种质资源进行了系统的鉴定和评价。穆志新等（2016）对 289 份大粒裸燕麦种质资源的 22 个生物学性状进行了调查统计，其中包括穗色、芒型、芒性、小穗型、内外稃颜色、茎秆颜色、粒型、粒色、粒茸毛等在内的 12 个植物学质量性状。结果表明这些裸燕麦材料在芒性、内稃颜色和粒型上遗传多样性程度最高，多样性指数分别为 1.34、1.21 和 1.20。国家燕麦荞麦产业技术体系的研究团队对中国种质资源库收集的 2 180 份燕麦种质资源的幼苗习性、幼苗颜色、旗叶叶相、穗型、粒型、粒色等 6 个性状进行了评价鉴定，同时对其中的 1 673 份种质资源的小穗型、内稃颜色、外稃颜色进行了基础评价和鉴定（图 2-3）。鉴定结果表明，这些燕麦种质资源在幼苗习性、幼苗颜色、旗叶叶相 3 个性状的分布上较为平均，但在穗型、粒型、粒色、小穗型、内稃颜色、外稃颜色上分布呈现出显著不均衡的频率分布。在燕麦穗型性状上，多数燕麦表现为周散型，占到所有鉴

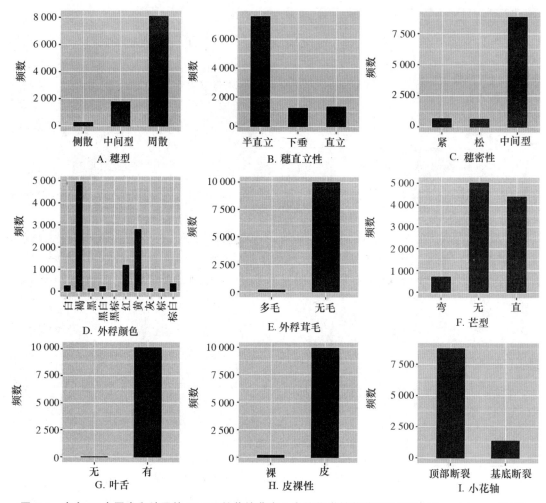

图 2-2 来自 85 个国家和地区的 10 105 份栽培燕麦 9 个植物学性状鉴定和评价(Diederichsen, 2008)

（顶部断裂：小花分离时花轴与第一朵小花相连；基底断裂：小花分离时花轴与第二朵小花相连。）

定燕麦种质资源的 92％，而侧紧和侧散类型的燕麦种质较少，两者都大约占到总的种质资源的 1％；在小穗型上，供试燕麦的穗型主要是串铃形和纺锤形；在粒型上则以纺锤形为主（57％），椭圆形次之（27％），长筒形最少，只占总数的 5％；在粒色上，绝大多数供试燕麦的籽粒为黄色，占比达 74％，种子为红色的较少，仅有 8 份，不足所评价种质资源的 1％；内稃颜色则主要为褐色（49％）和黄色（44％）；外稃颜色则主要为黄色，其中内稃颜色为黑色的种质仅有 2 份。

此外，四川农业大学对引自加拿大的 328 燕麦种质以及 10 个白城农科院培育的白燕品系在成都平原进行种植，并对其生物学性状进行了鉴定和评价。在 12 个植物学性状中，轮层数的遗传变异最为丰富，多样性指数为 1.35，且其中有 25 份燕麦种质的轮层数超过 9 层（表2-1）。

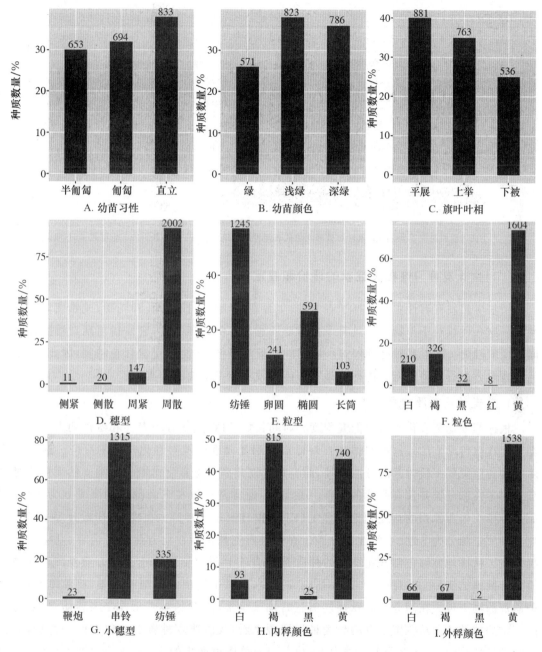

图 2-3　燕麦种质资源植物学性状鉴定与评价

表 2-1　338 份加拿大引种燕麦种质资源 12 个植物学性状鉴定

性状	多样性指数	频率				
轮层数*	1.35	2(5~6 层)	30(6~7 层)	120(7~8 层)	161(8~9 层)	25(9~10 层)
内稃颜色	0.52	18(白色)	292(黄色)	25(褐色)	3(黑色)	
外稃颜色	0.60	15(白色)	278(黄色)	42(褐色)	3(黑色)	
穗型	1.02	14(侧紧)	27(侧散)	188(周紧)	109(周散)	

续表 2-1

性状	多样性指数	频率			
粒型	1.27	108(纺锤)	24(卵圆)	119(椭圆)	87(长筒)
粒色	0.80	2(白色)	225(黄色)	108(褐色)	3(黑色)
粒茸毛	0.89	118(多)	198(中)	21(少)	1(无)
小穗型	0.34	24(鞭炮)	6(串铃)	308(纺锤)	
粒饱满度	0.37	296(饱满)	40(中等)	3(不饱满)	
芒性	0.89	34(强)	98(弱)	206(无)	
芒型	0.81	16(挺直)	116(弯曲)		
芒色	0.83	19(白色)	113(黑色)		

注：* 小区内随机选取 10 个主穗，其轮层数平均值代表该种质的轮层数，5～6 层表示(5≤轮层数<6)，依此类推。

(二)生长发育习性相关性状的评价和鉴定

植物生长发育习性主要包括了春冬性、生育期、分蘖期、抽穗期、开花期、成熟期等生物学性状。这些性状对于作物育种具有十分重要的意义。例如春冬性，它是指苗期对温度强弱不同的反应性能。冬性品种必须经过一段时间的低温条件，才能够正常开花结实，因此，若冬性品种在北方进行春播或南方进行冬播则可能导致不能正常抽穗结实。

1.燕麦种质资源的春冬性

根据燕麦幼苗春化所需要低温程度和时间长短，可将燕麦分为春性和冬性两大类。这两类燕麦在遗传学上的差别主要体现在对低温的耐受程度以及对春化作用的反应。通常冬燕麦在抽穗前需要一段时间的低温处理，而春燕麦则几乎不受春化作用的影响。然而目前对于燕麦春冬性的分类并没有明确的标准。在美国，通常把种植在东南部州的燕麦划为冬燕麦，而把种植在中西部州的燕麦划为冬燕麦(King 和 Bacon，1992)。在我国，郑殿升等(2006)将燕麦种质资源分为冬性、半冬性和春性。春性种质资源是指在北方燕麦产区春、夏播和南方燕麦产区秋播均能够正常开花结实的种质资源；半冬性种质资源则指在南方燕麦产区秋播能够正常抽穗结实，在北方燕麦产区春播则成熟晚，夏播不能正常抽穗或成熟，籽粒瘪瘦；冬性种质资源则表现为在南方产区秋播能够正常抽穗结实，南方冬播或北方产区春播、夏播均不能正常抽穗结实。从我国已有的燕麦种质资源来看，我国燕麦种质资源仅有两种类型，即春性和半冬性，并且以春性燕麦品种为主，约占燕麦总播种面积的 95%，主要分布在内蒙古、山西、河北 3 省，以及甘肃、陕西、宁夏和青海等地。在栽培燕麦中，不同基因型的种质对于春化作用的敏感程度具有很大不同。这主要体现在春化作用对燕麦抽穗期的影响。King 和 Bacon(1992)对 15 个冬性燕麦和 5 个春性燕麦进行了不同时期的春化处理(0、6、12、24、48 d，5℃)，结果表明春化作用促进了冬性燕麦抽穗，而对春性燕麦抽穗期则没有显著影响。在冬性燕麦内，不同基因型对春化作用的敏感程度不同。品种"Madison"和"Dubois"对春化作用非常敏感，接受 48 d 低温处理后，其抽穗期对比对照(0 d 低温处理)提前了近两个月(分别为59 d 和 58 d)，而春化作用对冬性品系"833"和"Ora"的抽穗时间影响不大，其接受 48 d 低温处理后,抽穗期比对照(0 d 低温处理)只分别提前了 14 d 和 19 d。甚至同一栽培品种内的不同植株对春化作用的反应也大不相同。Qualset 和 Peterson(1978)将冬燕麦品种"Blount"进行春播,结果发现"Blount"中有 35％的植株表现为春性,这些春性植物具有与冬性植株一样的低温耐受能力,但表现出对春化作用的不敏感性。在燕麦属野生资源中,同样含有 3 种不同类型的春冬性的种质资源。冬性野生资源主要由二倍体和四倍体组成,而六倍体中则包含了 3 种类型的种质资源,不同的物种其春冬性类型有所不同。对大量野生种质资源的春冬性进行评价和鉴定后发现,在物种 A. clauda、A. barbata、A. ludoviciana(Baum 分类系统中归为 A. sterilis)内存在大量冬性种质资源,而在物种 A. wiestii、A. canariensis、A. maroccana、A. vaviloviana、A. fatua 内存在大量春性种质资源。进一步研究表明,野生物种的春冬性主要由其居群的地理来源决定。例如在野燕麦(A. fatua)中,尽管多数居群为春性种质,但来自北极地区的野燕麦则表现为冬性,在野红燕麦(A. sterilis)中则包含了全部 3 种类型的居群。同样地,在同一野生居群中,不同植株对春化作用的敏感度不同。Darmency 和 Aujas(1985)将一个来自野燕麦 A. fatua 的居群进行春播后发现,这些植株大体上分为春性和冬性两类,对其开花期进行统计后发现,春性植株平均开花期为 54.8 d,而冬性植株的平均开花期为 122.7 d,分别对春性和冬性植株进行低温处理后,春性植株的平均开花期为 61.4 d,而冬性植株的平均开花期缩短了 50 d,由此可见,冬性植株对低温十分敏感,低温处理能够显著促进冬性植株开花。

2. 燕麦种质资源的生育期和熟性

燕麦生育期是燕麦另一个重要的生长发育习性,它是指燕麦从出苗到成熟的时间,以天为单位。在对燕麦种质资源进行鉴定时,可根据生育期长短,即按照成熟时间对燕麦熟性进行定级,一般分为早、中、晚 3 类,还可以根据具体情况增定特早、特晚熟类型。进行分级时,通常以当地燕麦的中熟品种为对照,根据较对照品种成熟早或晚的天数,确定参试种质资源的熟性类型。根据郑殿升等(2006a)对熟性定级标准,比对照品种早熟 5 d 以上为特早熟,早 3~5 d 成熟为早熟,与对照品种成熟期相当为中熟,比对照品种晚熟 3~5 d 为晚熟,晚熟 5 d 以上为特晚熟。尽管生育期是植物的生长发育习性之一,但在作物中,生育期却直接影响作物的产量、品质以及播种特性。刘文辉(2016)研究不同播期对 3 种裸燕麦生育期及产量性状的影响,结果表明,随着播期的推迟,3 个裸燕麦品种生育期缩短,总分蘖数、有效分蘖减少,各时期各器官干物质积累量和群体生长速率下降,穗数、千粒重和产量也随之降低。与此同时,生育期长度影响播种特性,尤其是在高海拔地区,种植晚熟品种可能导致不能正常成熟。彭先琴等(2018)研究了川西北高寒地区 6 个燕麦品种的生长特性,结果表明晚熟品种定燕 2 号不能够正常成熟。因此,生育期特性是新品种选育必须考虑的重要因素之一。在栽培燕麦中,生育期具有十分丰富的遗传变异。崔林和刘龙龙(2009)对我国收集和保存的 1 924 份大粒裸燕麦种质资源包括生育期在内的 19 个性状进行了鉴定和评价,结果表明裸燕麦中生育期遗传多样性十分丰富,春性裸燕麦的平均生育期天数为(94.5±5.5) d,以中熟为主(66.48％),但品种间生育期差异非常显著,生育期低于 90 d 的品种有 131 份,生育期最短的品种其生育期仅为 77 d,生育期大于 100 d 以上的品种有 27 份,其中生育期最长的品种其生育期达到 104 d。从地理来源上看,来自山西的裸燕麦品种生育期遗传多样性最丰富,36 份生育期低于 85 d 的种质中,有 17 份来自山西,且 96.3％的晚熟种质资源来自山西。对 2 180 份包括国内外的燕麦种质资源的生育期进行鉴定后,发现这些燕麦种质的生育期遗传多样性更为丰富(图 2-4),生育期变化范围为 69～265 d,多数燕麦种质资源的生育期在 80～100 d,占比达 70％。生育期低于 80 d 的种质有 168 份,低于 70 d 的种质 3 份;生育期大于 200 d 的种质有 39 份,超过 230 d 的有 13 份。从地理来看,早熟品种多数来自山西,如生育期低于 80 d 的 168 份材料中,来自山西的占 144 份,包括 2 份生育期低于 70 d 的种质;而特晚熟品种大多来西南地区,包括四川、云南和贵州。如生育期大于 200 d 的种质中,17 份来自四川,15 份来自云南,6 份来自贵州。

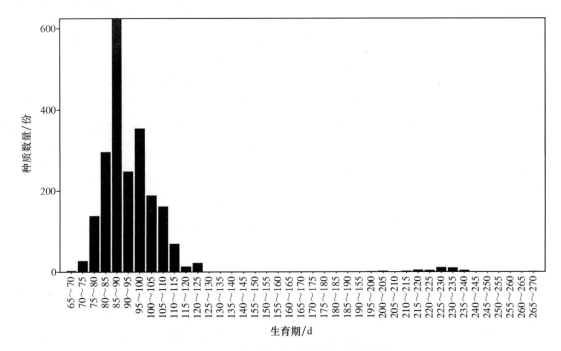

图 2-4　2 180 份燕麦种质资源的生育期分布

　　除了栽培燕麦外,燕麦属其他物种在生育期方面存在丰富的遗传多样性。传统上,人们普遍认为燕麦属野生物种具有较长的生育期,然而调查发现,在燕麦属中,野生燕麦的生育期变幅范围十分广泛。Loskutov(2007)对燕麦属野生材料的生育期进行了鉴定,发现了一系列具有不同生育期的野生种质资源,包括早熟春性种质、中熟和晚熟冬性种质等。其中,与栽培燕麦比较后,发现一些来自野生物种 *A. canariensis*、*A. abyssinica*、*A. fatua*、*A. sterilis* 的居群其生育期相比栽培燕麦更短,可以作为早熟品种选育的亲本材料。

(三)产量相关性状的评价和鉴定

　　产量性状指那些直接与构成产量有关的因素。如主穗小穗数、主穗粒数、千粒重、有效分蘖数、株高等。一般而言,燕麦同小麦一样,其产量由单位面积穗数、穗粒数和千粒重构成。因此对燕麦种质资源的产量构成因素进行鉴定和评价,对于选育高产燕麦新品种具有十分重要的理论和现实意义。

1. 主穗小穗数

主穗小穗数指主穗上的小穗个数,在测定时从试验小区随机取 10 个主穗,取平均值作为主穗小穗数。主穗小穗数是影响燕麦产量的重要性状之一,在一定程度上决定了产量的高低。对 18 个燕麦品种的农艺性状和产量性状进行相关性分析,结果表明籽粒产量与小穗数呈显著正相关。从 1 273 份裸燕麦种质资源的主穗小穗数的调查结果来看,裸燕麦的平均主穗小穗数在 23.2 个,最大主穗小穗数达到 78.7 个。崔林和刘龙龙(2009)对 3 243 份燕麦种质资源进行了评价,结果表明裸燕麦的主穗小穗数在 11.7~78.7 个之间,平均为 28.91±6.97 个,其中 ≥35 个的种质有 94 份;25~34.9 个之间的种质有 396 个;≤24.9 的种质有 176 份。皮燕麦的主穗小穗数在 11.6~67.2 个之间,平均为 37.06±9.0 个,大多数燕麦的主穗小穗数在 35.0 个以上。从裸燕麦的地理分布来看,主穗数≥35 个的 94 份种质中,来自我国的裸燕麦种质资源有 46 份,其中来自山西的最多,共 15 份,来自云贵川和东北地区的最少。

燕麦野生资源在主穗小穗数上变异丰富。其中一些来自意大利、阿塞拜疆、伊朗、以色列、埃及的 *A. hirtula* 和 *A. wiestii* 材料,来自阿塞拜疆、以色列、黎巴嫩的 *A. barbata*,来自埃塞俄比亚的 *A. vaviloviana*、来自哈萨克斯坦、保加利亚、中国的 *A. fatua*,以及来自中亚和中东地区的 *A. sterilis* 表现出较高的主穗小穗数。Rezai(1977)对 457 份 *A. sterilis* 种质主穗小穗数进行鉴定,结果表明这些种质资源的主穗小穗数变幅为 10.7~90.7 个。从地理上看,来自土耳其和伊朗的材料,其主穗小穗数变异最丰富,变幅分别为 68.7 和 56.5 个,且分别有 63.1% 和 43.6% 的材料其主穗小穗数≥39.0 个。其中来自伊朗的材料其主穗小穗数最高,平均为 46.0 个,而来自土耳其的材料次之,其平均主穗小穗数为 40.4 个,主穗小穗数最多(90.7 个)的种质资源来自土耳其;来自意大利西西里岛和阿尔及利亚的材料,其主穗小穗数变异程度最小,变幅分别为 13.8 和 22.9 个,其中来自西西里岛的材料其主穗小穗数最低,平均为 18.9 个,其次为来自阿尔及利亚的材料,其平均主穗小穗数为 21.9 个,主穗小穗数最低(10.7 个)的种质则来自以色列。

2. 主穗粒数

主穗穗粒是指主穗上每个小穗结实的粒数。鉴定时在试验小区内随机取 10 株处于成熟期的主穗,脱粒并计数籽粒数,取平均值作为该种质的主穗粒数。单位为粒,精确至 0.1 粒。研究表明,籽粒产量与主穗粒数呈正相关关系。

有研究表明,皮燕麦和裸燕麦在主穗粒数上有显著差异。这是因为裸燕麦具有多花多实的特点。肖大海等(1992)对皮燕麦和裸燕麦的小穗小花数的鉴定结果表明,裸燕麦每朵小穗的小花数为 3.85 朵,比皮燕麦多 1.80 朵。马得泉和田长叶(1998)对 2 977 份燕麦种质的生物学性状进行了鉴定评价,其结果也支持皮裸燕麦在主穗穗粒数上有显著差异的结论。在裸燕麦中,裸燕麦主穗粒数最高可达 375 粒。然而,崔林和刘龙龙(2009)的结果却表明皮燕麦和裸燕麦在主穗穗粒数相当。其对 3 243 份燕麦种质评价鉴定的结果表明,裸燕麦的主穗粒数在 22.4~126 粒之间,主要分布在 50.0~69.9 粒之间,平均主穗粒数为 55.43±13.22 粒,其中≥70.0 粒的种质有 82 个;在 50.0~69.9 粒之间的有 342 份;≤49.9 粒的燕麦种质有 242 份。皮燕麦的主穗粒数在 19.5~125.9 粒之间,平均值为 55.37±16.30 粒。

3.有效分蘖数

有效分蘖是影响作物产量的重要农艺性状。它是指最终成穗结实的分蘖。在鉴定时,选择成熟期的燕麦植株 10 株,计数有效分蘖数,取平均值作为该种质的有效分蘖数。单位为个,精确至 0.1 个。

单位面积穗数是构成燕麦产量的要素之一。单株有效分蘖与单位面积穗数呈显著正相关。因此有效分蘖数是燕麦品种选育时重要的考量因素。对 2 977 份燕麦种质资源有效分蘖数的鉴定(马得泉和田长叶,1998)结果表明,燕麦不同品种的平均有效分蘖数在 1.5～11.4 个之间。皮燕麦的平均分蘖数为 5.6 个,裸燕麦的有效分蘖数要高于皮燕麦,且裸燕麦地方品种普遍比育成品种的分蘖力强,有效分蘖数最大的是广灵大莜麦,其有效分蘖数达到 11.4 个,其他燕麦种质,如陕西白汉莜麦、灵邱大莜麦、陕西旬阳莜麦的有效分蘖数均超过 9 个。我们对 2 700 份燕麦种质资源,包括 1 527 份裸燕麦,1 174 份皮燕麦的有效分蘖数进行了调查和鉴定(图 2-5),这些燕麦种质资源的有效分蘖数在 0.1～11.4 个之间。其中皮燕麦的有效分蘖数位于 0.1～8.5 个,平均为 2.3 个,有效分蘖数≥8 的种质有 2 份;裸燕麦的有效分蘖数位于 0.1～11.4 个之间,平均为 2.3 个,有效分蘖数≥8 的种质有 10 份。统计学结果表明皮裸燕麦的有效分蘖数无显著性差异($P>0.05$)。不同地理来源的燕麦种质,其有效分蘖数存在极显著差异($P<0.001$)。来自云南、贵州、四川等西南地区的燕麦种质的平均有效分蘖数较多,分别达到 4.7、4.3 和 3.7 个(表 2-2,图 2-6),而其他地区的燕麦材料,除了来自山西、法国和新疆的种质的平均有效分蘖数≥3.0 个外,其余地区的平均主穗小穗数均不足 3.0 个。其中来自甘肃的燕麦种质的平均有效分蘖数最低,仅仅只有 1.2 个。

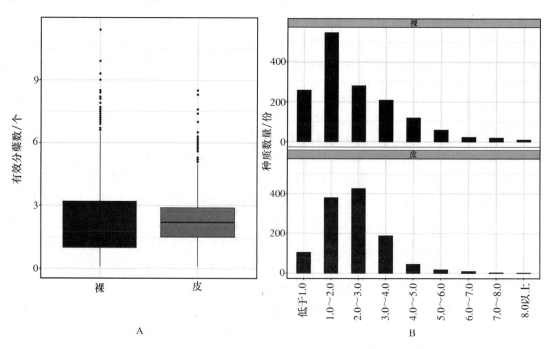

图 2-5　2 700 份燕麦种质资源有效分蘖数分布

A:皮燕麦和裸燕麦有效分蘖数箱线图;B:皮燕麦和裸燕麦有效分蘖数区间种质分布

表 2-2 不同地理来源的燕麦种质有效分蘖数比较

地理来源	种质数量/份	有效分蘖数/个		
		变化范围	平均值	标准差
澳大利亚	24	0.7~4.5	2.3	1.0
丹麦	500	0.1~6.5	2.4	1.1
德国	6	0.7~2.0	1.6	0.5
法国	17	0.4~6.1	3.1	1.2
荷兰	10	0.5~3.0	1.7	0.8
加拿大	107	0.2~6.3	2.2	1.0
美国	64	0.6~6.0	2.3	1.2
日本	18	1.0~2.7	1.7	0.5
瑞典	23	0.3~3.0	1.7	0.7
土耳其	7	1.2~3.0	1.9	0.6
匈牙利	52	0.4~7.6	2.9	1.5
苏联	57	0.2~5.1	1.9	1.2
智利	25	0.1~7.0	1.4	1.3
中国				
甘肃	4	1.0~1.3	1.2	0.2
贵州	6	2.7~6.3	4.3	1.6
河北	89	0.1~6.0	2.1	1.5
新疆	62	1.5~5.3	3.0	0.7
黑龙江	47	0.3~8.5	1.9	1.2
内蒙古	525	0.2~7.7	2.1	1.0
宁夏	2	1.9~2.4	2.2	0.4
青海	117	0.5~8.3	2.8	1.7
山西	793	0.1~11.4	2.0	1.7
陕西	110	0.5~9.9	3.5	2.3
四川	19	1.5~6.2	3.7	1.5
云南	16	1.9~7.7	4.7	1.9

野生种质的分蘖能力要普遍强于栽培种质。Tang 等(2014)对 25 个野生物种的有效分蘖数进行调查,114 份野生种质的有效分蘖数位于 2.0~81.4 个之间,平均为 24.69 个,远高于栽培燕麦。其中一份来自六倍体 *A. occidentalis* 的种质,其有效分蘖数高达 81.4 个。

4.株高

株高是作物株型的重要组成部分,也是影响作物产量的重要基础性状。株高本属于植物学性状,但其在第一次"绿色革命"中发挥了关键作用,因此成为与产量密不可分的重要标记

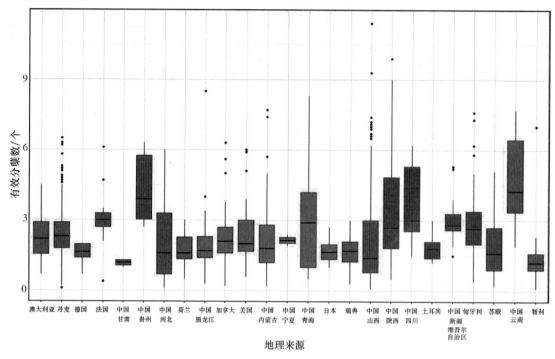

图 2-6 不同地理来源的燕麦种质有效分蘖数基本统计

性状。在水稻和小麦中,半矮秆基因的利用显著降低了水稻和小麦植株的高度,增强了植株的倒伏抗性、耐肥性,同时还提高了收获指数,从而显著地增加了水稻和小麦的产量。在燕麦中,株高同样是影响产量的重要性状。因此,对燕麦种质株高进行系统鉴定和评价对燕麦育种具有重要的实际意义。在测定燕麦种质株高是,通常选择成熟时期进行测量,随机选取试验小区内 10 株植物的主穗进行测量,测量主茎的地表面至穗顶部(不含芒),取平均数作为该种质的株高。单位为厘米,精确至 0.1 cm。

在栽培燕麦中,株高变异十分丰富。张向前等(2010)对 74 份燕麦种质的株高进行调查,结果表明燕麦株高在 59.0～126.5 cm 之间。对 2 700 份燕麦种质(1 527 份裸燕麦和 1 174 份皮燕麦)株高鉴定结果表明(图 2-7),燕麦的株高在 43.2～175.4 cm 之间。其中皮燕麦种质资源的株高位于 50.0～175.4 cm 之间,平均株高为 114.9 cm,株高≥160.0 cm 的种质有 25 份,≤60.0 cm 的种质有 6 份;裸燕麦的株高位于 43.2～169.5 cm 之间,平均株高为 105.9 cm,株高≥160.0 cm 的种质有 3 份,≤60.0 cm 的种质有 3 份。皮裸燕麦的株高有极显著差异($P<0.01$),皮燕麦株高显著高于裸燕麦。不同地理来源的燕麦种质,其株高也存在极显著差异($P<0.001$)(表 2-3,图 2-8)。来自瑞典、苏联、丹麦等国外的燕麦种质株高较高,平均株高分别为 132.7、121.8 和 121.0 cm。在国内,来自宁夏、河北的燕麦种质株高较高,平均株高都在 120.0 cm 及以上,分别为 123.6 和 120.0 cm。在国外燕麦种质中,来自土耳其和德国的燕麦种质株高较矮,平均株高分别为 91.6 和 91.7 cm。在我国的燕麦种质资源中,来自四川、贵州、云南等西南地区的燕麦种质株高较低,平均株高 90.5、92.5 和 94.0 cm,此外,来自甘肃的燕麦种质株高也较低,其平均株高在 91 cm 以下。

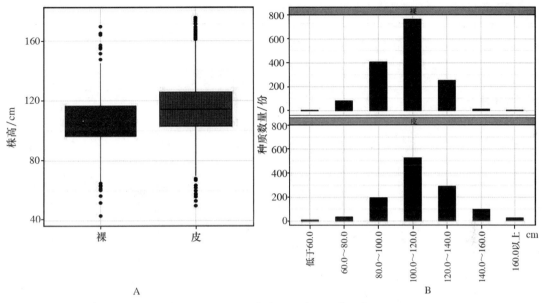

图 2-7 2 700 份燕麦种质资源株高分布

A:皮燕麦和裸燕麦株高箱线图;B:皮燕麦和裸燕麦不同株高区间种质分布(张向前等,2010)

燕麦野生物种的株高普遍较低,有许多的矮秆种质资源可以利用。Rezai(1977)对 457 份 *A. sterilis* 材料的株高进行了鉴定,这些种质的株高在 49～119 cm 之间。其中株高低于 80 cm 的材料有 65 份。株高最低的材料只有 49 cm,来自突尼斯。此外,Loskutov(2007)对燕麦属野生物种的株高鉴定结果表明,来自西班牙的 *A. prostrata*、*A. canariensis* 种质、来自摩洛哥的 *A. agadiriana* 种质、来自阿塞拜疆、叙利亚的 *A. eriantha* 种质、来自塞浦路斯的 *A. ventricosa* 种质,以及来自土耳其、伊朗、以色列、摩洛哥、埃塞俄比亚的很多 *A. fatua* 种质都具有的较矮的株高,这些种质的株高普遍低于 65 cm,很多种质的株高甚至低于 50 cm。

表 2-3 不同地理来源的燕麦种质株高比较

地理来源	种质数量/份	株高/cm		
		范围	平均值	标准差
澳大利亚	24	82.1～123.8	98.5	12.5
丹麦	500	86.7～175.4	121.0	17.8
德国	6	67.8～106.9	91.7	14.5
法国	17	86.9～129.8	104.1	10.1
荷兰	10	91.2～136.8	109.1	12.5
加拿大	107	75.0～167.4	113.1	18.9
美国	64	56.0～138.0	99.4	22.5
日本	18	102.5～155.8	118.5	13.1
瑞典	23	91.9～171.4	132.7	23.5

续表 2-3

地理来源	种质数量/份	株高/cm		
		范围	平均值	标准差
土耳其	7	80.5~114.0	91.6	11.8
匈牙利	52	53.2~153.7	117.0	17.6
苏联	57	67.6~172.9	121.8	21.4
智利	25	77.8~140.0	114.0	14.9
中国				
甘肃	4	83.9~101.2	90.1	7.7
贵州	6	81.1~110.0	92.5	9.8
河北	89	79.3~169.5	120.0	18.3
新疆	62	101.2~138.7	114.5	7.3
黑龙江	47	107.9~129.3	117.8	5.0
内蒙古	525	43.2~165.0	107.5	16.8
宁夏	2	122.2~124.9	123.6	1.9
青海	117	80.1~152.3	110.0	17.8
山西	793	52.0~151.5	102.0	14.3
陕西	110	86.0~134.8	109.4	10.4
四川	19	67.0~119.5	90.5	14.8
云南	16	66.7~107.4	94.0	11.9

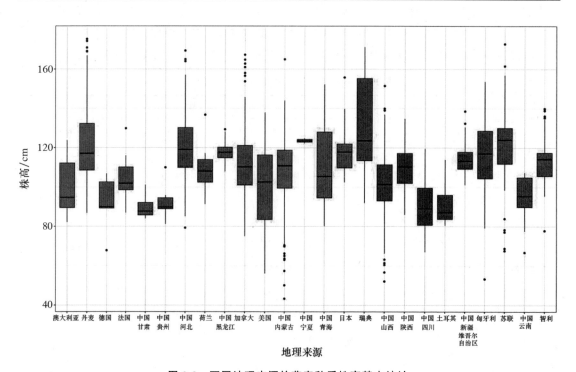

图 2-8 不同地理来源的燕麦种质株高基本统计

(四)品质相关性状的评价和鉴定

燕麦籽粒品质性状主要包括蛋白质、油脂、亚油酸、亚麻酸、β-葡聚糖含量性状等。关于这些品质性状鉴定标准详见郑殿升等(2006a)《燕麦种质资源描述规范和数据标准》。

1.蛋白质含量

蛋白质含量是燕麦籽粒中最为重要的品质性状之一。Robbins 等(1971)对 289 份栽培燕麦的蛋白质含量进行了测定,蛋白质含量在 12.4%～24.4%之间,平均含量为 17.1%。我国学者在对燕麦品种资源的品质分析方面也做了大量工作,分别对 1 492 份种质的 19 中氨基酸、2 493 份燕麦资源的油脂含量以及 2 487 份燕麦种质的蛋白质含量做了分析,发现了大量在某些品质性状上具有突出优势的燕麦种质资源(崔林和刘龙龙,2009)。在蛋白质含量方面,检测的 658 份裸燕麦品种的蛋白质含量在 11.4%～19.9%之间,平均值为 16.1%,略低于皮燕麦。47.0%的品种(309 份)的蛋白质含量在 16.0 以下,30.5%的品种资源(201 份)的蛋白质含量位于 16.0%～16.99%之间,而蛋白质含量在 17.0%以上的品种有 148 份,占分析品种总数的 22.5%。这些数据表明,我国的裸燕麦品种蛋白质的含量在 16.0%以下的比重较大。从地理来源上来看,来自陕西的燕麦种质蛋白质含量较高,测定的品种中,蛋白质含量在 17.0%以上的种质占到所有材料的 90.3%,其次为来自青海的材料,有 60.9%的青海燕麦种质其蛋白质含量在 17.0%以上。而来自云南、贵州、四川等西南地区的燕麦种质的蛋白质含量偏低,大多数种质(97.3%)的蛋白质含量在 15.99%以下的品种比例以云贵川最高,来自东北和山西的多数品种蛋白质含量居中。

在野生物种中,蛋白质含量变异更为丰富。Rines 等(1977)对 723 份 A. fatua 种质的蛋白质含量进行了鉴定,这些种质的蛋白质含量在 16.7%～27.1%之间,平均含量为 22.6%;Rezai 和 Frey(1988)对 457 份 A. sterilis 种质的蛋白质含量进行了测定,其蛋白质含量在 16.5%～31.1%之间,超过 75%的种质的蛋白质含量在 21.0%以上,有 6%的种质的蛋白质含量超过 26%,平均蛋白质含量最高的种质来自伊拉克和利比亚;野生四倍体物种 A. maroccana 的平均蛋白质含量高达 32.4%。这些物种的蛋白质含量远高于栽培燕麦。除此之外,在野生二倍体物种 A. clauda、A. ventricosa、A. longiglumis、A. canariensis、A. damascena、A. hirtula、A. atlantica 以及 A. strigosa 中均鉴定出蛋白质含量高于 20%的种质(Loskutov,2007)。

2.β-葡聚糖含量

β-葡聚糖是一种线性无分支黏性多糖,具有降血脂和血糖的功效。在禾谷类作物中,燕麦和大麦籽粒中含有丰富的 β-葡聚糖。随着人们对健康的重视程度越来越高,选育具有高 β-葡聚糖含量的燕麦品种作为食品成为当下燕麦育种家的目标之一。

有研究表明,美国农业部种质资源库中的燕麦种质,其籽粒中 β-葡聚糖介于 2.5%～8.5%之间。郑殿升等(2006)对来源于中国 13 个省的 1 010 份和国外引进的 4 份裸燕麦品种(系)的 β-葡聚糖含量进行了测定。结果表明,中国裸燕麦 β-葡聚糖含量为 2.0%～7.5%,其中含量<3.00%的占 6.61%,3.00%～4.99%的占 86.4%,5.00%～5.99%的占 5.72%,≥6.00%的占 1.18%,共有 12 份(表 2-4)。按品种类型划分,地方品种的含量低于育成品种。

从来源地来看,河北、山西、内蒙古的裸燕麦种质的 β-葡聚糖含量较高,云南、贵州、四川的含量较低,而陕西的含量最低。同年不同地点或相同地点不同年份种植的相同品种,含量有一定的变化(0.27%~0.83%)。

表 2-4 β-葡聚糖含量≥6.0%的品种(郑殿升等,2006b)

序号	鉴定号	含量/%	品种类型	原产地	鉴定年份
1	68	6.02	地方品种	内蒙古	2004 年
2	110	6.04	地方品种	山西	2004 年
3	206	6.08	地方品种	山西	2004 年
4	413	6.21	育成品种	山西	2004 年
5	875	6.00	育成品种	河北	2003 年、2004 年
6	992	6.33	育成品种	河北	2003 年、2004 年
7	993	6.34	育成品种	河北	2003 年、2004 年
8	1034	6.88	育成品种	河北	2003 年、2004 年
9	1035	6.68	育成品种	河北	2003 年、2004 年
10	815	6.20	育成品种	河北	2003 年、2004 年
11	1019	6.40	育成品种	外引	2003 年、2004 年
12	1020	6.98	育成品种	外引	2003 年、2004 年

野生燕麦种质资源籽粒的 β-葡聚糖含量变异程度更为丰富。Welch 等(1991)对 6 个野生物种的 β-葡聚糖含量进行了测定,它们的 β-葡聚糖含量位于 1.2%~5.7% 之间,含量最高的为二倍体物种 A. hirtula。Welch 等(2000)对包括 9 个燕麦野生物种的 35 份种质进行了 β-葡聚糖含量鉴定,其 β-葡聚糖含量介于 2.2%~11.3% 之间,来自二倍体物种 A. atlantica 的材料(编号 Gc7277)β-葡聚糖含量最高。唐雪琴(2014)对代表 27 个物种的 112 份燕麦种质资源进行了 β-葡聚糖含量鉴定,这些种质的籽粒 β-葡聚糖含量位于 1.15%~8.37% 之间。β-葡聚糖含量≥7.00% 的全部来源于二倍体物种 A. atlantica,编号分别是 CN 25849,CN 25859 和 CN 25897。

3. 油脂和亚油酸含量

Brown 和 Craddock(1972)对 4 533 份燕麦种质的油脂含量进行了测定,这些燕麦种质的油脂含量在 3.1%~11.6% 之间,平均含量为 7.0%。大多数种质(90%)的油脂含量在 5%~9% 之间。在这些种质中,共筛选到油脂含量超过 11% 的种质 5 份。同样,我国学者对燕麦种质油脂和亚油酸含量鉴定和评价方面做了大量系统的工作。马得泉和田长叶(1998)等筛选了大量的高油脂含量和高亚油酸含量的种质。在 2 447 份燕麦品种中,油脂含量≥8.0% 的种质资源有 112 份,≥9.0% 的种质有 35 份,而≥10.0% 的种质有 2 份,分别是"品 26"和"品 28",其籽粒油脂含量分别达到 10.2% 和 10.6%。在 1 689 个燕麦品种中,亚油酸含量≥48.0% 种质有 57 份,其中有 4 份其亚油酸含量超过 52.0%。这 57 份高亚油酸种质中,有 40 份来自新疆,亚油酸含量超过 52.0% 的 4 份种质则全部来自新疆,表明新疆的燕麦种质可以作为高亚油酸品种选育的亲本材料。崔林和刘龙龙(2009)检测的 664 份燕麦种质中,油脂含

量位于 3.44％～9.65％之间,平均油脂含量为 6.3％。多数种质的油脂含量在 6.00％～
6.99％之间,位 290 份,占测定品种总数的 43.7％。在 5.99％以下的 226 份,占总数的
34.0％,油脂含量在 7.0％以上的品种只占总数的 22.3％,为 148 份。413 份燕麦种质的亚油
酸含量在 5.81％～49.73％之间,平均亚油酸含量为 41.42％。大多数种质的亚油酸含量在
41.99％以下,共有 279 份,占测定总品种数的 67.6％。高亚油酸含量(≥45％)的种质有 47
份,占测定总品种数的 11.4％。其余品种的亚油酸含量位于 42％～44.99％之间。从地理上
看,来自云南、贵州、四川等西南地区的燕麦种质油脂含量较高,有 78.9％的种质其脂肪含量
在 7.0％以上,然后为陕西,有 67.7％的种质的脂肪含量在 7.0％以上。东北地区的燕麦种质
的油脂含量较低,脂肪含量在 5.99％以下的占到总数的 83.3％。在亚油酸方面,青海地区的
燕麦亚油酸含量较高,有 60.0％的种质的亚油酸在 45.00％以上,而山西、内蒙古的燕麦种质
在亚油酸含量上表现较差,大多数种质的亚油酸含量在 42.00％以下。

燕麦野生种质在油脂和亚油酸含量上表现更加突出。对 457 份 *A. sterilis* 种质的油脂
含量测定(Rezai 和 Frey,1988)结果表明,这些种质的油脂含量在 4.2％～10.1％之间。其中
有 103 份种质的油脂含量高于 8.5％(对照高油脂品种 Dal 的油脂含量)。其中来自以色列的
种质平均油脂含量最高,为 8.2％。油脂含量最高的种质则来自阿尔及利亚。此外,一些二倍
体居群的油脂含量更能高,其含量在 12％～13％之间(Welch 和 Leggett,1997)。这些种质
多来自物种 *A. clauda*、*A. eriantha*、*A. canariensis*、*A. longiglumis*、*A. damascena* 以及
A. wiestii(Luskutov,2007)。

(五)燕麦抗病性评价和鉴定

病害是作物生产的主要限制因素之一,不仅影响作物的产量和品质,部分病原菌还可以
产生有毒有害代谢产物,从而危害人类健康。病害在我国以及世界其他的燕麦种植区普遍发
生,截至目前,国内外报道的燕麦病害共 33 种,包括由 40 种真菌引致的 25 种真菌病害、6 种
细菌引致的 4 种细菌性病害和 5 种病毒引致的 4 种病毒病害(李春杰等,2017)。目前,对燕
麦种质资源鉴定和评价主要集中在 4 种真菌性病害,包括坚黑穗病、冠锈病、秆锈病、白粉病,
以及一种病毒性病害燕麦红叶病。

1.抗黑穗病种质资源鉴定

黑穗病(smut)是燕麦常见的真菌病害,主要以穗部受害形成黑粉为主要特征(图 2-9),可
引起燕麦 10％～40％的减产,在河北、山西等地最高发病率曾高达 40％～90％(胡凯军,
2010)。燕麦黑穗病主要有两种,一种为坚黑穗病(covered smut),由真菌 *Ustilago avenae* 引
起;另外一种为散黑穗病,由真菌 *U. kolleri* 引致。在燕麦中存在很多免疫或者高抗的种质
资源。Grains(1925)对 210 份燕麦种质进行了抗坚黑穗病鉴定,其中有 21 份对坚黑穗病病菌
免疫。Nielsen(1977)对保存在美国农业部的 5 485 燕麦种质资源进行了 5 年的抗黑穗病鉴
定。这些种质资源中,有 305 份对所有接种的黑穗病病菌免疫,有 142 份种质高抗所有接种
的黑穗病病菌。在国内,我国燕麦学者也对保存在我国的燕麦种质资源进行了抗黑穗病鉴定
和评价。李怡琳和李淑英(1986)于 1982 和 1984 年对包括 483 份裸燕麦和 635 份皮燕麦在
内的 1 118 份燕麦种质资源进行了抗黑穗病鉴定和评价。在 483 份裸燕麦中,共发现 21 份抗

病材料,占鉴定裸燕麦总数的 4.3%,其中来自我国的燕麦品种"品 1163"以及来自加拿大的裸燕麦品种"Avena Byfafaufiua""Avenanuda""Oats N-HJ-35""Ot195"对接种的坚黑穗病病菌免疫。相比裸燕麦,皮燕麦对坚黑穗病具有更强的抗性。在鉴定的 635 份皮燕麦品种中,抗病材料达到 435 份,占鉴定皮燕麦总数的 68.5%。其中很多品种对接种的坚黑穗病病菌免疫。其他研究同样证实了皮裸燕麦种质在对坚黑穗病的抗性上的显著差异。郭满库等(2012)于 2010 年和 2011 年对 35 个裸燕麦品种、95 个皮燕麦品种抗坚黑穗病进行了田间调查,发现了 14 个裸燕麦免疫品种和 81 个皮燕麦免疫品种;郭成等(2017)采用两种接种方法对 71 份皮燕麦和 64 份裸燕麦进行了抗黑穗病田间鉴定,在菌粉拌种条件下,共发现 12 份免疫,6 份高抗裸燕麦品种,以及 45 份免疫,22 份高抗皮燕麦品种。

图 2-9　燕麦黑穗病
A:散黑穗病;B:坚黑穗病

在燕麦野生物种中存在很多抗黑穗病的种质资源(表 2-5)。Nielsen(1978)对包括 6 个物种 *A. barbata*、*A. vaviloviana*、*A. abyssinica*、*A. byzantina*、*A. fatua* 和 *A. sterilis* 在内的 1674 份种质进行了抗黑穗病田间鉴定,共发现 869 份抗性材料,其中大部分来自 *A. abyssinica* 和 *A. sterilis*。从频率分布上看,这些材料大多来自埃塞俄比亚、以色列、黎巴嫩、叙利亚和非洲南部。此外,在二倍体物种 *A. strigosa*、*A. wiestii* 中也发现一些对黑穗病免疫的材料。

表 2-5　燕麦抗病野生种质资源(Loskutov 和 Rines,2011)

物种	基因组组成	白粉病	冠锈病	秆锈病	黑穗病	红叶病
A. ventricosa	Cv	+	+	+		
A. clauda	Cp	+	+	+		+
A. eriantha	Cp	+	+	+		
A. prostrata	Ap		+			
A. damascena	Ad	+	+	+		+
A. longiglumis	Al	+	+	+		+

续表 2-5

物种	基因组组成	白粉病	冠锈病	秆锈病	黑穗病	红叶病
A. canariensis	Ac		+	+		+
A. wiestii	As	+	+		+	
A. hirtula	As	+	+	+		+
A. atlantica	As	+				
A. strigiosa	As	+	+	+	+	+
A. barbata	AB	+	+	+	+	+
A. vaviloviana	AB	+	+	+	+	
A. abyssinica	AB	+	+	+	+	
A. agadiriana	AB	+				
A. maroccana	AC(CD)		+	+		+
A. murphyi	AC(CD)	+	+			+
A. insularis	AC(CD)		+	+		
A. macrostachya	CmCm	+	+	+		+
A. fatua	ACD	+	+	+	+	+
A. occidentalis	ACD	+	+	+		+
A. ludoviciana	ACD	+	+	+		+
A. sterilis	ACD	+	+	+	+	+

注:基因组组成根据 Yan 等(2016)命名。

2.抗秆锈病种质资源鉴定和评价

秆锈病(stem rust)是一种对全世界燕麦生产存在极大威胁的真菌性病害,几乎在世界所有燕麦种植区均有发生。有文献记载,加拿大东部平原于 1977 年暴发了最为严重的燕麦秆锈病,使该地区当年的燕麦减产 35%(Martens,1978)。该病害于 2002 年再次在加拿大东部平原严重暴发,使曼尼托巴省的燕麦减产 6.6%,直接经济损失达 1260 万美元,使萨斯喀彻温省的燕麦减产 0.5%(Fetch,2005)。在我国,燕麦秆锈病分布也十分广泛,几乎遍及所有的燕麦种植区域。燕麦秆锈病主要由禾谷柄锈菌燕麦专化型(Pucciniagraminis f. sp. avenae)引致。燕麦感染秆锈病菌后的几天内,即会出现萎黄色病斑,一般 8～10 d 出现连片的梭形病斑(图 2-10)。

目前,关于燕麦抗秆锈病种质鉴定与筛选的报道还不多。时至今日,燕麦中只有 17 个秆锈病抗性基因(Pg 基因)和一个复合抗性基因位点被报道(Martens,1985;Fetch 和 Jin,2007)(表 2-6),在六倍体燕麦中,抗性基因主要来自普通栽培燕麦 A. sativa。而其他抗性种质则主要来自二倍体燕麦 A. strigiosa 中。Steinberg 等(2005)于 2001—2004 年,利用北美秆锈病优势小种 NA67 对包含 22 个燕麦物种的 11 465 份种质资源的抗秆锈病性能进行了鉴定。共发现 35 份高抗秆锈病以及 12 份中抗秆锈病的种质资源,这些种质大部分来自二倍体物种 A. strigiosa;在六倍体燕麦中发现 2 份高抗秆锈病和 3 份中抗秆锈病的种质。我国同样

图 2-10　燕麦秆锈病（Li 等，2005）

在抗秆锈病材料鉴定工作上十分缺乏。袁军海等（2014）于 2011—2012 年采用孕穗期接种混合菌种的方法在两个不同试验点对 82 份裸燕麦和 18 份皮燕麦进行了秆锈病抗性鉴定，共发现 5 份皮燕麦和 10 份裸燕麦在至少一个试验点上表现免疫或抗病。

表 2-6　燕麦抗秆锈病基因

基因	原始资源	物种	参考文献
*Pg*1	White Russian	*A. sativa*	Garber. 1921
*Pg*2	Green Russian	*A. sativa*	Dietz，1928
*Pg*3	Joanette	*A. sativa*	Waterhouse，1930
*Pg*4	Hajira RL1225	*A. sativa*	Welsh 和 Johnson，1954
*Pg*5	RL 1225	*A. sativa*	Welsh 和 Johnson，1954
*Pg*6	CD 3820	*A. strigosa*	Murphy 等，1958
*Pg*6a	CN 21997，CN 57130	*A. strigosa*	Zegeye，2008
*Pg*6b	CN 21996	*A. strigosa*	Zegeye，2008
*Pg*6c	CN 21998，CN 22000	*A. strigosa*	Zegeye，2008
*Pg*6d	CN 22001	*A. strigosa*	Zegeye，2008
*Pg*6e	CN 55115	*A. strigosa*	Zegeye，2008
*Pg*7	CD 3820	*A. strigosa*	Murphy 等，1958
*Pg*8	Hajira CI 8111	*A. sativa*	Browning 和 Frey，1959
*Pg*9	Ukraine，Santa Fe	*A. sativa*	McKenzie 和 Green，1965
*Pg*10	Illinois Hulless，CI 2824	*A. sativa*	Pavek 和 Myers，1965
*Pg*11	Burt，CI 3034	*A. sativa*	McKenzie 和 Martens，1968
*Pg*12	Kyto，CI 8250	*A. sativa*	Martens 等，1968
*Pg*13	PI 324798，CW 490-2	*A. sterilis*	McKenzie 等，1970
*Pg*14	Milford	*A. sativa*	Mac Key 和 Mattsson，1972

续表 2-6

基因	原始资源	物种	参考文献
*Pg*15	CAV 1830	*A. sterilis*	Martens 等，1980
*Pg*16	D203	*A. barbata*	Martens 等，1979
*Pg*17	IB 3056	*A. sterilis*	Harder 等，1990
Pg-a	*A. sterilis*/Kyto	*A. sterilis*＋*A. sativa*	Martens 等，1981

3.抗冠锈病种质资源鉴定和评价

燕麦冠锈病(crown rust)是另外一种广泛传播且对燕麦危害特别严重的真菌性病害,由燕麦冠锈菌燕麦专化型(*Pucciniacoronata* f. sp. *avenae*)引致,主要侵染燕麦叶片。感染初期出现亮黄色或橙色病斑,而后寄主表皮破裂露出橘黄色粉末状夏孢子堆(图 2-11)。在 21～25℃ 以及植物叶片处于高湿度的环境条件下,燕麦冠锈病很容易暴发和流行(Carson,2011)。燕麦冠锈病会同时影响燕麦籽粒的产量和品质,燕麦叶片侵染冠锈菌后,会干扰光合产物从叶片向籽粒的运输,导致籽粒无法正常灌浆,营养物质无法在籽粒中正常积累而导致籽粒干瘪皱缩。同时,被冠锈病严重侵染的植株根系系统也会遭受严重的破坏,从而大大降低植株对干旱的耐性。据统计,2001—2005年,冠锈病造成的加拿大燕麦主产区的经济损失超过 1 600 万美元(McCallum 等,2007)。在美国各州燕麦产区造成 1.7%～20% 不等的燕麦减产。在某些地区的某些年份,甚至会造成一些地块的燕麦绝收(Simons,1985)。燕麦冠锈病不仅在流行于普通栽培燕麦中,其对野生燕麦也能产生严重危害。有研究报道表明,在美国和加拿大地区,冠锈病会对野生六倍体燕麦 *A. fatua* 产生较大危害(Leonard,

图 2-11　燕麦冠锈病

2003;Chong 等,2011);在欧洲南部的地中海地区、北非以及中东地区,燕麦冠锈病则主要危害六倍体野生燕麦 *A. sterilis* 和其他部分的燕麦野生种(Zillinsky 和 Murphy,1967)。

鉴于燕麦冠锈病对燕麦生产所具有的严重影响,全世界燕麦工作者投入了大量时间和精力进行了抗燕麦冠锈病种质资源鉴定和评价工作。目前为止,已经有超过 100 个冠锈病抗性基因被报道(表 2-7)。这些冠锈病抗性基因主要来源于四个不同的基因资源库。它们分别是,六倍体栽培燕麦 *A. sativa*、*A. byzantina*,六倍体野生燕麦 *A. sterilis*、二倍体 *A. strigosa*。

表 2-7　目前已发现的燕麦抗冠锈病基因

基因	原始资源	燕麦物种	参考文献
Pc1	Red Rustproof	A. byzantina	Dietz 和 Murphy，1930
Pc2	Victoria	A. byzantina	Murphy 等，1937
Pc2b	Anthony/Bond/Boone		Finkner，1954
Pc3	Bond	A. byzantina	Hayes 等，1939
Pc3c	Ukraine	A. sativa	Weetman，1942
Pc4	Bond	A. byzantina	Hayes 等，1939
Pc4c	Ukraine	A. sativa	Weetman，1942
Pc5	Landhafer	A. byzantina	Litzenberger，1949
Pc6	Santa Fe	A. byzantina	Litzenberger，1949
Pc6c	Ukraine	A. sativa	Finkner，1954
Pc6d	Trispernia	A. sativa	Finkner，1954
Pc7	Santa Fe	A. byzantina	Osler 和 Hayes，1953
Pc8	Santa Fe	A. byzantina	Osler 和 Hayes，1953
Pc9	Ukraine	A. sativa	Finkner，1954
Pc9c	Santa Fe	A. byzantina	Simons 和 Murphy，1954
Pc10	Klein 69Ḃ	A. byzantina	Finkner，1954
Pc11	Victoria	A. byzantina	Welsh 等，1954
Pc12	Victoria	A. byzantina	Welsh 等，1954
Pc13	Clinton	A. sativa	Finkner 等，1955
Pc14	Ascencao	A. byzantina	Simons，1956
Pc15	Saia	A. strigosa	Murphy 等，1958
Pc16	Saia	A. strigosa	Murphy 等，1958
Pc17	Saia	A. strigosa	Murphy 等，1958
Pc18	Glabrota	A. glabrota	Simons 等，1959
Pc19	CI 3815	A. strigosa	Simons 等，1959
Pc20	CI 7233	A. abyssinica	Simons 等，1959
Pc21	Santa Fe	A. byzantina	Chang，1959
Pc22	Ceirch du Bach	A. sativa	McKenzie，1961
Pc23	C. D 3820	A. strigosa	Dyck 和 Zillinsky1962
Pc24	Garry	A. sativa	Upadhyaya 和 Baker，1960
Pc25	Garry	A. sativa	Upadhyaya 和 Baker，1960
Pc26	Garry	A. sativa	Upadhyaya 和 Baker，1960
Pc27	Garry	A. sativa	Upadhyaya 和 Baker，1960
Pc28	Garry	A. sativa	Upadhyaya 和 Baker，1960
Pc29	Glabrota	A. glabrota	Marshall 和 Myers，1961
Pc30	CI 3815	A. strigosa	Marshall 和 Myers，1961

续表 2-7

基因	原始资源	燕麦物种	参考文献
$Pc31$	CI 4746	*A. strigosa*	Marshall 和 Myers，1961
$Pc32$	CeirchLlwyd	*A. strigosa*	Marshall 和 Myers，1961
$Pc33$	CeirchLlwyd	*A. strigosa*	Marshall 和 Myers，1961
$Pc34$	D-60	*A. sterilis*	McKenzie 和 Fleischmann，1964
$Pc35$	D-137	*A. sterilis*	McKenzie 和 Fleischmann，1964
$Pc36$	CI 8081	*A. sterilis*	Simons，1965
$Pc37$	CD 7994	*A. strigosa*	Dyck，1966
$Pc38$	CW 491-4	*A. sterilis*	Fleischmann 和 McKenzie，1968
$Pc39$	F-366	*A. sterilis*	Fleischmann 和 McKenzie，1968
$Pc40$	F-83	*A. sterilis*	Fleischmann 和 McKenzie，1968
$Pc41$	F-83	*A. sterilis*	Fleischmann 和 McKenzie，1968
$Pc42$	F-83	*A. sterilis*	Fleischmann 和 McKenzie，1968
$Pc43$	F-83	*A. sterilis*	Fleischmann 和 McKenzie，1968
$Pc44$	Kyto	*A. sativa*	Martens 等，1968
$Pc45$	F-169	*A. sterilis*	Fleischmann 等，1971a
$Pc46$	F-290	*A. sterilis*	Fleischmann 等，1971a
$Pc47$	CI 8081A	*A. sterilis*	Fleischmann 等，1971b
$Pc48$	F-158	*A. sterilis*	Fleischmann 等，1971b
$Pc49$	F-158	*A. sterilis*	Fleischmann 等，1971b
$Pc50$	CW 486	*A. sterilis*	Fleischmann 等，1971b
$Pc51$	Wahl No. 8	*A. sterilis*	Simons 等，1978
$Pc52$	Wahl No. 2	*A. sterilis*	Simons 等，1978
$Pc53$	6-112-1-15	*A. sterilis*	Simons 等，1978
$Pc54$	CAV 1832	*A. sterilis*	Simons 等，1978
$Pc55$	CAV 4963	*A. sterilis*	Kiehn 等，1976
$Pc56$	CAV 1964	*A. sterilis*	Kiehn 等，1976
$Pc57$	CI 8295	*A. sterilis*	Simons 等，1978
$Pc58$	PI 295919	*A. sterilis*	Simons 等，1978
$Pc59$	PI 296244	*A. sterilis*	Simons 等，1978
$Pc60$	PI 287211	*A. sterilis*	Simons 等，1978
$Pc61$	PI 287211	*A. sterilis*	Simons 等，1978
$Pc62$	CAV 4274	*A. sterilis*	Harder 等，1980
$Pc63$	CAV 4540	*A. sterilis*	Harder 等，1980
$Pc64$	CAV 4248	*A. sterilis*	Wong 等，1983
$Pc65$	CAV 4248	*A. sterilis*	Wong 等，1983
$Pc66$	CAV 4248	*A. sterilis*	Wong 等，1983

续表 2-7

基因	原始资源	燕麦物种	参考文献
*Pc*67	CAV 4656	*A. sterilis*	Wong 等，1983
*Pc*68	CAV 4904	*A. sterilis*	Wong 等，1983
*Pc*69	CAV 1387	*A. sterilis*	Harder 等，1984
*Pc*70	PI 318282	*A. sterilis*	CDL，2010
*Pc*71	IA B437	*A. sterilis*	CDL，2010
*Pc*72	PI 298129	*A. sterilis*	CDL，2010
*Pc*73	PI 309560	*A. sterilis*	CDL，2010
*Pc*74	PI 309560	*A. sterilis*	CDL，2010
*Pc*75	IB 2402	*A. sterilis*	Fox 等，1997
*Pc*76	IB 2465	*A. sterilis*	Fox 等，1997
*Pc*77	IB 2433	*A. sterilis*	Fox，1989
*Pc*78	IB 1454	*A. trichophylla*	Fox，1989
*Pc*79	IB 1454	*A. trichophylla*	Fox 等，1997
*Pc*80	IB 3432	*A. sterilis*	Fox，1989
*Pc*81	CI 3815	*A. strigosa*	Yu 和 Wise，2000
*Pc*82	CI 3815	*A. strigosa*	Yu 和 Wise，2000
*Pc*83	CI 3815	*A. strigosa*	Yu 和 Wise，2000
*Pc*84	CI 3815	*A. strigosa*	Yu 和 Wise，2000
*Pc*85	CI 3815	*A. strigosa*	Yu 和 Wise，2000
*Pc*86	CI 3815	*A. strigosa*	Yu 和 Wise，2000
*Pc*87	CI 3815	*A. strigosa*	Yu 和 Wise，2000
*Pc*88	CI 3815	*A. strigosa*	Yu 和 Wise，2000
*Pc*89	CI 3815	*A. strigosa*	Yu 和 Wise，2000
*Pc*90	CI 3815	*A. strigosa*	Yu 和 Wise，2000
*Pc*91	CW 57	*A. longiglumis*	Rooney 等，1994
*Pc*92	Obee/Midsouth	*A. strigosa*	Rooney 等，1994
*Pc*93	CI 8330		CDL，2010
*Pc*94	RL 1697	*A. strigosa*	Aung 等，1996
*Pc*95	Wisc X 1588-2	*A. sativa*	Harder 等，1995
*Pc*96	RL 1730	*A. sativa*	Chong 和 Brown，1996
*Temp_Pc*97	CAV 1180	*A. sterilis*	Chong 等，2011
*Temp_Pc*98	CAV 1979	*A. sterilis*	Chong 等，2011

(1)六倍体栽培燕麦 *A. byzantina* 中的冠锈病抗性基因

六倍体栽培燕麦 *A. byzantina* 中携带了很多抗冠锈病基因，是燕麦抗冠锈病品种选育中重要的亲本材料。被最早发现的燕麦冠锈病抗性基因 *Pc*1 就是从六倍体 *A. byzantina* 品种

"Red Rustproof"中鉴定分离得到(Davie 和 Jones，1927)。研究表明，$Pc1$ 为一个显性单基因。随后，从一个来自乌拉圭的燕麦品种"Victoria"中发现另外三个冠锈病抗性基因：$Pc2$ (Murphy 等，1937)、$Pc11$ 和 $Pc12$(Welsh 等，1954)。Hayes 等(1939)从一个来自澳大利亚的燕麦品种"Bond"中鉴定出另外两个抗冠锈病基因 $Pc3$ 和 $Pc4$，这两个抗病基因为显性互补基因。"Bond"同样带有 A. byzantina 遗传背景，从杂交组合 Red Algerian/Gold Rain 中选育而来，前者属于物种 A. byzantina。$Pc5$ 基因则是从燕麦品种"Landhafer"中鉴定出来(Litzenberger，1949)。"Landhafer"由德国引种至北美地区，但也有报道称 $Pc5$ 基因可能起源于南美(Coffman，1961)。另外一个从南美引进种到北美的燕麦品种"Santa Fe"则被认为是 $Pc6$ (Litzenberger，1949)、$Pc7$ 和 $Pc8$ (Osler 和 Hayes，1953)三个冠锈病抗性基因的供体材料。该品种同样来自 A. byzantina。"Klein"是 A. byzantina 中另一个重要的品种，最初来源于澳大利亚，经阿根廷传入北美(Welsh 等，1953)，在它的衍生系"Klein 69b"中发现了冠锈病抗性基因 $Pc10$ (Finkner，1954)。Simons(1956)在品种"Ascencao"中发现了另外两个冠锈病抗性基因，一个被确定为 $Pc2$，另一个被命名为 $Pc14$，研究表明 $Pc14$ 对 $Pc2$ 具有上位性效应。

(2)普通栽培燕麦中的冠锈病抗性基因

目前各国种质资源库中保存了大量的普通栽培燕麦种质资源。然而遗憾的是，目前被鉴定出的来自普通栽培燕麦中的抗锈病基因病不多。Weetman(1942)从一个俄罗斯燕麦品种"Ukraine(Hutica)"中鉴定了两个显性互补基因 $Pc3c$ 和 $Pc4c$。随后，Finkner(1954)认为"Ukraine"中还包含两个紧密连锁的等位基因 $Pc6c$ 和 $Pc9$。但这个观点并不被 Sanderson (1960)认同，其研究结果指出该材料的冠锈病抗性来自显性单基因 $Pc9$。Welsh 等(1953)从另一个来自东欧国家罗马尼亚的燕麦品种"Trispernia"中鉴定出三个冠锈病抗性基因，其中一个被认定为 $Pc6d$(Finkner 1954)。$Pc13$ 从美国的主栽品种"Clinton"中被鉴定出来(Finkner 等，1955)，而基因 $Pc22$ 则是从选育品种"Ceirch du Bach"中分离得到(McKenzie，1961)。Upadhyaya 和 Baker(1960)从加拿大燕麦品种"Garry"中发现了三个苗期抗性基因 $Pc24$、$Pc25$、$Pc26$ 和两个成株期抗性基因 $Pc27$、$Pc28$。燕麦品种"Kyto"被发现含有冠锈病显性抗性基因 $Pc44$(Martens 等，1968)。基因 $Pc96$ 也在普通栽培燕麦 A. sativa 中被鉴定得到(Chong 和 Brown，1996)，并且研究表明 $Pc96$ 对目前北美流行的绝大多数冠锈病真菌生理小种保持着有效的抗性(Chong 等，2011)，因此 $Pc96$ 是一个用来与其他保持有效抗性的基因进行基因聚合育种的重要候选基因。

(3)野生六倍体燕麦 A. sterilis 中的冠锈病抗性基因

A. sterilis 是燕麦种质资源中最丰富的冠锈病抗性基因资源库。到目前为止，在 A. sterilis 中已经发现冠锈病抗性基因 43 个，其中许多基因紧密连锁或者相互之间为等位基因(表 2-7)。除 $Pc54$ 被证明是一个不完全隐性基因(Martens 等，1980)外，从 A. sterilis 中鉴定得到的其他抗冠锈病基因都表现为显性或者不完全显性。从地理来源上看，这些含有抗冠锈病基因的种质几乎全部来源于地中海国家，包括以色列、摩洛哥、阿尔及利亚、葡萄牙、西班牙等。其中来自以色列的种质中鉴定出最多的抗病基因，有至少 20 个抗病基因被鉴定出来。

(4)野生二倍体和四倍体燕麦中的冠锈病抗性基因

除六倍体 *A. sterilis* 外,二倍体 *A. strigosa* 是被鉴定出抗冠锈病基因最多的野生物种。目前,从 9 个 *A. strigosa* 种质中一共鉴定出 22 个抗冠锈病基因(表 2-7)。许多种质中存在多个抗冠锈病基因。如"Saia"中含有三个显性抗冠锈病基因、编号 CI 3815 的 *A. strigosa* 种质中有高达 10 个抗病基因,包括 $Pc81 \sim Pc90$。在其他二倍体和四倍体中也鉴定出冠锈病抗性基因。如 $Pc91$ 存在于二倍体 *A. longiglumis* 中、$Pc20$ 存在于四倍体 *A. abyssinica* 中。此外,在四倍体物种 *A. barbata* 中也含有很多抗冠锈病种质资源。Carson(2009)对 359 份四倍体 *A. barbata* 种质资源的冠锈病抗性进行了鉴定。有 39% 的种质至少对一种冠锈病生理小种表现为抗性。进一步采用多生理小种混合接种,共发现 48 份种质(13%)具有广谱抗性。从地理来源上看,来自以色列和意大利的具有广谱抗性的种质最多,分别有 17 份和 14 份。其中来自以色列的种质 PI 320588 和来自意大利的种质 PI 337893 对多种冠锈病生理小种免疫,来自意大利的种质 PI 337886 和来自西班牙的种质 PI 367293 则对多种生理小种表现为高抗。Tan 等(2013)采用混合接种(含多个生理小种)对来自摩洛哥的包括 6 个二倍体(*A. atlantica*、*A. damascena*、*A. eriantha*、*A. hirtula*、*A. longiglumis* 和 *A. wiestii*)、4 个四倍体(*A. agadiriana*、*A. barbata*、*A. maroccana* 和 *A. murphyi*),以及 1 个六倍体(*A. sterilis*)内的 332 份燕麦资源进行了苗期和成株期抗冠锈病鉴定和评价,结果发现共有 164 份种质具有中等苗期抗性,161 份种质具有中等成株期抗性,20 份种质在成株期表现出高抗燕麦冠锈病,且共有 151 份种质在苗期和成株期均表现出抗性。从物种上看,20 份高抗种质中,有 10 份均来自四倍体 *A. barbata*。

4.抗白粉病种质资源鉴定和评价

燕麦白粉病也是发生较普遍的病害,广泛流行于欧洲等燕麦生产区,严重影响燕麦的产量和品质,已成为燕麦生产上一个亟待解决的问题。燕麦白粉病是由禾布氏白粉菌燕麦专化型(*Erysiphe graminis* f. sp. *avenae*)引起的真菌性病害,主要侵染叶片和叶鞘(图 2-12)。

国内外关于栽培燕麦种质白粉病鉴定和筛选鲜有报道。Hsam 等(1997)根据其致病性强弱将 12 株来自德国和丹麦的燕麦白粉病菌分为 5 个组(OMR1-5),进而对来自西欧和北美的 259 个品种进行室内抗白粉病鉴定,这些种质中有 38 个品种对分组的病菌有病菌专化抗病性,有两个品种"Pendrwn"和"Barra"对两组白粉病有抗性。Okoń(2012)利用 6 个白粉菌菌株对 30 个波兰燕麦进行了抗性鉴定,发现 5 个品种具有抗性。至今,已有 7 个抗白粉病基因被鉴定出来。根据 Hsam 等(2014)的最新命名,将品种"Jumbo"中的抗病基因命名为 $Pm1$,其位于 1C 染色体上;将来自二倍体 *A. hirtula* 的抗病基因命名为 $Pm2$;将来自

图 2-12 燕麦白粉病

品种"Mostyn"上的抗病基因命名为 $Pm3$,其位于 17A 染色体上;将来源于四倍体物种 *A. barbata* 上的抗病基因命名为 $Pm4$;将来自燕麦属唯一的多年生四倍体物种 *A. macrostachya* 中的抗病基因命名为 $Pm5$,其位于 19A 染色体上;将来源于品种"Bruno"上的抗病基因命名为 $Pm6$,其位于 10D 染色体上;将来源于种质"APR122"上的基因命名为 $Pm7$,其定位于 13A 染色体上。在我国,郭斌等(2012)于 2009—2011 年在甘肃省天水市甘谷县对 128 份燕麦品种进行了白粉病田间抗性鉴定和评价,结果表明所有材料均有不同程度的感染,有两份材料"MF9715"和"4607"表现为高抗,8 份材料"QO245-7""白燕 2 号""VAO-1""709" "4663""4641""4628"和"青永久 307"表现为中抗,其余均为感病材料。赵峰等(2017)于2012—2014 年采用田间自然感病法在甘肃省天水市甘谷县进一步对 213 份燕麦种质进行了白粉病田间抗性鉴定和评价,同样未发现免疫材料。在供试材料中,12 份青永久系列材料表现为高抗,另外 18 份材料表现为中抗,其余均为感病品种。这些数据表明,目前抗白粉病的种质资源相对匮乏,可利用的抗性品种较少。除了栽培品种外,在野生资源中发现很多抗白粉病种质资源。Vavilov(1965)发现在野生四倍体物种 *A. barbata* 中存在很多抗白粉病居群。进一步发现,*A. barbata* 中的抗病居群主要来自地中海,而来自南亚的材料为感病居群(Mordvinkina,1969)。除 *A. barbata* 外,其余一些野生物种也发现有很多抗病材料(表 2-5)。抗性最高的材料来自物种 *A. clauda* 以及一些来自 *A. eriantha*、*A. wiestii* 和 *A. barbata* 的材料(Loskutov,2007)。

5.抗燕麦红叶病种质资源鉴定和评价

除上述真菌性病害外,还有一类病毒性病害——燕麦红叶病也是燕麦产区常见的病害。

燕麦红叶病是由大麦黄矮病毒 BYDV(barley yellow dwarf virus)引致。BYDV 是由多种蚜虫传播的混合株系,不同种类蚜虫传播的病毒株系不同,不同株系的病毒致病力也有一定的差异(李春杰等,2017)。感病时,病叶自叶尖和叶缘向叶内基逐渐褪绿变紫红色,后期以叶尖向叶基变黄色后枯死,多数病叶的叶脉间组织变色快,早期形成紫绿或紫黄相间的条纹,后期变紫色(图 2-13)。

燕麦红叶病会导致植物组织坏死,光合作用下降,从而影响燕麦产量。目前,在栽培燕麦中抗 BYDV 的种质资源十分匮乏。胡凯军(2010)对 37 份燕麦品种进行了抗燕麦红叶病田间鉴定,发现 3 份高抗种质,分别是"白燕 2号""白燕 10 号"和"MF9715";中抗种质四份,分别是"409""QO245-7""NZ35"以及"AC-7"。大多数已发现的对红叶病免疫或抗病材料均来自野生物种,包括二倍体物种 *A. longiglumis*、

图 2-13 燕麦红叶病

A. strigosa，四倍体物种 *A. barbata*、*A. magna*、*A. murphyi*，以及六倍体物种 *A. fatua*、*A. occidentalis*、*A. sterilis* 等（表 2-5）。其中抗性最高的主要来自六倍体物种 *A. fatua* 和 *A. occidentalis*（Loskutov 和 Rines，2011）。

第三节　燕麦属种质资源创新与利用

一、矮秆燕麦在燕麦育种中的应用

在燕麦品种选育中，抗倒伏是一个不可忽视的因素。倒伏造成的减产是多数燕麦种植区面临的主要问题之一。倒伏作为一个综合性状受到多方面的影响，例如株高、茎秆强度、根系以及土壤肥力。在这些因素当中，通过降低株高从而减少倒伏是育种家们的普遍育种策略。通过引入矮秆基因，引发了第一次"绿色革命"。尤其是在小麦和水稻育种中，通过引入矮秆基因，选育了一大批高产、抗倒伏的新品种。因此，燕麦育种家们也试图通过引入燕麦中的矮秆基因从而实现提高燕麦产量的目的。

燕麦中存在大量矮秆种质资源。目前已经发现的矮秆基因有 8 个（*Dw1*～*Dw8*）（Molnar 等，2012），在这些矮秆基因中，前 5 个由于存在极矮表型或与栽培燕麦杂交时存在减数分裂配对不规则的现象，育种上的应用价值不高，因此矮秆基因的应用主要集中在 *Dw6*、*Dw7* 和 *Dw8* 上。*Dw6* 基因由 Brown 等（1980）首次报告，他们对春麦品系"OT184"进行伽马射线诱变，从其诱变后代中发现含有该基因的矮秆突变体"OT207"。*Dw6* 基因为显性基因，能够降低 30% 的株高。表型分析结果表明，*Dw6* 不改变燕麦茎节数，而是通过降低顶端三个茎节的节间长度从而使株高降低（Brown 等，1980）。进一步研究表明，*Dw6* 通过影响茎梗细胞分生和伸长从而影响株高（Farnham 等，1990）。*Dw7* 来自燕麦品种"NC2469-3"，为半显性基因，与 *Dw6* 的作用机制不同，*Dw7* 使所有茎节，尤其是顶端和末端茎节缩短，同时会减少矮秆植株的茎节数（Milach 和 Federizzi，2001）。*Dw8* 基因来源于来自日本和韩国的野生六倍体 *A. fatua*，为显性基因。*Dw8* 基因与 *Dw6* 基因作用方式类似，能够显著缩短所有节间长度，但不减少茎节数量，不同的是，*Dw8* 能够更大程度地（50%）降低植物高度（Milach 等，1998）。

尽管燕麦矮秆基因的导入能够显著降低燕麦株高，但对燕麦产量具有负面影响。对于 *Dw6* 基因而言，由于显著降低顶端节间的长度，使得燕麦穗子不能伸出旗叶叶鞘，从而影响燕麦产量。相比 *Dw6*，含有 *Dw8* 基因的植株，其穗子能够伸出叶鞘，但过低的株高，以及来自野生燕麦的负性基因（连锁累赘）大大降低了 *Dw8* 基因的应用潜力。Farnham 等（1990）通过同时整合长穗梗（long peduncle）基因 *lp1* 和 *Dw6* 基因的方法使植株既表现出矮秆性状，同时使穗子能够伸出叶鞘，这使得 *Dw6* 基因成为目前应用最多的矮秆基因。目前，*Dw6* 基因已经成功应用于英国、澳大利亚和美国等新品种选育。第一个包含有 *Dw6* 基因的商业品种是"Buffalo"（图 2-14）。随后选育出的含有 *Dw6* 基因的冬燕麦新品种"Balado"，成为 2010 英国农业与园艺发展协会 AHDB（Agricultural and Horticultural Development Board）推荐品种，其产量比对照品种高10%。

图2-14 矮秆品种"Buffalo"和传统品种(Marshall，2013)

二、高蛋白和高脂肪种质资源在燕麦育种中的应用

蛋白质含量和氨基酸组成是燕麦重要的品质性状。燕麦籽粒蛋白质含量受基因型和环境的影响，但主要由基因型决定。研究表明，在栽培燕麦和野生燕麦中，高蛋白性状由隐性基因控制，并受加性效应影响(Sraon等，1975)。在栽培燕麦中，皮燕麦的蛋白质含量约为17%，裸燕麦蛋白质含量约为16%(崔林和刘龙龙，2009)。而在部分野燕麦中，其籽粒含量显著高于栽培燕麦。例如四倍燕麦 *A. murphyi* 和 *A. maroccana*，其含量约为25.2%，部分种质的籽粒含量高达32.4%(Loskutov，2007)。此外，六倍体物种 *A. fauta* 和 *A. sterilis* 中也含有蛋白质含量高于25%的种质。因此种间杂交是大多数育种家培育高蛋白含量品种的首选策略。Lyrene 和 Shands(1975)对 *A. sativa* × *A. sterilis*(高蛋白质种质)的杂交后代的蛋白质含量进行了筛选，发现了很多蛋白质含量与野生亲本相当(~25%)的株系。Reich 和 Brinkman 对9个 *A. sativa* × *A. fatua*(高蛋白质种质)的杂交组合的杂种后代的蛋白质含量和产量进行了测定，同样筛选到很多蛋白质含量高且产量较好的株系。在国内，杨才等(2005)以高蛋白四倍体物种 *A. maroccana* 为母本，栽培裸燕麦品种"品16号"和"品2号"为父本进行种间杂交，通过幼胚拯救技术获得 F_1，随后用"品16"回交2次(BC2F2)。对BC2F2群体进行蛋白质含量测定，从中筛选出含量高达24.4%和24.61%的高蛋白莜麦新种质 S109 和 S20。其进一步利用 S109 作为父本，莜麦核不育材料 ZY 基因作为母本，经过多亲本复合杂交方法，最终培育出高蛋白燕麦新品种"冀张燕1号"。该品种的蛋白质含量高达

18.10%,脂肪含量 7.84%,一般旱地种植籽实产量在 3 266.06 kg/hm²,最高可达 4 206.75 kg/hm²,比对照"马匹牙""红旗 2 号"分别增产 18.62%和 10.96%。

除蛋白质含量外,脂肪含量也是燕麦育种中的重要目标性状,尤其是在饲用燕麦品种上,脂肪能够提供比蛋白质或其他碳水化合物更多的能力。Stothers(1977)研究表明,脂肪含量达到 9%燕麦品种,其能量供应与大麦相当。Frey 和 Hammond(1975)研究认为,如果燕麦脂肪含量能够达到 17%,且保持目前的产量和蛋白质含量,就能够用于生产食用油,且其竞争力与油菜不相上下。然而,如上所述,大多数燕麦种质的脂肪含量在 5%~9%之间,部分种质的脂肪含量可以达到 11%。在燕麦野生材料中,脂肪含量较高的材料大多来自六倍体 *A. sterilis*,最高可以达到 11.6%(Rezai,1977),仍然不能满足高脂肪燕麦品种选育的要求。可喜的是,有研究表明,在栽培燕麦和野生燕麦中的高脂肪等位基因为互补基因,且控制脂肪含量的不同基因之间大多为加性效应,因此同时整合两个物种中的高脂肪基因从而获得比双亲脂肪含量更高的后代植株更加容易(Thro 和 Frey,1985)。Schipper 和 Frey(1991)通过种间杂交(*A. sativa* × *A. sterilis*)以及轮回选择的方式成功从后代中筛选到脂肪含量高达 16.29%的株系。Frey 和 Holland(1999)采用同样的策略进行高脂肪含量株系的筛选,结果表明,随着轮回代数的增加,每代植株的脂肪含量成线性增长,在第 9 代是,株系的平均脂肪含量高达 15.81%,个别株系的脂肪含量达到 18.1%(表 2-8)。

表 2-8 部分株系的脂肪含量和产量(Frey 和 Holland,1999)

株系名称[a]	1995 年平均值[b]		1992 年平均值[c]	
	脂肪含量/%	产量/(kg/hm²)	脂肪含量[d]/%	产量/(kg/hm²)
IA91001-2(C8)	15.34	2 391	16.80	263
IA91029-2(C8)	14.74	2 584	16.33	350
IA91042-2(C8)	14.69	1 742	16.87	248
IA91055-1(C8)	14.91	2 634	15.87	361
IA91098-2(C8)	14.88	2 666	16.17	269
IA91313-1(C9)	15.37	2 100	17.13	231
IA91324-2(C9)	15.17	1 957	18.10	259
IA91331-1(C9)	15.24	2 050	16.57	280
IA91400-2(C9)	15.49	2 688	17.03	358
IA91422-2(C9)	15.04	2 534	17.00	300
N364-2(C7)	15.01	2 229	17.00	226
N900-7(C7)	15.18	2 082	16.23	248
N902-8(C7)	14.85	2 799	15.93	276
N944-1(C7)	15.01	2 441	16.03	270

续表 2-8

株系名称[a]	1995 年平均值[b]		1992 年平均值[c]	
	脂肪含量/%	产量/(kg/hm²)	脂肪含量[d]/%	产量/(kg/hm²)
Dal	7.91	2 548	8.88	311
Multiline77	5.68	2 684	ND	ND
Ogle	5.75	4 175	6.52	437
Mean	13.78	2 497	12.84	322
LSD(0.05)	5.5	377	9	84

注:a:Dal、Multiline77、Ogle 为对照品种;b:材料盆栽种植于温室内;c:材料种植于室外,每个材料 4 行,每个小区 3.72 m²;d:ND 表示无数据。

三、抗病种质资源在燕麦育种中的应用

在燕麦种植中,病害一直以来都是影响作物产量的重要因素。因此,选育抗病品种是保证燕麦产量的重要措施。如上所述,燕麦中流行病害主要包括冠锈病、秆锈病、黑穗病、白粉病和红叶病。针对这些病害,育种家们通过不同的育种方式,将抗病种质中的抗病基因转移至栽培品种中,从而培育出一系列优质抗病品种。

(一)抗黑穗病种质资源在燕麦育种中的应用

黑穗病是燕麦重要病害,多数研究表明,抗黑穗病基因为显性基因(Reed,1925,1941;Cherewick 和 McKenzie,1961),且一些抗病基因能够同时对几种不同的生理小种产生抗性(Cherewick 和 McKenzie,1961)。目前国外针对抗黑穗病品种选育中研究较少,这是因为国外大多种质皮燕麦,而皮燕麦多数为抗病种质。多数裸燕麦为感病种质,因此我国是黑穗病高发燕麦种植区,选育抗黑穗病裸燕麦新品种是我国燕麦育种的主要目标之一。由于皮燕麦具有较好的黑穗病抗性,因此通过皮裸杂交进行抗病品种选育是主要的育种策略。基于此,我国燕麦工作者已经选育出一批高抗黑穗病的裸燕麦品种。杨才等(2001)以抗黑穗病的皮燕麦品种"马匹牙"为父本,以河北主栽品种"冀张莜 2 号"为母本,杂交后用"冀张莜 2 号"进行回交,对回交 B1 代进行单倍体诱导培养,随后进行加倍处理,最终从加倍单株中选育出高抗黑穗病裸燕麦新品种"花早 2 号";刘彦明等(2011)以甘肃当地选育品种裸燕麦 8626-2 为母本,新西兰抗病皮燕麦为父本,杂交后经多年选育,成功选育出抗黑穗病裸燕麦品种"定莜8 号"。

(二)抗冠锈病种质资源在燕麦育种中的应用

燕麦冠锈病是目前燕麦中流行最广、危害最大的燕麦病害之一。虽然在生产中可以采用喷施叶片杀菌剂的措施来防治燕麦冠锈病,但是运用燕麦基因库中本身所蕴含的冠锈病抗性

基因资源被证明是最有效、最经济和环境友好型的防治策略（Gnanesh 等，2013）。如上所述，尽管已经发现超过 100 个抗冠锈病病基因，但由于新的毒性生理小种的迅速出现，使得一些抗性品种往往在 5 年，甚至更短的周期内失去抗性（Carson 等，2011），因此将不同种质中的抗性基因合并到一个种质中的基因聚合育种被各国育种工作者们广泛运用。基因聚合是通过杂交或者一系列的生物技术手段，将多个主效抗性基因聚合到一个育种材料中，以延长该材料对病害的有效抗性的一种育种方式。在燕麦中，很多抗冠锈病基因成簇存在于燕麦染色体上，比如 $Pc38$、$Pc62$ 和 $Pc63$；$Pc39$ 和 $Pc55$；$Pc35$、$Pc54$ 和 $Pc96$；$Pc68$、$Pc44$、$Pc46$、$Pc50$、$Pc95$ 和 PcX 均表现为成簇存在（Wight 等，2004），这使得聚合起来更加容易。六倍体物种 $A.\ sterilis$ 是目前应用最多的抗性亲本，除了其含有众多的抗病基因外，其易与普通栽培燕麦进行杂交是将其作为主要亲本的另外一个主要因素。目前已经有很多来自 $A.\ sterilis$ 的抗病基因通过种间杂交转移到六倍体栽培燕麦中，包括 $Pc38$、$Pc39$、$Pc48$、$Pc51$、$Pc52$、$Pc58$、$Pc59$、$Pc62$、$Pc68$、$Pc71$、$Pc91$、$Pc92$ 等（Wight 等，2004）。在北美地区，已有至少 16 个从 $A.\ sterilis$ 鉴定得到的抗性基因在不同时期被运用到了燕麦冠锈病抗性育种中（Leonard，2003）。基因 $Pc38$、$Pc39$、$Pc68$ 已经在加拿大中东部平原地区的抗冠锈病育种中得到了充分的运用。$Pc39$ 是第一个从 $A.\ sterilis$ 中分离并被转移到普通栽培燕麦的主效冠锈病抗性基因，1980 年育成的燕麦品种"Fidler"是加拿大地区第一个含有 $Pc39$ 的普通栽培燕麦品种。在随后的 1982—1993 年间，又相继育成了一系列包含 $Pc38$ 和 $Pc39$ 的普通栽培燕麦品种，比如"Dumont""Robert"和"Riel"。在 20 世纪 90 年代中期，$Pc38$ 和 $Pc39$ 的抗性在加拿大中东部平原地区被打破，因为该地区的冠锈病真菌群体中已经进化出新的对这两个基因有毒性的生理小种（Chong 和 Seaman，1997）。为此，育种家们又将更多抗性基因聚合到这些主栽品种中。燕麦品种"AC Assiniboia"（2001）是第一个同时聚合了 $Pc38$、$Pc39$ 和 $Pc68$ 三个抗性基因。随后，在此基础上，又有数个同时聚合了 $Pc38$、$Pc39$ 和 $Pc68$ 三个抗性基因的燕麦品种被相继育成，如"AC Medallion"（2001）、"Ronald"（2002）、裸燕麦品种"AC Gwen"（2003）、"Furlong"（2005）、"Jordan"（2009）。然而，到 2005 年的时候，同时携带 $Pc38$、$Pc39$ 和 $Pc68$ 三个抗性基因的品种，比如"AC Assiniboia"和"Ronald"，都出现了严重的感病现象，这表明在该种植区域，基因 $Pc68$ 对冠锈病的抗性也开始被克服（Chong 等，2008）。由此，育种家又将其他抗病基因进行了整合。选育出一些同时携带 4 个抗冠锈病基因的燕麦新品种，如品种"Summit"（2011），同时携带 $Pc38$、$Pc39$、$Pc48$ 和 $Pc68$ 基因。近年来，Chong 等（2011）从 $A.\ sterilis$ 中发现了两个新的抗冠锈病基因，暂时命名为 $Temp\_Pc97$ 和 $Temp\_Pc9$，这两个基因对加拿大的冠锈病真菌群体存在普遍的抗性，因此成为加拿大冠锈病抗性育种的优先利用对象。

除了 $A.\ sterilis$ 外，其他一些物种中的抗病基因也已经成功转移到栽培品种中。如来自二倍体物种 $A.\ strigosa$ 的抗病基因 $Pc94$ 已经广泛用于加拿大曼尼托巴地区以及美国威斯康辛地区的育种项目中，培育一系列出的新的抗病品种，如"Leggett"（2007）、"Stride"（2013）等。来自四倍体 $A.\ maroccana$ 的 $Pc91$ 基因成功转移至六倍体，并由北达科塔州立大学培育出高 β-葡聚糖，高抗冠锈病的燕麦新品种"HiFi"（2001），以及由此选育出的其他高抗冠锈病燕麦品种"Souris"(2005)、"Rockford"(2008)、"Newburg"(2011)、"Jury"(2012)。在国内,尽管冠锈病发病分布十分广泛,几乎遍及所有燕麦种植区(李春杰等,2017),关于抗冠锈病种质鉴定,以及抗冠锈病品种选育还未见报道。因此加强冠锈病研究是我国燕麦病虫害防治和燕麦育种亟待开展的工作。

(三)抗秆锈病种质资源在燕麦育种中的应用

另一个燕麦主要流行性病害是燕麦秆锈病。燕麦秆锈菌的专化性极强,防治燕麦秆锈病的最经济有效的方法就是培育抗病品种。目前,在燕麦中已经发现的抗秆锈病基因一共有 17 个(表 2-6),包括显性、部分显现、不完全隐性和隐性基因四类。同样,部分秆锈病抗性基因也成簇存在于燕麦染色体中,也有一些抗性基因与抗冠锈病基因关联。如 $Pg1$、$Pg2$ 和 $Pg8$ 成簇存在,$Pg4$ 与 $Pg13$ 关联,$Pg3$、$Pg9$、$Pc44$、$Pc46$、$Pc50$、$Pc68$、$Pc95$ 相互关联(Donoughue 等,1996)。目前尚不清楚这些关联的抗性基因为不同基因还是等位基因。在燕麦育种中,育种家通过转移抗性基因到当地主栽品种成功培育出许多的抗病品种。然而,随着秆锈菌生理小种的进化,不同的毒性小种开始流行。因此,通过整合多个抗性基因是目前燕麦育种中普遍采用的策略。在大多数加拿大品种中,都包含 2~3 个抗性基因的组合,如 $Pg2$ 和 $Pg13$、$Pg9$ 和 $Pg13$ 以及 $Pg2$、$Pg9$ 和 $Pg13$。如燕麦品种"Summit"(2011)含有 $Pg2$ 和 $Pg13$,"AC Assiniboia"(2001)、"Ronald"(2002)等加拿大主栽培品种含有 $Pg2$、$Pg9$ 和 $Pg13$。

第四节　燕麦种质资源评价与利用中的 DNA 分子标记

一、DNA 标记技术的种类和特点

生命的遗传信息储存于 DNA 序列之中,高等生物每个细胞的全部 DNA 构成了该生物体的基因组。尽管在生命信息的传递过程中 DNA 能够精确地自我复制,但许多因素能够导致生物体 DNA 的可遗传变异,进而使不同的生物个体之间形成遗传差异。DNA 标记就是指能够反映生物个体间或种群间基因组中某种差异特征的 DNA 片段,是一种以 DNA 多态性为基础的遗传标记,直接反映基因组 DNA 间的差异。由于 DNA 标记是遗传物种差异的直接反映,因此广泛用于现代生物学研究。

DNA 标记技术始于 20 世纪 80 年代,由遗传学家 Botstein 等首次提出,到现在为止已历经近 40 年时间。随着科学技术的发展,DNA 标记技术也不断更新换代,时至今日,已经发展出十多种 DNA 标记技术。根据这些 DNA 标记技术的出现时间和特点,可将 DNA 标记分为三代。

(一)第一代分子标记

第一代分子标记是以 DNA 杂交为基础发展起来的。主要是限制性片段长度多态性

（restriction fragment length polymorphism，RFLP）。在生物长期进化过程中，种属、品种间在同源 DNA 序列上会发生变化，从而改变了原有酶切位点所在的位置，使两个酶切位点间的片段长度发生变化。RFLP 正是利用这一原理，采用不同的限制性内切酶对基因组进行消化，再经过电泳、印迹和探针杂交从而观察到这种遗传差异。作为第一代分子标记，RFLP 具有许多优点。RFLP 可与基因连锁，在不需要测定基因序列的情况下对相关基因进行分析。核基因组的 RFLP 标记具有共显性遗传特性，能够区分纯合和杂合基因型。细胞质基因组的 RFLP 标记一般表现为母性遗传。标记源于基因组 DNA 的自身变异，因此理论上，探针与限制酶的组合数量无限，可以覆盖整个基因组，即使异源基因也可以作为探针。大多数 RFLP 是由不编码蛋白质的区域和没有重要调节功能的区域发生了中性突变，对植物体本身通常无害，更不会产生致死效应（黄璐琦和王永炎，2008）。此外，RFLP 不受植物发育时期或器官，抑或是环境的影响，因此重复性很高。

尽管如此，RFLP 也存在很多不足，如 RFLP 需要大量的样品 DNA，并要求较高的纯度。同时，RFLP 检测过程十分烦琐，需要使用放射性同位素进行分子杂交，而且探针具有种属特异性。大多数 RFLP 多态位点变异程度偏低，检测多态性水平依赖于限制性内切酶的种类和数目。

（二）第二代分子标记

第二代分子标记主要是以 PCR 技术为基础的 DNA 标记技术。主要包括随机扩增多态性 DNA（random amplified polymorphic DNAs，RAPD）、特异性片段扩增区域（sequence characterized amplified region，SCAR）、扩增片段长度多态性（amplified fragment length polymorphism，AFLP）、简单重复序列（simple sequence repeat，SSR）、简单重复序列间多态性（inter simple sequence repeat，ISSR）等。

RAPD 标记的原理是以人工合成的随机寡聚核苷酸序列为引物，以总 DNA 为模板，通过 PCR 反应获得到一系列长度不同的多态性 DNA 片段，最后通过凝胶电泳对多态性进行检测。RAPD 标记具有很多优点。首先，RAPD 技术是基于 PCR 技术的标记技术，因此其继承了 PCR 效率高、灵敏度高、易于检测等优点。其次，RAPD 检测时对模板 DNA 的要求较低，不需要大量的样品 DNA，一般 10 ng DNA 即可以完成一次分析。同时对样品 DNA 纯度没有过高要求。除此之外，RAPD 标记采用的是随机引物，因此无须专门设计反应引物，也不需要预先知道被研究的生物基因组核苷酸顺序，引物是随机合成或者任意选定的，不依赖于种属特异性，合成的一套引物可用于不同生物基因组的分析。最后，RAPD 标记操作起来十分简单，容易实现自动化，短期内可以利用大量引物完成覆盖全基因组的分析。RAPD 标记推出后在基因定位、遗传图谱构建方面发挥了巨大作用。

RAPD 技术也存在一些不足之处。首先，RAPD 标记是显性标记，不能够区分纯合子和杂合子，不能有效地鉴定出杂合子，是的遗传分析相对复杂。其次，RAPD 标记由于使用的是单引物，且 PCR 退火温度低，容易出现错配，使得其结果重复性较差。这些缺点限制了其应用。

SCAR 标记是基于 RAPD 标记转化而来。为了提高所找到的某一个 RAPD 标记的稳定性,将该 RAPD 标记片段从凝胶中回收并进行测序(或只对两端测序),再根据获得的碱基序列设计特异性引物。这种经过转化的特异 DNA 分子标记称为 SCAR 标记。SCAR 标记一般为显性标记,即表现出扩增片段的有无,若表现为扩增片段长度多态性,则为共显性标记。相比 RAPD 标记,SCAR 标记所使用引物为特异性引物,可以在严谨的 PCR 条件下进行扩增,因此具有结果稳定、重复性高等优点。

AFLP 标记是由 Zabeau 和 Vos 于 1993 年发明的一项 DNA 指纹技术,是将 RFLP 技术、RAPD 技术相结合的一类分子标记技术。AFLP 的出现是 DNA 指纹技术的重大突破。其原理是:先用限制性内切酶(一般是两种限制性内切酶:一种是六碱基识别位点的低频剪切酶,如 *Eco*R I;一种是四碱基识别位点的高频剪切酶,如 *Mse* I)对基因组 DNA 进行切割,然后利用连接酶将人工合成的双链接头连接到 DNA 片段的黏性末端,随后以接头序列和相邻的限制性位点序列作为引物结合位点进行扩增,最后用聚丙烯酰胺凝胶电泳对扩增的 DNA 片段进行分离,获得 DNA 片段长度多态性。AFLP 标记结合了 RFLP 和 RAPD 二者的优点,既具有 RFLP 的稳定性,又具有 RADP 的灵敏性。同时还克服了 RFLP 和 RAPD 的缺点。AFLP 技术只需少量样品 DNA,并且既能检测酶切位点不同造成的多态性,又能检测随机选择碱基造成的多态性。AFLP 简单高效,一次选择性扩增就能比较几十甚至上百个位点,且结果可靠性好、重复性高,是一种十分理想的分子标记,非常适用于指纹图谱构建和遗传多样性研究。AFLP 标记也存在一些缺点,如分析程序复杂,所需要的仪器和药品价格昂贵,因此应用受到一定限制。

SSR 标记也称为微卫星 DNA(microsatellite DNA),是一种以 1～6 个碱基对组成的简单重复序列,如 $(GT)_n$、$(GAA)_n$、$(GTAT)_n$…其中 n 为重复次数。这些重复序列广泛分布于真核生物各个染色体的各个区段。这些重复序列的拷贝数具有十分丰富的多态性,因此 SSR 是一种多态性很好的 DNA 标记。不同品种或个体重复序列的重复次数不同,但重复序列两侧的 DNA 序列是保守的序列,因此可以根据这些保守序列设计一对特异性引物,通过 PCR 扩增、电泳检测即可分析不同基因型个体在每个 SSR 位点上的多态性。SSR 标记具有的优点是:SSR 位点在整个基因组上均有分布,均匀且数量多、多态性高;SSR 标记呈共显性遗传,因此可以区分纯合子和杂合子;SSR 标记是基于 PCR 技术,因此也具有所需 DNA 量少、结果重复性高、可靠性强、操作简单等优点,成为现今广泛使用的分子标记技术。但是 SSR 标记十分依赖于引物设计,开发成本较高,不适宜于大样本检测。

ISSR 标记是在 SSR 标记基础上发展起来的一种分子标记技术,其原理是通过在 SSR 的 3′或 5′端锚定 2～4 个碱基设计引物,对基因组中两个距离较近、方向相反的 SSR 间的 DNA 片段长度多态性进行检测。与 SSR 标记一样,ISSR 同样具有多态性高、重复性好、操作简单、特异性强、为共显性标记等优点。在动植物中存在大量的双核苷酸重复序列,因此,大部分 ISSR 标记所用 PCR 引物是基于双核苷酸重复序列设计的,同时锚定 2～4 个碱基也能够避免太多扩增片段,提高了电泳分辨率。

(三)第三代分子标记

第三代分子标记是以芯片技术为核心的分子标记,主要包括多样性序列芯片技术(Diversity Arrays Technology，DArT)和单核苷酸多态性(single nucleotide polymorphism，SNP)。

DArT 标记是 Jaccoud 等(2001)发明的一种新型分子标记技术,其检测的是基因组 DNA 经限制性内切酶消化后形成的特异 DNA 片段具有的多态性。多态性的检测依赖于芯片杂交技术。DArT 技术的原理是:首先取待检测的样品的基因组 DNA 进行等量混合,然后利用两种不同的限制性内切酶对基因组 DNA 进行切割,以降低基因组 DNA 的复杂性,根据电泳结果选择回收不同大小的 DNA 片段作为基因组代表,并通过相关步骤将部分 DNA 固定在芯片上。随后将每个待检测用同样的限制性内切酶进行切割,最后分别于制定好的芯片进行杂交,从而获得多态性。DArT 标记在标记的发现和检测中不需要预先知道 DNA 序列信息,因此可以用于任何物种。同时 DArT 技术不依赖于电泳对多态性进行检测,因此重复性高。DArT 标记多态性高低依赖于待检测的样品间的遗传多样。有研究表明,一般大麦和小麦为 5%～10%(洪义欢等,2009)。

SNP 标记是指由单个核苷酸变异而引起基因组水平上的 DNA 序列多态性,形式包括单个碱基的转换和颠换,也可以由碱基的插入或缺失所致,但通常所说的 SNP 不包括后面两种情况。SNP 标记数量众多,分布十分广泛,在人类基因组中,平均每 1.3 kb 就存在一个 SNP 位点。并且,SNP 标记很容易实现自动化,成本低,因此非常适合需要采用大量标记开展工作的遗传作图等研究。目前已有多种方法可用于 SNP 检测,如根据 DNA 列阵的微测序法、动态等位基因特异的杂交、寡聚核苷酸特异的连接、DNA 芯片及 TaqMan 系统等。

(四)简化基因组测序技术

目前,DNA 标记在种类上已经基本满足研究的需要,科研人员更加关注标记数量上的提升。传统上,DNA 标记开发,如 SSR、SNP 通常是非常烦琐和耗时,一般会涉及 PCR 扩增、基因克隆等,并且整个分型过程烦琐而复杂。21 世纪初开发的 SNP 芯片技术,在很大程度上提高了基因分型的效率,但成本仍然较高。近年来,随着高通量技术的发展,大量物种已经完成全基因组测序。据基因组在线数据库(Genomes On Line Database，GOLD)统计,截至 2019 年 1 月 7 日,已完成全基因组测序的研究项目已经达到 169 050 个,在研全基因组测序项目 83 796 个。保存于 NCBI 中的 DNA 序列数据快速增加,截至 2019 年 1 月 18 日,已保存超过 2.4×10^{16} bp 的 DNA 数据(图 2-15),分别来自约 32 000 个微生物基因组序列、约 5 000 个植物和动物基因组序列,以及约 250 000 个人基因组序列。这些基因组数据为大规模 DNA 标记,如 SSR 标记、Indel 标记、SNP 标记开发提供了契机(表 2-9)。例如,在小麦、玉米、黑麦等作物中,已经开发出标记量达到 600 k 或以上的 SNP 芯片。然而,对于燕麦来讲,SNP 标记数量远远滞后于其他作物。这主要归咎于燕麦异源六倍体属性和庞大复杂的基因组,以及较低的研究投入。研究表明,燕麦基因组大小约为 12.5 Gb(Yan 等,2016),是水稻基因组大小(～466 Mb)的约 30 倍。目前燕麦中只有 1 张包括约 6 000 个标记的 SNP 芯片被开发和利用。

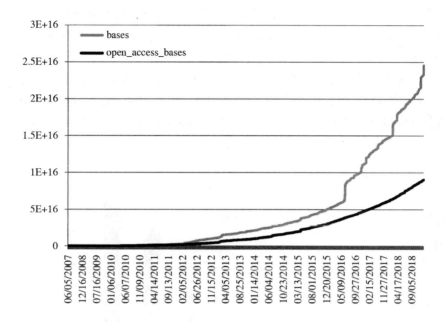

图 2-15 2007 年以来,储存于 SRA (Sequence Read Archive)数据库中基因组序列增长情况

表 2-9 主要粮食作物 SNP 芯片(吴凯，2018)

作物	芯片大小	采用技术
小麦	9 k	Illumina Infinium BeadChip
小麦	90 k	Illumina Infinium BeadChip
小麦	660 k	Affymetrix Axiom
大麦	9 k	Illumina Infinium BeadChip
燕麦	6 k	Illumina Infinium BeadChip
黑麦	600 k	Affymetrix Axiom
水稻	6 k	Illumina Infinium BeadChip
水稻	44 k	Affymetrix GeneChip
水稻	50 k	Affymetrix Axiom
水稻	1M	Affymetrix
玉米	50 k	Illumina Infinium BeadChip
玉米	3 k	Illumina Infinium BeadChip
玉米	600 k	Affymetrix Axiom
玉米	50 k	Affymetrix Axiom

近年来,基于高通量测序技术的简化基因组测序技术(reduced-representation sequencing)的出现以及随之开发的标记挖掘生物信息学软件 DNA 为大规模 DNA 标记开发提供了契机。简单来讲,简化基因组测序是以二代测序为基础,通过酶切技术、序列捕获技术或其他

实验手段降低物种基因组复杂性程度,针对基因组特定区域进行高通量测序的测序策略。简化基因组测序最大的一个优点就是测序成本低。这主要是因为简化基因组测序在制备文库时,通过加"标签(barcode)"的方式,使得一次测序反应可以包括十个甚至上百个个体样品,这大大降低了测序成本。目前已经开发出数十种简化基因组测序技术,广泛应用于遗传图谱构建、遗传多样性研究、QTL定位等研究,并呈现出直线增长的趋势(图2-16),本节就两种最广泛使用的简化基因组测序技术:RADseq(restriction site-associated DNA sequencing)和GBS(genotyping by sequencing)进行阐述。

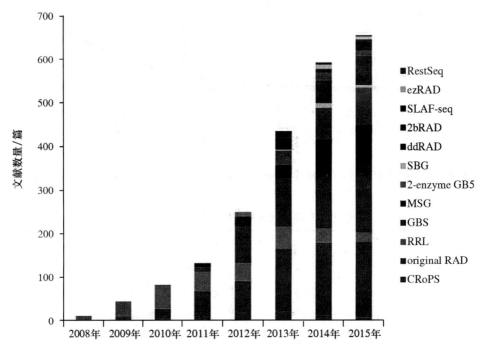

图2-16　近几年基于酶切方式的简化基因组测序发表的文章数据统计(见彩图)

(Andrews等,2016)

1. RADseq 测序技术

广义的RADseq是指基于限制性内切酶对基因组进行简化,从而进行高通量测序的一类测序技术的总称。而我们通常讲的RADseq则是指Baird等(2008)所采用的简化基因组测序方法。RADseq的基本流程主要包括:基因组DNA的酶切简化、测序文库的构建、上机测序和数据分析(图2-17)。

(1)利用限制性内切酶对样品基因组DNA进行酶切

首先准备样品基因组DNA。在RADseq中,单个样品的基因组DNA在300 ng左右,并且最好用去RNA酶对样品基因组DNA中的RNA进行去除。然后利用限制性内切酶对DNA基因组切割。限制性内切酶的选择对于最终的测序结果及标记挖掘具有重要的影响。通常来讲,基因组中某限制性内切酶的识别位点数量与该限制性内切酶的识别位点碱基数呈正相关,识别位点的碱基数越多,基因组中出现的频数越低。如八碱基酶在基因组中出现的频率低于六碱基酶,而六碱基酶在基因组中出现的频率低于四碱基酶。因此,选取识别位点

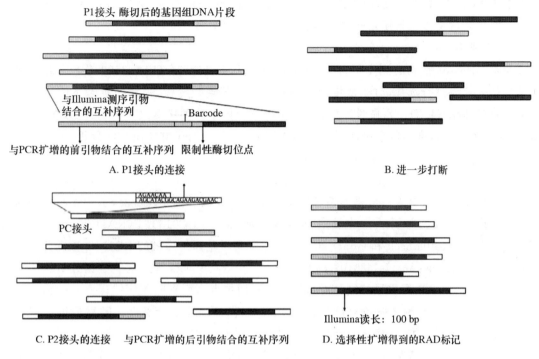

图 2-17 RADseq 流程图

（王洋坤等，2014）

碱基数越多则获得的酶切片段越长，且片段越少，反之，选取识别位点碱基数越少则获得的酶切片段越多，同时酶切片段越短。通常地，目前大多数研究进行 RADseq 所有采用的限制性内切酶为四碱基酶，如 Hae Ⅲ、Msp Ⅰ 等，或六碱基酶，如 Pst Ⅰ，$EcoR$ Ⅰ、Sbf Ⅰ 等。

（2）测序文库构建

对样品基因组 DNA 进行酶切后，需要构建测序文库。文库构建主要包括四个步骤。首先是利用连接酶为每个酶切片段加上一个接头序列 P1（图 2-17A）。P1 接头包含 4 段不同的序列：与 PCR 扩增的前引物结合的互补序列，用于 PCR 扩增富集目的片段；与 Illumina 测序引物结合的互补序列，用于最终的高通量测序；标签序列（barcode），用以对每个样品进行区分；与限制性内切酶酶切位点互补的序列，用于与酶切片段结合。将连接好 P1 接头的双链 DNA 片段进行随机机械打断，获得一系列不同大小的 DNA 双链片段，通过琼脂糖电泳对这些片段进行筛选，选择符合大小的目的片段进行回收。通常目的片段大小在 300～500 bp 之间，这是因为 Illumina 测序平台单端测序大约为 150 bp。随后对回收后的片段嫁接第二个接头 P2（图 2-17C）。P2 为一普通结构，包含了 PCR 扩增后引物。由于经过随机打断后，可能存在三种类型的片段，一类为接有 P1 接头和随机打断后的末端的片段，一类为两端都为随机打断的末端的片端，一类为两端都有 P1 接头的片段。第二次连接后同样会产生三类片段，分别是两端都为 P1 接头的片段、两端分别为 P1 和 P2 接头的片段，以及两端都为 P2 接头的片段。为了使两端都为 P2 接头的片段不会被 PCR 扩增，P2 接头特异设计为"Y 形"结构（图 2-17C），这样就保证了这种两端含有 P2 接头的序列不会被扩增。两端都为 P1 接头的片段能够被 PCR 扩增,但不会被测序。随后,通过 PCR 的方式对目标片段进行富集,利用分光光度计对构建的文库进行质量检测,最终完成测序文库构建。

（3）上机测序

目前 RADseq 常用的测序平台为 Illumina 的 HiSeq2000 或 HiSeq2500 平台。测序深度则根据研究需要进行选择,对于遗传连锁分析对于遗传连锁分析,一般要求亲本的平均测序深度为 $10\times$ 以上,F_1、F_2 等临时性群体,推荐每个个体平均测序深度为 $(0.8\sim1.0)\times$；RIL、DH 等永久性群体,推荐每个个体平均测序深度为 $0.6\times$。对于群体遗传学分析,推荐每个个体平均测序深度为 $1.5\times$（王洋坤等,2014）。

（4）数据分析

数据分析则根据有无参考基因组选择不同是生物信息学软件。目前,基于无参考基因组序列的 RADseq 数据分析软件主要有 Stacks（Catchen 等,2013）、PyRAD（Eaton,2014）、dDocentPuritz（Hollenbeck 和 Gold,2014）等,基于参考基因组序列的 RADseq 数据分析软件主要有 GATK（McKenna 等,2010；DePristo 等,2011）、Stacks 等。这些数据分析软件大体分析流程包括:测序数据质量控制（QC）,如通过酶切位点序列剔除测序错误引入的错误读长（read）、通过每个碱基测序质量对读长进行剪接,以保证测序的准确性。随后根据标记序列将获得的读长进行分类,即将来自不同样品的序列进行归类划分。然后进行序列比对,如果有参考基因组则与参考基因组进行比对,从而获得 SNP 或其他标记位点,若无参考基因组序列,则采用体外组装（denovo assembly）的方式挖掘 SNP 或其他标记位点。最终获得每个样品的标记信息用于进一步研究分析。

除上述 RADseq 外,通过一系列改进,还出现了数中其他衍生 RADseq 测序技术。如采用两种限制性内切酶对基因组进行简化的 ddRADseq、采用 IIB 型限制性内切酶的 2bRADseq 技术,以及特异位点扩增片段测序 SLAFseq 等。

2. GBS 测序技术

GBS 是另外一种被广泛使用的简化基因组测序技术。GBS 由 Elshire 等（2011）首先提出。与 RADseq 测序文库构建类似,GBS 同样采用限制性内切酶对基因组进行酶切简化,采用 PCR 对目标片段进行富集,最后获得测序文库进行高通量测序（图 2-18）。

GBS 测序文库构建主要包括如下几个步骤:

（1）样品 DNA 和接头准备

在 GBS 测序中,单个样品基因组 DNA 需求量在 $100\sim200$ ng 之间。并且需要利用去 RNA 酶对样品 DNA 中的 RNA 进行清除。

（2）利用限制性内切酶对样品基因组 DNA 进行简化

同样,GBS 也是采用限制性内切酶对基因组进行酶切后。通常采用四碱基酶或六碱基酶对基因组 DNA 进行切割简化。Poland 等（2012）通过采用 MspⅠ 和 PstⅠ 双酶切方式,开发出一种衍生 GBS 测序技术。

（3）接头连接

完成基因组 DNA 酶切以后,立即与两种接头进行连接。其中一种是一端含有测序结合位点、"标签"序列以及酶切位点互补序列的"标签"接头,另外一种则为含有测序引物的普通

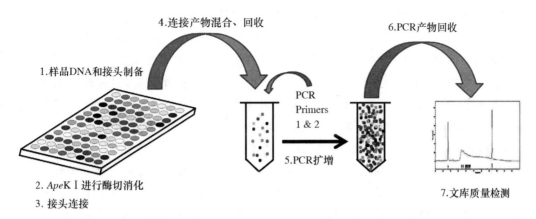

图 2-18　单酶($ApeK\,I$)切的 GBS 测序文库构建

（Elshire 等，2011）

接头。若采用双酶切 GBS 测序技术，则需在普通接头上添加一段与第二个限制性内切酶酶切位点互补的序列，同时将普通接头设计为"Y 形"，以便对连接产物进行过滤。

（4）回收连接产物

接头连接完成后，利用琼脂糖电泳对连接产物进行区分，以除去连接产物中多余的接头。同时，可以对片段大小进行选择，如选择大小在 1 000 bp 以下的连接产物进行回收。由于后续的 PCR 过程也可以对片段大小进行控制，因此次步可以不对连接产物大小进行选择性回收。

（5）PCR 富集目的片段

在完成连接产物回收以后，利用 PCR 进行片段富集。不同于 RADseq 测序的是，GBS 可以通过设置 PCR 延伸时间来对 PCR 扩增产物进行控制。通常设置 PCR 循环中的延伸时间为 30 s，这样，只有两端连接有"标签"接头和普通接头，且长度在 1 000 bp 左右的片段才能够被有效扩增。

（6）PCR 产物回收并进行片段大小检测

在完成 PCR 以后，需要利用回收试剂盒对 PCR 产物进行回收，同时采用琼脂糖凝胶电泳或 Picogreen 对 PCR 产物大小进行检测。当大多数 DNA 片段大小在 170～350 bp 之间时，制备的测序文库就可以送至 Illumina 测序平台进行高通量测序（Elshire 等，2011）。

测序完成以后则进行数据分析。与所有其他简化基因组测序后的数据分析类似。GBS 数据也分为无参考基因组和有参考基因组两种。目前应用最多的数据分析软件是基于 TAS-SEL 软件的 GBS 管道（Lu 等，2012）。可以看出，相比 RADseq 测序，GBS 在测序文库制备上更加简单方便，其省去了机械打断、片段长度选择等步骤，很大程度上节约了人力和物力。

二、DNA 标记在燕麦遗传多样性和群体结构上的应用

种质资源研究的重要内容之一就是对种质资源遗传多样性和群体结构进行有效评价。广义而言，遗传多样性是指地球上所有生物所携带的遗传信息的总和，但通常所说的遗传多样性是指种内不同群体间以及单个群体内不同个体间的遗传变异总和。对燕麦遗传多样性

的研究具有重要的理论和实际意义。首先,遗传多样性是燕麦育种的遗传基础,只有具有丰富的遗传多样性才能够为燕麦新品种选育提供优质基因资源。而对燕麦的遗传多样性和群体机构进行有效评价,才能够对收集的燕麦种质资源有着更加清晰的认识,从而高效地加以利用。其次,遗传多样性是保护生物学研究的核心之一。对燕麦而言,只有对燕麦种质资源遗传多样性和群体结构进行深入研究,了解燕麦种质资源遗传变异的大小、时空分布及其与环境条件的关系,才能科学地采取适当的措施对燕麦种质资源进行有效保护。

遗传多样性的表现形式是多层次的,因此对遗传多样性的研究具有不同的方法。主要包括形态学、生化指标以及各种 DNA 标记。相对而言,形态学和生化指标容易受到外部环境的影响,因此很难对种质资源作出较为准确的评价。而 DNA 是遗传物质,DNA 标记的多态性是 DNA 水平上遗传多样性的直接反映,能够揭示生物遗传多样性的本质。并且 DNA 标记多态性高、不受环境影响,因此当前而言,DNA 标记是所有生物,包括燕麦遗传多样性和群体结构研究的主要手段。

(一)栽培六倍体燕麦遗传多样性和群体结构研究

自 DNA 标记出现以后,各国燕麦工作者便开始利用 DNA 标记对栽培六倍体燕麦种质资源遗传多样性和群体结构进行研究。在其他作物中,随着现代育种进程的不断发展,很多作物品种,如小麦、玉米等的遗传多样性都日趋狭窄,这引起了人们的广泛关注。在燕麦现代育种中,北美和欧洲是燕麦育种的主要地区,近 200 年来,加拿大不同育种项目选育的品种超过 150 个。这些品种间的遗传多样性变化同样引起燕麦工作者的关注。最早利用 DNA 标记对栽培燕麦品种遗传多样性进行研究的是 O'Donoughue 及其合作者(1994),他们利用 RFLP 标记对 83 个北美燕麦品种的遗传多样性进行了研究。这些 RFLP 探针来自 48 个燕麦和大麦的 cDNA 克隆。46 个多态性克隆一共检测到 278 个条带,其中的 205 个条带表现出多态性。平均每个克隆有 4.5 个多样性条带。聚类分析和主成分分析将这 83 个燕麦品种大致分为春播和冬播两大类,这些品种之间的聚类关系与谱系分析一致。这些结果说明 RFLP 标记可以用于预测燕麦品种之间的遗传关系,以及建立燕麦品种的指纹图谱。

Fu 等(2003)利用 SSR 标记对 1886—2001 年间加拿大各育种单位选育的 96 个加拿大燕麦品种的遗传多样性和等位基因位点变化进行了研究。选取的 30 个 SSR 标记中,有 11 个 SSR 标记表现出多态性,共检测到 62 个等位位点。对这些等位位点进行分析发现,1970 年以后选育的品种在遗传多样性上出现了明显下降。进一步利用 AFLP 标记对这些品种遗传多样性进行研究(Fu 等,2004)。10 对 AFLP 引物共获得 1 892 条条带,其中多态性条带 442 条,显示出较低的遗传多样性。为了对世界范围类的栽培燕麦遗传多样性有更深的了解,Fu 等(2005)又利用 AFLP 标记对来自 79 个国家和地区的 646 份栽培燕麦,以及 24 份未知来源的栽培燕麦的遗传多样性进行了系统研究。5 对 AFLP 引物一共获得 767 条扩增条带,每对引物产生的扩增条带在 121～207 条之间。选取 170 条清晰条带进行遗传多样性分析。将材料根据国家、所在地理分区(根据)、燕麦类型(分为普通燕麦、红燕麦和裸燕麦)以及选育情况(分为选育品种和地方品种)进行分子方差分析 AMOVA(analysis of molecular variance),结果表明燕麦遗传多样性最高的国家是俄罗斯、美国、厄瓜多尔、智利以及中国。燕麦遗传多样性最高的地区是东南亚半岛,其次是东欧和南美。不同燕麦类型以及选育情况的燕麦种质之间遗传多样性相当。从这些燕麦种质资源的群体分化来看,普通燕麦和红燕麦之间形成较强的群体结构分化,而普通燕麦和裸燕麦之间无明显遗传分化(图 2-19)。同时来自不同国家的燕麦种质之间也形成一定分化。例如,聚类分析中,群体 1 由来自 15 个国家的燕麦种质资源构成,其中 9 个国家均为地中海沿岸国家;群体 2 由来自 32 个国家的燕麦种质资源构成,其中 22 个国家为欧洲国家;群体 3 则由来自 27 个国家的种质组成,国家的地理分布较为分散(图 2-20)。

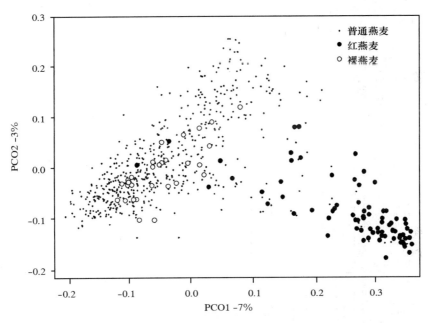

图 2-19 基于 AFLP 标记的 670 份栽培燕麦主成分分析

(Fu 等,2005)

欧洲是最重要的燕麦种植区之一,保存有许多的种质资源。利用 SSR、AFLP 和 DArT 标记对 94 个北欧和德国的燕麦种质资源的遗传多样性和群体结构进行了研究共检测到有 61 个多态性 SSR 标记、201 个多态性 AFLP 标记和 1 056 个多态性 DArT 标记(He 和 Bjørnstad,2012)。来自挪威的燕麦种质遗传多样性最高,而来自德国的种质资源遗传多样性最低。北欧国家的燕麦种质资源之间相关性很高,这表明在种质资源交换北欧国家中比较频繁。对比地方品种和选育品种发现,选育品种的遗传多样性有一个明显的下降。大多选育品种只来自少数地方品种。Nikoloudakis 等(2016)利用 SSR 标记对 62 来自希腊和东欧的栽培燕麦品种进行了群体结构分析。共检测到 209 个多态性位点。普通燕麦和红燕麦之间形成了较强的遗传分化,这再次证实了 Fu 等(2005)的研究结果。Boczkowska 和 Tarczyk(2013)利用 ISSR 对 67 个波兰地方品种的遗传多样性进行了研究。这些燕麦地方品种分别搜集于波兰北部、南部及东部。8 对 ISSR 引物共获得 895 条清晰扩增条带,其中 531 条为多态性位点。多样性分析结果表明,波兰地方品种的遗传多样性较低(0.09~0.37)。聚类分析和主成分分析表明,这些燕麦地方品种之间没有形成较强的群体结构分化,海拔高度是造成

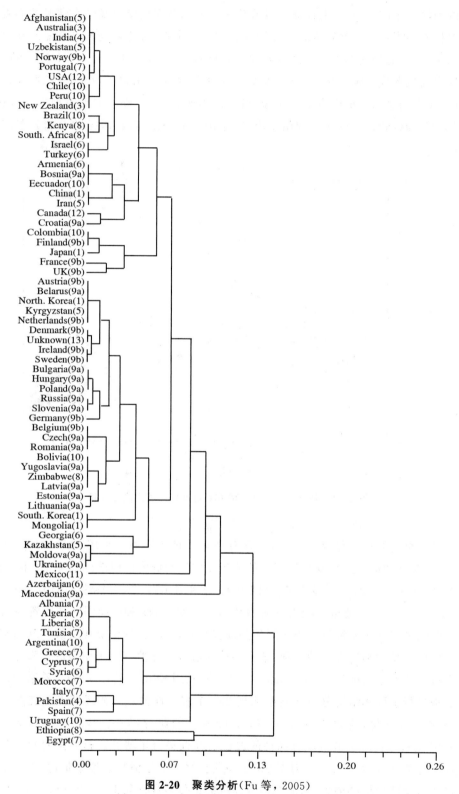

图 2-20 聚类分析（Fu 等，2005）

括号内为地理分区代码，分区标准根据 Zhukovsky（1968）进行

一定遗传结构分化的主要因素。此外,白色外稃的种质与其他种质区分开来。这些白色外稃地方品种多来自降雨丰富的山区,因此在一定程度上证实了白色外稃的种质不耐干旱的观点。Boczkowska 等(2014)又利用 AFLP、ISSR 和 RAPD 标记对波兰的早期(1939 年前)选育的燕麦品种遗传多样性进行了调查,结果表明这些早期选育的品种的遗传多样性要高于 20 世纪 60 年代后选育的品种,与波兰地方品种的遗传多样性相当。

近年来,高通量的芯片技术和简化基因组测序技术也成功应用于燕麦种质资源遗传多样性的研究当中。Tumino 等(2016)利用 SNP 芯片对来自欧洲地区的包括地方品种、早期选育品种和现代主栽品种在内 138 个燕麦品种的群体结构进行了分析。结果表明,群体结构分化主要由地理来源决定。这些品种可分为两个亚群,一个亚群主要由来自欧洲内陆的燕麦种质构成,另一个亚群则为来自地中海国家和大西洋沿岸的欧洲国家的燕麦种质(图 2-21)。

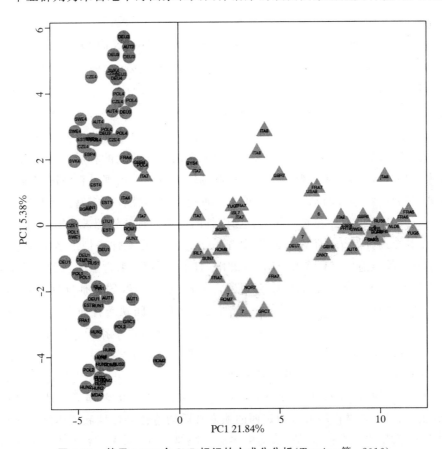

图 2-21 基于 3 567 个 SNP 标记的主成分分析(Tumino 等,2016)

不同的是,来自北美的燕麦品系并没有根据地理来源展现出较强的群体结构。Esvelt Klos 等(2016)利用 SNP 芯片和 GBS 测序技术对主要来自北美和欧洲的 635 份栽培燕麦种质资源进行了群体结构分析。SNP 芯片和 GBS 数据供挖掘到 4 561 个 SNP 标记。群体结构分析表明,这些种质之间的群体结构较弱。主成分分析显示,南方育种项目育成的品种(多为冬性和抗锈病品种)与其他春播区的燕麦品种之间形成了较强的群体结构(图 2-22),这表明北美地区燕麦群体结构的形成与现代育种中的人工选择有关。同样地,Winkler 等(2016)利用 SNP 芯片对 759 个燕麦品种的群体结构进行了研究,结果表明,外稃颜色对群体结构具有显著影响。进一步证实人工选育对燕麦群体结构的影响。

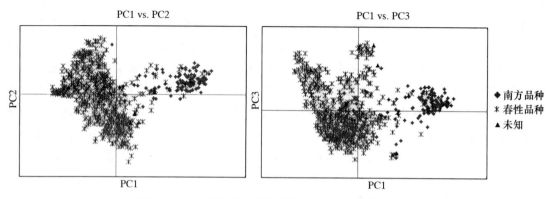

图 2-22　635 份燕麦主成分分析(Esvelt Klos 等,2016)

在国内,我国燕麦工作者也利用 DNA 标记对我国燕麦种质的遗传多样性进行了较为系统的研究。徐微等(2009)利用 AFLP 对来自河北、东北、内蒙古、青海、山西、陕西、西南、美洲、东欧等 12 个组群的 281 份栽培裸燕麦品种进行了遗传多样性分析。20 对 AFLP 引物共扩增出 1 137 条 PCR 条带,其中 260 个为多态性位点。遗传多样性分析表明:12 个组群中,来自内蒙古的裸燕麦品种遗传多样性最高,其次为来自山西和河北的种质。来自东北地区的种质资源较为独特,而西部地区的裸燕麦种质资源则较为单一。根据选育情况将裸燕麦分为地方品种和选育品种,结果表明来自国内的地方品种遗传多样性较为丰富。相怀军等(2010)利用 AFLP 标记对 177 份保存在我国的来自国内外的皮燕麦种质资源进行了遗传多样性调查。20 对 AFLP 引物共获得 976 条清晰的条带,其中 185 条为多态性条带。多样性分析表明,来自西欧的皮燕麦种质遗传多样最高,其次为北欧、日本和东欧,来自黑龙江的皮燕麦种质资源遗传多样性最低。聚类分析表明,除来自内蒙古的皮燕麦外,我国其他地区的皮燕麦种质与国外的皮燕麦种质存在明显的群体分化。表明这些地区之间缺乏种质交换。而内蒙古的皮燕麦品种则与国外的皮燕麦品种表现出较高的遗传相似性,这得益于这些年来,内蒙古地区开展的积极引种工作,并通过杂交等方式将引种资源中的优异基因导入适宜于当地种植的燕麦品种中,进而培育出一批优质的燕麦新品种。沈国伟等(2010)采用内含子切接点引物和长随机引物 PCR 分子标记技术对 29 份加拿大引进的燕麦种质,以及 35 份燕麦主产区内,包括内蒙古、河北张家口、吉林白城和甘肃定西的燕麦种质的遗传多样性和群体结构进行了分析。15 条引物共扩增出 171 条 PCR 条带,其中多态性条带 134 条,多态性百分比达到 78.36%。群体结构分析表明,中国的 35 个燕麦品种与加拿大品种之间具有明显的遗传差异。大部分种质(81.25%)的种质血缘相对比较单一,仅 18.75% 的种质拥有混合来源。这说明我国燕麦品种选育中缺乏种质交流,应在今后的遗传改良中多利用多元化的种质资源。

综上可以看出,就目前而言,在我国和欧洲一些国家的栽培燕麦中出现了遗传多样性下降的趋势,而其他一些地区受益于种质交换,仍然维持较高的遗传多样性水平。栽培燕麦品种之间的群体结构在很大程度上受人工选择的影响。例如春播区和冬播区的燕麦种质之间、红燕麦与普通栽培燕麦之间、甚至白色外稃与其他颜色外稃的种质之间都形成了一定的遗传分化。

(二)燕麦野生种质资源的遗传多样性和群体结构研究

燕麦野生种质资源是燕麦育种的宝贵基因库。对这些野生种质资源遗传多样性和群体结构进行深入研究,不仅有利用对其中的优质资源的高效利用,也有利于更多优质种质的进一步挖掘,如抗病基因。同时也为燕麦野生种质资源的保护提供理论依据。然而,目前只有极少数研究利用 DNA 标记对燕麦野生种质资源的遗传多样性和群体结构进行了研究。

如上所述,在燕麦野生种质中,六倍体燕麦 A. sterilis 是目前应用最多的一类野生种质资源,尤其是在抗病基因方面,已有很多抗病基因被鉴定出来并加以利用。同时,一些来自 A. sterilis 的种质在种子大小、蛋白质含量等其他农艺性状上也具有突出优势。目前世界各地种质资源库中收集到的 A. sterilis 种质超过 7 000 份。Beer 等(1993)首次利用 RFLP 标记,对来自 8 个国家,包括阿尔及利亚、摩洛哥、埃塞俄比亚、以色列、黎巴嫩、叙利亚、伊拉克和伊朗的 177 份 A. sterilis 种质遗传多样性进行了研究,并同基于形态学标记和生化标记的研究结果进行了比较。结果表明,RFLP 分析结果与基于形态学标记和生化标记的研究结果高度相关,同时不同国家的种质遗传多样性差异不大。来自伊朗的种质之间的遗传差异最大,其次是来自伊拉克的种质,而来自埃塞俄比亚的种质之间遗传差异较小。Heun 等(1994)采用 RAPD 标记对来自 4 个地区的 24 份 A. sterilis 种质群体结构进行了研究。21 个随机引物共获得 177 条 RAPD 条带,其中 115 条为多态性条带。群体结构分析表明,这些种质遗传分化与地理来源相关。Zhou 等(1999)采用 RAPD 标记对来自 18 个国家的 96 份 A. sterilis 种质和 24 份栽培燕麦的遗传多样性和遗传关系进行了研究。35 条 RAPD 引物共获得 248 条多态性条带。聚类分析同样表明种质间的群体结构主要由地理来源决定,来自同一地区的种质具有较近遗传关系。如来自土耳其、伊朗、伊拉克的种质资源遗传关系较近,而来自摩洛哥、西班牙的种质遗传关系较近。Al-Hajaj 等(2018)利用 GBS 测序对来自约旦 24 个地区的 275 份 A. sterilis 种质的群体结构进行了研究,这些种质之间的群体分化主要受地理来源的影响,包括海拔、经纬度等。

除 A. sterlis 外,另外一个六倍体物种 A. fatua 也受到一定关注。A. fatua 不仅是燕麦种质资源中重要的基因库,也是世界上一种重要的杂草。因此,对 A. fatua 遗传多样性的研究,不仅能够对该物种的遗传信息有更加深入的了解,也能够进一步了解该物种应对环境压力的能力,尤其是除草剂对 A. fatua 种群的影响。Mengistu 等(2005)利用 ISSR 和 RAPD 对来自北达科他州的 20 份抗除草剂(HR)和 16 份感除草剂(HS)的 A. fatua 种质遗传多样和群体结构进行了研究。结果表明,两类 A. fatua 种质具有相似的遗传多样性,除草剂抗性并未使这两类种质形成特定的群体结构。Li 等(2007)利用 SSR 标记对代表六个种群,包括河南、青海、陕西、安徽、江苏和内蒙古的 347 份 A. fatua 材料,以及 68 份来自北达科他州的 A. fatua 材料的遗传多样性和群体结构进行了研究。这些不同群体的遗传多样性并没有显著差异。但美国的群体在遗传多样性上要略高于中国的 A. fatua 群体。从群体结构分化情况上看,中国的种质与美国的种质存在明显的遗传分化(图 2-23)。而陕西和内蒙古的种群存在较高的遗传相似性。

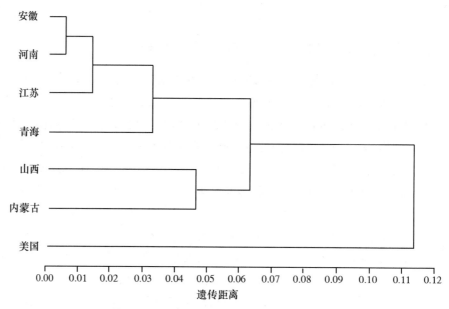

图 2-23　基于 25 个 SSR 标记的聚类分析 (Li 等, 2007)

三、DNA 标记在燕麦遗传连锁图谱构建上的应用

遗传连锁图谱 (genetic linkage map) 是描述分子标记在染色体上相对位置的排列顺序图。一般通过计算分子标记在染色体交换时的重组率来确定其在染色体上的位置。遗传连锁图谱是基因组学研究的重要工具,在基因定位与克隆、比较基因组学、分子标记辅助育种和物种演化等研究工作中发挥着重要作用。

(一)燕麦二倍体遗传连锁图谱构建

尽管普通栽培燕麦是燕麦属中最重要的粮食作物,但遗传连锁图谱的构建并不是从普通栽培燕麦开始,而是始于燕麦属中两个二倍体 A. atlantica 和 A. hirtula 构建的作图群体 (O'Donoughue 等, 1992)。这是因为普通栽培燕麦为异源六倍体作物,剂量效应严重影响了对作图群体进行基因分型,同时三组染色体之间存在未知水平的非同源重组,因此使得基因组十分复杂。此外,早期可用的分子标记数量相对有限,因此构建六倍体遗传连锁图谱很难达到较高的覆盖水平。相比之下,二倍体物种基因组较为简单,容易对后代进行基因分型。通过构建祖先二倍体遗传连锁图谱能够为六倍体遗传连锁图谱的构建提供参考。

目前,已构建了两个二倍体群体的遗传连锁谱图。一个是利用两个野生二倍体物种 A. atlantica 和 A. hirtula 的杂交 F_3 群体进行的图谱构建,另外一个则是利用栽培二倍体 A. strigosa 和野生二倍体 A. wiestii 的杂交 F_2 代临时性群体进行的图谱构建 (Rayapati 等, 1994)。这两个群体选择的亲本均为 A_s 基因组二倍体,它们的基因组之间存在很高的同源性,被认为属于同一个生物种 (Leggett 和 Thomas, 1995)。这些亲本之间能够自由杂交,细胞学证据显示它们的杂交后代能够正常配对,并未发现有染色体重排。

O'Donoughue 等(1992)首次所采用 RFLP 标记构建了 *A. atlantica*×*A. hirtula* 遗传图谱(AH)。图谱构建所用 RFLP 探针来自燕麦和大麦中的 cDNA 克隆。由于这些 RFLP 探针已经被定位在其他禾本科植物中,因此 AH 图谱成为燕麦和其他禾本科植物进行比较作图的桥梁(Devos 和 Gale,2000)。作图所采用的遗传群体为包含 42 个个体的 F3 群体。作图后,获得包含 188 个 RFLP 标记的 7 个主要连锁群,其大小在 30～118 cM 之间,共覆盖遗传距离为 614 cM。尽管构建的遗传图谱包含了被认为是代表 A 基因组 7 条染色体的 7 个连锁群,但由于作图群体太小,因此在确定各标记顺序和遗传距离时存在一些偏差。

另一个二倍体遗传连锁图谱 *A. strigosa* × *A. wiestii*(为了与其他 *A. strigosa* × *A. wiestii* 图谱进行区分,将这张图谱简写为 SW1)由 Rayapati 等(1994)利用 RFLP 标记进行构建。大部分 RFLP 探针来自燕麦 cDNA 克隆。作图群体为包含 88 个个体的 F_2 群体。作图后,获得包含 208 个 RFLP 位点的 10 个连锁群,总覆盖遗传距离 2 416 cM,位点间平均遗传距离 12 cM。为了进一步提高此图谱的基因组覆盖率,Yu 和 Wise(2000),以及 Kremer 等(2001)又以此杂交组合构建的重组自交系为作图群体,采用更多的分子标记构建了新的遗传连锁图谱。Yu 和 Wise(2000)利用 AFLP、RFLP 等标记以包含 100 个个体的 $F_{8,9}$ 群体为作图群体进行了遗传连锁图谱构建。新的图谱包(SW2)含 7 个连锁群,共 513 个位点。其中包括 372 个 AFLP 标记、78 个 S-SAP(sequence-specific-amplification polymorphism)标记、6 个冠锈病抗性位点、8 个抗病基因类似序列(resistance-gene analogs,RGA)、1 个形态学标记、一个 RAPD 标记、以及 45 个 RFLP 标记,总共覆盖遗传距离 3 513 cM。与 AH 遗传图谱比较后发现,这两个图谱具有较好的共线性,多数共有的标记在两个图谱上的位置一致。Kremer 等(2001)则采用 RFLP 标记以 $F_{6,8}$ 群体为作图群体进行了图谱构建。新图谱(SW3)包含 9 个连锁群,共定位 181 个位点,图谱总长度为 880 cM,位点平均遗传距离 5 cM。与 SW1 比较发现,在共有的 83 个位点中,有 39% 的位点出现了重排,表明这两张图谱共线性不高,这可能与 SW1 使用的是 F_2 临时性群体有关。与 SW2 比较发现,这两张图谱有较强的共线性,12 个定位在 SW2 上的位点,同样被定为在 SW3 上,且标记间的排序也较为一致。不同的是,在 SW2 中,这些位点均被定位在同一连锁群上,而在 SW3 中,这些位点分属于不同的连锁群。SW3 与 AH 图谱也具有较好的共线性。共有的 46 个标记中,有 56% 的标记在图谱上展现出一致的排列顺序。

(二)燕麦六倍体遗传连锁图谱构建

1. Kanota×Ogle

第一张燕麦六倍体图谱是通过两个燕麦品种"Kanota"和"Ogle"杂交后代群体构建的。在两个亲本中,"Kanota"是一个被广泛种植的半冬性红燕麦品种(*A. byzantina*),而"Ogle"则为一种适应性很强的春性普通燕麦品种(*A. sativa*)。选择这两个品种作为图谱构建的亲本材料主要是基于两方面的原因。首先,这两个品种之间具有较强的遗传差异,因此能够获得更多的多态性标记。其次,在"Kanota"中,前人通过细胞学方法鉴定出多个非整倍体材料(Morikawa,1985)。通过这些非整倍体材料,能够方便地将分子标记定位在具体的染色体上,从而将遗传图谱的连锁群直接与具体染色体进行整合。

O'Donoughue 等(1995)利用"Kanota"和"Ogle"杂交获得的包含 71 个个体的 F_6 群体,构建了第一张燕麦六倍体遗传连锁图谱(KO)。该图谱包含 561 个标记,共获得 38 个连锁群,图谱总长度 1 482 cM,位点间平均遗传距离 5.9 cM。随后,其他燕麦工作者在此基础上利用不同的标记技术对 KO 图谱进行丰富和扩展,使 KO 图谱成为燕麦六倍体中最基础和重要的连锁图谱。Jin 等(2000)利用 AFLP 标记和 RFLP 标记对 KO 群体进行了遗传作图。获得一张包含 515 个标记、34 个连锁群的遗传图谱,覆盖总长度 2 351 cM。Kianian 等(2001)对 O'Donoughue 等构建的 KO 图谱进行了改进,将 221 个 RFLP 标记定位在 32 个连锁群上,总覆盖长度 1 770 cM。随后,Groh 等(2001)采用 AFLP 标记对 KO 图谱进行了补充,8 对 AFLP 引物共获得 102 个多态性条带,其中 71 个标记能够被定位在先前获得的 KO 图谱上。这 71 个 AFLP 标记分布在 32 个连锁群中的 21 个连锁群上。Wight 等(2003)对 KO 群体个体进行了扩展,使得该作图群体个体达到 133。随后利用 RFLP 标记、RAPD 标记、同工酶标记、SSR 标记、SCAR 标记以及形态学标记进行了图谱构建。更新后的 KO 图谱包含 29 个连锁群,共计 1 166 个标记,其中包含 287 个框架标记,新图谱的覆盖总长度为 1 890 cM。Tinker 等(2009)在 KO 框架图谱的基础上,将 1 010 个 DArT 标记锚定在 KO 图谱,从而使 KO 图谱更加饱和。这为燕麦中重要农艺性状的定位奠定了基础。

2.其他六倍体遗传连锁图谱

除了 KO 图谱外,燕麦工作者还利用不同类型的分子标记构建了一些其他的六倍体图谱(表 2-10)。为了能够和 KO 图谱进行比较,大部分其他六倍体遗传图谱都采用了"Kanota"或者"Ogle"作为亲本之一去构建作图群体。如 Kanota×Marion(Groh 等,2001)、Ogle×TAMO-301(Portyanko 等,2001)、Ogle×MAM17-5(Zhu 和 Kaeppler,2003)。除此之外,也有一些其他六倍体种质构建的遗传连锁图谱,这些图谱的构建大多为了对某些性状进行遗传定位。Jin 等(2000)利用 AFLP 和 RFLP 标记构建了 Clintland64×IL86-5698 图谱。其中品种"IL86-5698"为抗燕麦红叶病品种,"Clintland64"为感红叶病品种。该图谱包含 30 个连锁群,共计 265 个标记,图谱全长 1 363 cM。De Koeyer 等(2004)利用 AFLP、RFLP 等分子标记构建了 Terra×Marion 图谱。其中"Terra"为裸燕麦品种,"Marion"为皮燕麦品种。该图谱包含 35 个连锁群,共计 430 个分子标记,图谱全长 727 cM。Portyanko 等(2005)构建了 MN841801-1×Noble-2 图谱。其中"MN841801-1"为抗冠锈病品系,"Noble-2"为感冠锈病品种。该图谱包含 30 个连锁群,共 231 个分子标记,图谱全长 1 509 cM。这些六倍体图谱中含有很多与 KO 图谱共有的 RFLP 标记,因此能够与 KO 图谱进行比较。近年来,随着大规模分子标记技术的应用,如 DArT 标记、SNP 芯片、GBS 测序等,有更多的六倍体遗传图谱被构建。Hizbai 等(2012)利用 DArT 标记构建了 Dal×Exeter 图谱。该图谱有 40 个连锁群,共定位 475 个 DArT 标记,图谱全长 1 271.8 cM。Pellizzaro 等(2016)利用 SNP 芯片构建了 UFRGS 01B7114-1-3×UFRGS 006013-1 图谱。该图谱包含 42 个连锁群,共 502 个 SNP 标记,图谱全长 1 397 cM。Ubert 等(2017)利用 SNP 芯片以两个皮裸杂交后代为群体构建了两张遗传图谱,两张图谱分别包含了 52 和 49 个连锁群,共 738 和 588 个 SNP 标记。图谱总长度分别为 1 699 和 1 450 cM。

表2-10　燕麦遗传图谱

杂交组合	作图群体	参考文献	标记类型	位点数量	连锁群数量	图谱长度/cM
A. atlantica×A. hirtula	44 F$_2$	O'Donoughue 等，1992	RFLP	354	7	737
A. strigosa×A. wiestii	88 F$_2$	Rayapati 等，1994	RFLP	203	10	2 416
	100 F$_{8,9}$ RILs	Yu 和 Wise，2000	AFLP 等	513	7	3 513
	100 F$_{6,8}$ RILs	Kremer 等，2001	RFLP	181	9	880
Kanota×Ogle	71 F$_6$ RILs	O'Donoughue 等，1995	RFLP 等	561	34	1 482
	133 F$_6$＋F$_9$ RILs	Wight 等，2003	RFLP，RAPD 等	1 166	45	1 890
	80 F$_6$＋F$_9$ RILs	Tinker 等，2009	DArT 等	1 297	34	2 028
Kanota×Marion	137 F$_6$ RILs	Groh 等，2001	AFLP	121	27	736
Ogle×TAMO-301	136 F$_{6,7}$ RILs	Portyanko 等，2001	RFLP，AFLP 等	441	34	2 049
Clintland64×IL86-5698	126 RILs	Jin 等，2000		26	30	1 363
Ogle×MAM17-5	152 F$_{5,6}$ RILs	Zhu 和 Kaeppler 2003	AFLP，RFLP 等	510	28	1 396
Terra×Marion	101 F$_{5,6}$ RILs	De Koeyer 等，2004	AFLP，RFLP 等	430	35	727
MN841801-1×Noble-2	158 F$_{6,8}$ RILs	Portyanko 等，2005	RFLP，AFLP	231	30	1 509
Aslak×Matilda	137 DHs	Tanhuanpää 等，2008	AFLP，RAPD 等	625	28	1 526
	137 DHs	Tanhuanpää 等，2012	DArT，AFLP 等	1 058	34	1 668
品7×大明月莜麦	155 F$_2$	湘怀军，2010	AFLP，SSR	77	17	1 193
766-28-2-1×克兰努瓦尔	112 F$_2$	王玉亭，2011	AFLP，SSR	95	11	674
Dal×Exeter	146 F$_5$ RILs	Hizbai 等，2012	DArT	475	40	1 272
元莜麦×555	281 F$_2$	徐微 等，2013	AFLP，SSR 等	96	19	1 545
赤38×夏莜麦	215 F$_{2,3}$	吴斌 等，2014	SSR	182	26	1870
578×Sanfensan	202 F$_2$	Song 等，2015	SSR	208	22	2 070.5
UFRGS 01B7114-1-3 ×UFRGS 006013-1	94 F$_5$ RILs	Pellizzaro 等，2016	SNP	502	42	1 397.5
URS Taura× UFRGS 017004-2	94 F$_5$ RILs	Ubert 等，2017	SNP	738	52	1 699
	94 F$_5$ RILs	Ubert 等，2017	SNP	583	49	1 450.5

在我国,利用分子标记构建六倍体燕麦遗传图谱研究较少。第一张裸燕麦遗传图谱通过裸燕麦"元莜麦"和"555"杂交 F₂ 代群体构建,主要采用了 AFLP 标记技术,该图谱包含 19 个连锁群,共 95 个 DNA 标记和 1 个形态学标记,图谱全长 1 544 cM,标记间平均遗传距离 20.1 cM。此后,相怀军(2010)、王玉亭(2011)、吴斌等(2014)和 Song 等(2015)相继构建了另外 4 张六倍体遗传图谱。这些图谱构建均采用 F₂ 群体作为作图群体。除了吴斌等(2014)和 Song 等(2015)外,其余都主要采用 AFLP 标记,且作图亲本均不相同,因此很难对这些图谱进行比较。同时,这些图谱上的分子标记数量较少,图谱密度严重不足,因此,需要进一步对这些图谱进行补充加密,才能更好应用于其他遗传学研究。

(三)燕麦比较作图及一致性图谱构建

比较作图(comparative mapping)就是利用一种物种的 DNA 标记对另一个物种进行遗传或物理作图。比较作图的分子基础就是物种间的 DNA 序列的保守性。通过比较作图,构建一致性的框架图谱将对燕麦 QTL 定位、图位克隆、遗传多样性研究、遗传进化研究等起到极大的推动作用。

起初,人们认为燕麦二倍体祖先物种与六倍体之间存在很强的共线性。因此,企图通过首先构建二倍体遗传图谱将分子标记定位在六倍体图谱上。然而,不幸的是,研究结果表明,燕麦二倍体只有部分片段与六倍体存在较高的共线关系。Portyanko 等(2001)和 Wight 等(2003)对两个二倍体图谱与六倍体 KO 图谱进行了比较,两个研究结果均表明很多二倍体同源群在六倍体中图谱中表现为碎片化,共线性被限制在一些小的片段之间。尽管如此,二倍体图谱仍然能够为燕麦比较作图提供一定的参考。

毫无疑问,燕麦六倍体栽培燕麦之间存在极高的共线关系,因此燕麦工作者利用不同的遗传群体构建了相当数量的六倍体遗传图谱。尽管这些图谱并未获得预期的代表燕麦 21 条染色体的连锁群,大多数遗传图谱都获得的同源群都超过 30 个,但由于这些图谱使用了共同的亲本或者分子标记,因此可以将这些图谱进行比较和整合,从而绘制一致性图谱。在进行比较作图中,KO 图谱发挥了关键作用。大多数比较作图都以 KO 图谱作为参考图谱。通过比较作图,Wight 等(2003)利用 AFLP、RFLP、RAPD 等多种标记对 KO 图谱进行了完善,将原图谱中的 38 个连锁群缩小到 29 个,如确定了原图谱中连锁群 16 和 23、以及 7、10、28 之间的同源关系。尽管如此,完善后的图谱仍然较为碎片化,例如连锁群 37、39、42、45 均只有 2 个标记。造成燕麦六倍体遗传图谱间难以进行比较和整合的主要因素有以下几个方面。首先这些图谱之间缺乏足够多的共享标记。构建图谱时大多采用 AFLP、RFLP、SSR 等标记,这些标记间,除了 RFLP 标记和 SSR 标记外,其余标记难以在不同图谱中进行转移。尽管 RFLP 和 SSR 标记能够实现图谱间的转移,但数量有限。其次,标记数量不足,难以对全基因组进行覆盖。再次,不同燕麦群体之间可能存在未知水平基因重排,从而使得一些标记在不同图谱中的顺序和遗传距离有很大不同。如在普通燕麦 17A 染色体上,普遍存在一个与 7C 染色体之间的染色体易位,而这个易位则未在红燕麦,包括"Kanota"中发现(Oliver 等,

2013）。染色体涂染（chromosome painting）也发现 A、C、D 基因组之间存在大量的重排（图 2-24）（Yan 等，2016）。此外，使用的作图群体相对燕麦高达 12.5 Gb 的基因组来说太小（都小于 200），因此在进行图谱构建时，统计学效力大大降低，使得一些标记间的顺序和距离出现较大偏差。

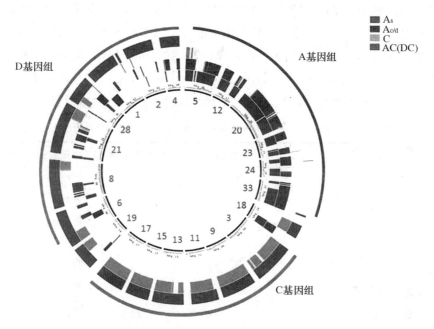

图 2-24　基于六倍体一致性图谱的染色体电子涂染（见彩图）

21 个以 Mrg 开头的连锁群以 cM 为单位，并以基因组来源进行排序。4 个不同颜色同心圈代表 4 个祖先群，同心圈着色部分表示此区域与六倍体染色体具有相对较高的共线关系。根据 21 条六倍体染色体与祖先种群的共线情况，最外面的 3 个圆形弧表示包含在内的大多数染色体来源于相同基因组（Yan 等，2016）。

　　得益于高通量 SNP 芯片和 GBS 测序技术的成功应用，燕麦六倍体图谱的比较和整合取得有了十足进步，构建了一张高密度的一致性图谱，并几经完善，成为目前燕麦中密度最高的遗传图谱，为燕麦基因定位研究奠定了基础。第一代燕麦高密度一致性图谱主要由 SNP 标记构成，这些 SNP 标记来源于燕麦基因组 DNA 和 cDNA（Oliver 等，2013）。对包含 6 个 RIL 群体的 390 个后代进行基因分型，进行比较和整合以后获得了一张包括 985 个 SNP 标记和 68 个之前发表的框架标记的一致性图谱，该图谱总长度为 1 838.8cM。标记平均遗传距离 1.7 cM，大大提高了六倍体图谱的标记密度。随后，又利用一张载有 5 743 个 SNP 标记的芯片对这六个群体进行基因分型，其中 4 975 个 SNP 标记具有多态性，将这些 SNP 标记整合后获得了第二代高密度一致性图谱（Tinker 等，2014）。如上所述，在燕麦中存在很多未知水平的染色体重排，如 7C-17A、3C-14D（Chaffin 等，2016），使得一些标记在不同的图谱中的位置和顺序出现矛盾，一些较大的插入、缺失或者易位会严重干扰一致性图谱中这些标记的顺序，从而在利用构建的一致性图谱时出现错误。为此，需要加入更多的群体对这些潜在的错误进行更正。除此之外，尽管第二代一致性图谱上的标记已经较为饱和，且图谱覆盖的遗传距离已经接近基因组的大小,但在这些标记在连锁群上的分布并不均匀,存在很多大于 10 cM 的间隙,因此需要进一步提高标记数量以及群体大小去加以完善。基于此,Chaffin 及其合作者(2016)进一步利用 SNP 芯片和高通量 GBS 测序对 12 个六倍体群体进行了图谱构建(表 2-11),比较整合后,获得第三代六倍体一致性图谱。该图谱包含 7 202 个框架性标记,图谱全长 2 843 cM,标记间平均密度为 0.39 cM。这是迄今为止标记数最多、密度最高的一张燕麦一致性图谱(图 2-25)。由于一致性图谱上的标记大多是 SNP 标记,因此可利用其他方法,如 TapMan 探针技术、竞争性等位基因特异性 PCR(kompetitive allele specifc PCR,KASP)、扩增受阻突变体系(amplification refractory mutation system,ARMS)对这些 SNP 进行检测,实现在不同遗传群体中的转移,从而与一致性图谱进行标记,完成对目标性状基因的定位。

表 2-11　第三代一致性图谱构建使用的 **12 个遗传群体**(Chaffin 等,2016)

群体	群体大小	连锁群数量	标记数量	图谱总长/cM
Kanota×Ogle(F_7)	52	43	1 914	2 774.4
CDC Sol-Fi×HiFi(F_7)	53	30	888	1 196.1
Hurdal×Z-597(F_6)	53	23	1 508	1 284.8
Ogle×TAMO-301($F_{6,7}$)	53	28	2 257	2 393.2
CDC Boyer×94197Al-9-2-2-5(F_8)	76	23	660	1 479.6
Otana×PI269616(F_6)	98	22	1 166	1 873.4
Provena×94197Al-9-2-2-5(F_8)	98	33	1 821	2 533.6
IL86-1156×Clintland 64($F_{5,8}$)	112	23	623	1 057.6
Provena×CDC Boyer(F_8)	139	27	598	1 613.1
Dal×Exeter($F_{5,8}$)	145	25	895	1 165.7
AC Assniboia×MN841801(F_7)	161	33	1 366	1 652.7
IL86-6404×Clintland 64($F_{5,8}$)	171	25	608	823.7

(四)燕麦遗传图谱和染色体图谱整合

将遗传图谱和染色体图谱进行整合对于燕麦基因的染色体定位和全基因组测序等至关重要。在燕麦中,通过 C 带、荧光原位杂交等方式,结合染色体形态特征以及非整倍体材料可以对燕麦中的 42 条染色体进行区分和鉴定,由此构建了燕麦六倍体初级的染色体图谱(图 2-26)(Jellen 等,1997;Sanz 等,2010;Fominaya 等,2016)。将连锁图谱与染色体图谱进行整合通常有两种方式。一种是利用一系列包含全部染色体非整倍体材料,如单体、三体来确定标记在染色体上的位置。如在单体或三体中,可以比较正常材料与单体或三体材料中RFLP 标记的杂交信号的强弱来判断该标记位于那条染色体。另外一种则是利用原位杂交技术将一些长片段标记进行染色体定位。

最早对燕麦连锁图谱与染色体图谱进行整合的是 Fox 等(2001)。其利用可能包含全部21 条染色体的非整倍体材料对定位在图谱上的 RFLP 标记进行染色体定位,最终对连锁群

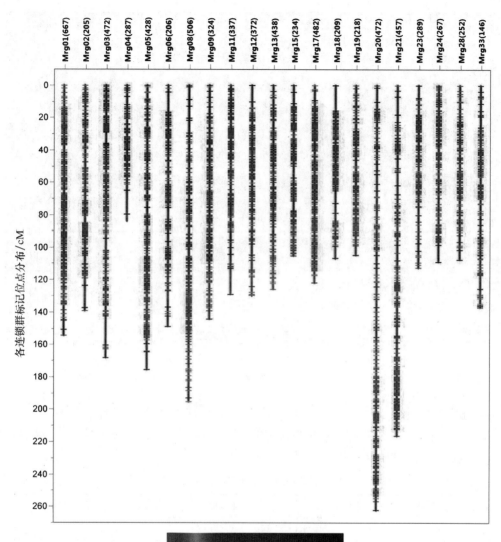

（括号内为该连锁群上框架标记数量）

图 2-25 一致性图谱各连锁群分子标记分布（见彩图）

（Chaffin 等，2016）

和染色体进行整合，将 22 个连锁群定位在 16 条染色体上。随后，采用同样的策略，Oliver 等（2013）和 Chaffin 等（2016）将一致性图谱上的连锁群与染色体图谱进行整合（表 2-12）。然而，可能是保存的非整倍体材料，尤其是单体材料在保存过程中丢失了另外一条单染色体，也可能是 Fox 等（2001）在进行连锁图谱和染色体图谱整合时所使用的标记较少（平均每个染色体 3.7 个标记），上述研究得到的很多连锁群和染色体的关系并不一致，利用鸟枪法获得的 A 基因组和 C 基因组二倍体序列进行比较作图也证实了这些不一致。时至今日，一致性图谱中的 21 个连锁群，只有 9 个与染色体之间的关系得以确认。Yan 等（2016）利用 GBS 标记对 A、C 基因组二倍体物种，AB、AC 基因组四倍体物种与六倍体一致性图谱进行了比较，从整体上确

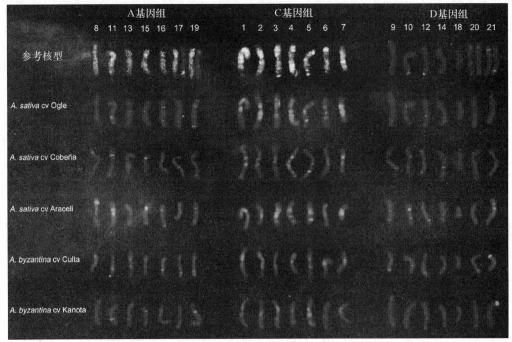

图 2-26　六倍体燕麦染色体 FISH 图谱(见彩图)

(Fominaya 等,2016)

认了这些连锁群所属的基因组,但仍然无法确定这些连锁群与染色体之间的确切关系。这将有待通过细胞学方法对燕麦染色体和同源群进行明确的区分和标记后,再进一步将燕麦的连锁群与染色体和同源群进行关联,才能为燕麦物理图谱的构建提供可能。

表 2-12　一致性图谱各连锁群的染色体定位

连锁群	染色体[a]	Oliver 等(2013)[b]	KO 群体	二倍体[c]	Yan 等(2016)[d]
Mrg01		5C	KO_5_30	A	D
Mrg02	9D	9D	KO_17	A	D
Mrg03	4C	4C,10D	KO_32	C	C
Mrg04	18D	18D	KO_33	A	D
Mrg05	16A	16A,1C	KO_24_26_34+11_41_20_45	A	A
Mrg06		14D	KO_5_30+KO_14	A/C	D/C
Mrg08	12D	12D	KO_2+KO_47	A/C	D/C
Mrg09	6C	6C	KO_29_43+KO_7_10_28	C	C
Mrg11		1C	KO_21_46_31_40+11_41_20_45	C/A	C
Mrg12		13A	KO_6	A	A
Mrg13		20D	KO_8	C	C
Mrg15	2C	2C,10D	KO_15	C	C
Mrg17		3C	KO_36,KO_42	C	C

续表 2-12

连锁群	染色体[a]	Oliver 等（2013）[b]	KO 群体	二倍体[c]	Yan 等（2016）[d]
Mrg18		7C-17A	KO_1_3_38_X2	C	C/A
Mrg19	21D	21D	KO_4_12_13	C/A	C/D
Mrg20		19A	KO_22_44_18	A	A
Mrg21		16A	KO_24_26_34＋11_41_20_45	A/C	D/C
Mrg23	11A	11A	KO_4_12_13	A	A
Mrg24		8A,14D	KO_16_23	A	A
Mrg28		7C-17A	KO_1_3_38_X2	C	D/C
Mrg33		15A	KO_7_10_28＋KO_17	A	A

注：a:已确定关系的染色体；b:加粗的为已明确的染色体，未加粗的为可能存在错误命名；c:Chaffin 等（2016）根据鸟枪法产生的 A 基因组和 C 基因组二倍体序列与一致性图谱进行比较后的结果；d:染色体涂染结果

四、DNA 标记在燕麦基因/QTL 定位上的应用

对控制燕麦农艺性状的基因/QTL 进行定位和挖掘，不仅是燕麦遗传研究的重要内容，也是现代分子育种的内在需求。在传统杂交育种中，育种家们通过表型对杂交后代进行筛选，经长时间观察后，最终获得目标性状优良的新品种。这个过程十分耗时，需要 5～10 年。近些年来，随着大量分子标记的开发和应用，基于分子标记的分子标记辅助选择（molecular assisted selection，MAS）为育种提供了新的途径。简单来讲，MAS 就是利用目标基因本身，或目标性状连锁的标记在选择群体中直接对含有目标基因的基因型进行分子选择，以获得目标性状基因型纯合的个体，从而加速育种进程。可以看出，对农艺性状基因进行挖掘，或找到与农艺性状连锁的标记是 MAS 的关键。尽管不同的燕麦育种项目其育种目标并不相同，但总的来看，燕麦育种家们普遍关心的农艺性状主要是抗病性状、产量和品质性状，因此大多数关于燕麦农艺性状基因/QTL 定位的研究都聚焦在这些农艺性状上。

（一）燕麦抗病基因/QTL 定位及其分子标记

1.燕麦抗锈病基因/QTL 定位及其分子标记

在目前的燕麦病害中，锈病是最严重的病害。因此对锈病抗性基因/QTL 的定位和分子标记挖掘也是燕麦抗病研究的焦点。从广义上可以将燕麦锈病的抗性分为小种特异性抗性（主效抗性或垂直抗性）和非小种特异性抗性（微效抗性或水平抗性）。垂直抗性一般由单基因控制，在燕麦生长发育的各个阶段都能表达，也是比较容易鉴定和利用的一类抗性种质资源，但这类抗性也极易被新的锈病毒力小种所克服。而水平抗性通常由多基因控制，它不能完全杜绝锈病真菌对燕麦的侵染，但是能够有效地减少锈病真菌孢子的数量和大小，同时也能够在很大程度上延缓锈病真菌的发生时期（Portyanko 等，2005）。水平抗性比特异性抗性更持久，因为它对真菌造成的选择压力更小，这也减缓了真菌本身的进化进程（Simons，1972）。然而，在实际育种中，水平抗性的利用较为困难，因为这需要将许多微效基因聚合到

一个育种材料中。因此，垂直抗性基因是目前育种中利用最多的抗性种质资源。

在之前的研究中，由于分子标记数量有限，以及缺乏高密度的遗传图谱，因此难以对基因进行染色体定位。人们只是通过不同的方法去找到与这些性状连锁的标记。最常用方法是近等基因系(near isogenic line，NIL)法。NIL 是指两个只在目标性状上存在差异的而其他遗传背景几乎相同的株系。因此任何在一对 NIL 株系中表现出多态性的标记都可能是与目标性状连锁的标记。找到这样的标记后，可以进一步在分离群体中进行验证。除 NIL 外，混合群体分离分析法(bulked segregant analysis，BSA)也是基因定位中最常采用的分析方法。BSA 是从分离群体中选出两个在目标性状上存在差异的群体(通常每个群体 20～50 个单株)构建基因池，然后筛选在两个基因池中存在多态性的标记，这些多态性标记则可能与目标基因连锁。BSA 构建的两个基因池实际上是模拟 NIL。这两种方法主要用于对单基因或主效基因控制的性状进行研究。在燕麦中，通过这两种方法完成了对很多抗病基因的定位(表 2-13)，如抗冠锈病基因 $Pc38$、$Pc39$、$Pc48$(Wight 等，2004)、$Pc71$(Bush 等，1994)、$Pc91$、$Pc92$(Rooney 等，1994)、$Pc9$(Chong 等，2004)，抗秆锈病基因 $Pg3$(Penner 等，1993a)、$Pg9$ 和 $Pg13$(O'Donoughue 等，1996)。

虽然目前已经开发了许多与抗性基因紧密连锁的分子标记，但是这些标记在育种实践中的运用却受到了限制。这是因为大部分研究在进行基因定位时使用的标记多为 RAPD、AFLP 和 DArT 标记，这些标记可转移性较差，且难以实现高通量的检测，同时多数情况下为显性标记。在早期的 MAS 中发现，这些标记的检测结果并非完全准确，因为不能有效地检测出具有杂合基因型的材料。相反，近年来开发的 KASP 标记，由于其准确性高、操作简单、成本低、高通量等特点，已经被越来越多地运用到育种项目中，如 $Pc91$(Gnanesh 等，2013)、$Pc45$(Kebede 等，2018)等。

表 2-13　燕麦冠锈病和秆锈病抗性基因连锁的分子标记

基因	标记类型	标记名称	参考文献
冠锈病			
$Pc38$	RFLP	$cdo673,wg420$	Wight 等，2004
$Pc39$	RFLP	$cdo666$	Wight 等，2004
$Pc45$	TaqMan	$PcKMSNP1$	Gnanesh 等，2015
	KASP	$I05\text{-}0874\text{-}KOM16c1$	
	KASP	$I05\text{-}1033\text{-}KOM17$	Kebede 等，2018
$Pc48$	RFLP	$cdo337$	Wight 等，2004
$Pc53$	SNP	$GMI\_ES02\_c14533\_567$	Admassu-Yimer 等，2018
$Pc54$	RFLP	$cdol435B$	Bush 和 Wise，1996
$Pc58a,b,c$	RFLP	$PSR637,RZ516D$	Hoffman 等，2006
$Pc59$	RFLP	$cdo549B$	Bush 和 Wise (1996
$Pc68$	RAPD	$ubc269$	Penner 等，1993b

续表 2-13

基因	标记类型	标记名称	参考文献
	SNP	$Pc68\text{-}SNP1, Pc68\text{-}SNP2$	Chen 等, 2006
	AFLP	$U8PM22, U8PM25$	Kulcheski 等, 2010
	SDS-PAGE	$AveX, AveY, AveZ$	Satheeskumar 等, 2011
	RGA/RFLP	$Orga1$	Satheeskumar 等, 2011
$Pc71$	RFLP	$cdo783, cdo1502$	Bush 和 Wise, 1998
$Pc81,82,$	AFLP	$isu2192, OPC18$	Yu 和 Wise, 2000
$Pc83,84,85$	STS	$Agx4, Agx9, Agx7$	Yu and Wise (2000)
$Pc91$	RFLP	$UMN145$	Rooney 等, 1994
	DArT	$oPT\text{-}0350$	McCartney 等, 2011
	SCAR	$oPT\text{-}0350\text{-}cdc$	McCartney 等, 2011
	KASP	$oPT\text{-}0350\text{-}KOM4c2$	Gnanesh 等, 2013
$Pc92$	RFLP	$OG176$	Rooney 等, 1994
$Pc94$	AFLP	$AF94a$	Chong 等, 2004
	SCAR	$SCAR94\text{-}1, SCAR94\text{-}2$	Chong 等, 2004
	SNP	$Pc94\text{-}SNP1a$	Chen 等, 2007
Pca	RGA/RFLP	$isu2192$	Kremer 等, 2001
		$L7M2.2$	Irigoyen 等, 2004
		$b9\text{-}1$	Sanz 等, 2013
PcX	RFLP, RAPD	$Xcdo1385F,$ $XpOP6(A), Xacor458A$	O'Donoughue 等, 1996
秆锈病			
$Pg3$	RAPD	$ACOpR\text{-}1, ACOpR\text{-}2$	Penner 等, 1993a
$Pg9$	Acid-PAGE	avenin band	Chong 等, 1994
	RFLP, RAPD	$Xcdo1385F, Xacor458A$	O'Donoughue 等, 1996
$Pg13$	SDS-PAGE	56.6-kDa polypeptide locus	Howes 等, 1992
	RFLP, RAPD	$Xmog12B, Xacor254C$	O'Donoughue 等, 1996
Sr_57130	AFLP	$PacgMcga370$	Zegeye, 2008

尽管相比垂直抗性基因,水平抗性基因较难以利用,但由于其被认为是控制燕麦锈病更有效更持久的遗传资源,因此也被广泛研究。为了获得持久的抗性,育种工作者提出了多种技术策略。其中一种就是轮回选择,即通过增加群体中目标基因的频率,将经过反复选择的高代群体中的抗性材料进行聚合,从而延长其抗性(Díaz-Lago 等,2002)。在燕麦冠锈病中的研究表明,在较短的选择周期内,快速的轮回选择是提高部分抗性水平的有效手段。另一种策略是通过回交—杂交法保持部分抗性基因的持久抗性,即通过连续的回交后,再将不同材料中的抗性基因合并到一个材料中,然后再用分子标记对合并后的材料进行鉴定和筛选

（Lambalk 等，2004）。目前已经有多项关于燕麦冠锈病抗性 QTL 的研究被报道，比如，Portyanko 等（2005）运用 230 个分子标记对育种材料"MN841801-1"的杂交后代进行分析，在该材料中鉴定出了四个主效 QTL 和三个微效 QTL。Hoffman 等（2006）采用六个对"TAM O-301"无毒，对"Ogle"有毒的冠锈病真菌菌种对亲本及 TAM O-301×Ogle 重组自交系后代进行分析，结果表明，该群体中存在一个冠锈病抗性复合位点，该位点由三个冠锈病抗性基因组成（$Pc58a$、$58b$、$58c$），其中两个紧密连锁（$Pc58a$ 和 $Pc58c$）。Zhu 和 Kaeppler（2003）在燕麦群体 Ogle×MAM 17-5 中发现了两个效应一致的冠锈病抗性 QTL（$Pcq1$ 和 $Pcq2$），分别解释 48.5%～70.1% 和 9.6%～14.0% 的表型变异。在其他冠锈病抗性研究中，Jackson 等（2007，2008，2010）和 Acevedo 等（2010）分别采用 AFLP，RFLP 和 SCAR 分子标记在不同的群体中鉴定出 4～8 个成株期抗性 QTL。目前在燕麦中鉴定到的大多数 QTL 都没有被成功运用到抗性育种和分子标记辅助选择项目中。燕麦材料"MN841801"中的冠锈病抗性已经存在了超过 30 年，但是至今尚不清楚该材料的抗性是否被转移到了已经育成的燕麦品种中。Lin 等（2014）通过分析燕麦群体 AC Assiniboia×MN841801，鉴定到一个主效成株期抗冠锈病 QTL，能够解释 74% 的表型变异。单个主效 QTL 的存在使得该材料非常适合分子标记辅助选择育种，同时也是后续图位克隆的理想对象。另外一种抗性育种的方法是克隆和分析抗性基因同源序列（Irigoyen 等，2004；Kremer 等，2001；Portyanko 等，2005；Satheeskumar 等，2011），例如小麦抗病基因 $Lrk10$ 在燕麦中的克隆（Cheng 等，2003）。另外有报道显示，燕麦属中三个储藏蛋白位点和两个 RGA 标记与基因 $Pc68$ 紧密连锁（Satheeskumar 等，2011）。

关于燕麦秆锈病抗性基因的定位和分子标记开发的报道较少。有研究表明，燕麦属中一个蛋白标记与秆锈病抗性基因 $Pg3$ 和 $Pg9$ 紧密连锁（Howes 等，1992；Chong 等，1994）。随后研究者发现了一个新的 RAPD 标记与 $Pg3$ 连锁（Penner 等，1993a），该标记与另外三个 RFLP 标记和一个 RAPD 标记同时与 $Pg9$ 紧密连锁（O'Donoughue 等，1996）。基因 $Pg13$ 已经通过两个遗传群体被定位到连锁群 KO3 的同源群上（O'Donoughue 等，1996），该同源群还包含另一个秆锈病抗性基因 $Pg4$（McKenzie 等，1970），$Pg13$ 同时还与另外一个储藏蛋白标记紧密连锁（Howes 等，1992；Chong 等，1994）。

2. 燕麦抗白粉病和赤霉病基因/QTL 定位及分子标记

燕麦中关于白粉病和赤霉病的抗性位点的分子标记开发还鲜有报道，因此开发与白粉病和赤霉病紧密连锁的分子标记不仅对燕麦育种工作者有利，而且对于我们了解其他目标抗性基因区域的燕麦基因组也大有裨益。

Yu 和 Herrmann（2006）是最早定位六倍体燕麦中白粉病抗性基因的研究者，A. macrostachya 中的抗白粉病种质资源被成功地转入了六倍体燕麦的背景中，他们的研究显示，该抗性由一个显性基因控制，被命名为 $Eg-5$，一个 SSR 标记 AM102 和四个从 AFLP 中开发得到的基于 PCR 的标记与 $Eg-5$ 连锁。另外一个燕麦白粉病抗性基因 $Eg-3$ 则采用小麦 1 号染色体组中的 RFLP 标记在燕麦杂交群体 K×O 中被定位（Mohler 等，2012），通过这种比较基

因组作图的方式将 *Eg*-3 定位在了 cDNA-RFLP 标记位点 cmwg706 和 cmwg733 之间。Okoń 和 Kowalczyk(2012)鉴定得到了一个与燕麦第 2 白粉病抗性基因群(OMR2)连锁的 SCAR 标记,该标记可以用来筛选鉴定育种材料中的 OMR2 基因位点。Hagmann 等(2012)绘制了一幅包含 366 个 DArT 标记的遗传图谱,从中检测到一个燕麦白粉病成株期主效抗性 QTL,能够解释群体中 31% 的表型变异,该 QTL 与 DArT 标记 oPt-6125 相距较近,位于 KO 遗传图谱的 LG5_30 连锁群上。通过 BLAST 分析发现,标记 *oPt*-6125 的序列与一个小麦感染白粉病后表达的 mRNA 序列高度同源。与上述研究相比,目前还没有通过人工接种的方式在实验条件下发现燕麦白粉病苗期抗性基因/QTL。

选育抗赤霉病品种是一种经济环保的降低霉菌毒素(DON)危害的方法,可以通过鉴定抗性基因/QTL 和表型评价的方式实现这一目的。在燕麦重组自交系群体 Hurdal×Z595-7 中,研究人员(He 等,2013)鉴定到一个抗霉菌毒素的 QTL,命名为 *Qdon. umb*-17A/7C,定位于 17A/7C 染色体上,解释群体中 12.2%～26.6% 的表型变异。另外还有一些抗赤霉病 QTL 在燕麦 5C,9D,11A,13A,14D 染色体上被检测到。为了验证材料"HZ595"中的抗赤霉病 QTL,2011 年的时候研究人员对一个半姊妹系群体 HZ595,Hurdal×Z615-4 进行了表型评价,在该群体中又再一次检测到了 *Qdon. umb*-17A/7C 这个 QTL,并且能解释该群体 12.4% 的表型变异,随后在上述群体中找到了三个与 *Qdon. umb*-17A/7C 紧密连锁的 SNP 位点。同时还在 5C,11A 和 13A 染色体上分别检测到一个来自材料 HZ595 中的赤霉病抗性 QTL。这些标记位点都可以在未来的抗赤霉病品种选育和分子标记辅助选择中用来检测该 QTL。

(二)燕麦重要农艺性状基因/QTL 定位及分子标记

除了抗病性外,对燕麦产量和品质相关农艺性状遗传机制进行研究是燕麦研究的重点内容。但与大部分抗病基因不同,绝大多数产量和品质相关的性状均为数量性状,由许多微效基因调控,表现为连续变异,表现型与基因型之间没有明确的对应关系,并且易受环境的影响,因此对这些性状基因/QTL 进行定位较为困难。由于农艺性状遗传上的复杂性,定位的 QTL 相对较少,主要集中在株高、抽穗期、产量以及一些品质性状,如籽粒 *β*-葡聚糖含量、籽粒蛋白质含量等方面(表 2-14)。

1.株高基因/QTL 定位

株高是影响作物产量和倒伏的重要农艺性状。植株过高会造成种植密度下降,不抗倒伏,收获质量降低,过矮则会影响整个群体生物量和生长结构。燕麦株高性状遗传分为两类,一类由单基因控制的质量性状遗传,另一类由多基因控制的数量性状遗传。

(1)燕麦矮秆基因定位

研究表明,矮化表型多由单基因控制,这些基因能够使株高显著降低。随着矮秆基因在小麦、玉米等作物中的成功应用,燕麦研究者也将目光聚焦到燕麦矮秆基因上。目前已经发现 8 个燕麦矮秆基因(*Dw*),但只有 *Dw*6、*Dw*7、*Dw*8 被认为具有应用潜力,因此大多数研究都集中在这三个基因上面。由于矮秆表型受单基因控制,因此对矮秆基因的定位多采用 NIL 法和 BSA 法。

表2-14 基于不同群体的燕麦QTL定位研究

杂交组合	群体	参考文献	性状	环境	QTL数量
Kanota×Ogle	84 F_6 RILs	Siripoonwiwat 等,1996	产量,籽粒百分比,容重,干草产量,抽穗期,株高	7点×年	178
	71 F_6 RILs	Holland 等,1997	抽穗期,株高,分蘖数	温室(1点×年)	84
	71 F_6,133 F_9 RILs	Kianian 等,1999	籽粒油脂含量	5点×年	4
		Kianian 等,2000	β-葡聚糖含量	6点×年	7
		Groh 等,2001	籽粒长度,宽度,面积,籽粒百分比	5点×年	15
Kanota×Marion	137 F_6 RILs	Kianian 等,1999	籽粒油脂含量	3点×年	4
		Kianian 等,2000	β-葡聚糖含量	4点×年	4
		Groh 等,2001	籽粒长度,宽度,面积,籽粒百分比	3点×年	8
轮回选择		De Koeyer 和 Stuthman,2001	产量,抽穗期和株高	2年×2点	7
Ogle×TAMO-301	136 F_6 RILs	Holland 等,2002	抽穗期,春化,光周期	3年×点	62
Ogle×MAM17-5	152 F_5 RILs	Zhu 和 Kaeppler,2003	抗病,株高,抽穗期	2年×点	14
		Zhu 等,2004	籽粒蛋白和油脂含量	2年×点	23
Terra×Marion	101 F_6 RILs	De Koeyer 等,2004	18个农艺和品质性状	13年×点	49
MN841801-1×Noble-2	158 F_6 RILs	Portyanko 等,2005	抗冠锈病和开花期	大田(3点×年),温室(2年)	14
Aslak×Matilda	137 DHs	Tanhuanpää 等,2010	10个农艺和品质性状	2年×点	36
	137 DHs	Tanhuanpää 等,2012	11个农艺性状	2年×5点	52
Dal×Exeter	146 F_5 RILs	Hizbai 等,2012	7个品质性状和3个农艺性状	1年×点	26
UFRGS 8×UFRGS 930605	130 $F_{4:5}$,$F_{5:6}$ RILs	Locatelli 等,2006	抽穗期	3年×点	2
	154 F_5 RILs	Nava 等,2012	抽穗期	1年×点(两个播期)	7

续表 2-14

杂交组合	群体	参考文献	性状	环境	QTL 数量
UFRGS 8×Pc68/5 * Starter	130 $F_{4:5}$，$F_{5:6}$ RILs	Locatelli 等，2006	抽穗期	3 年×点	3
UFRGS 881971×Pc68/5 * Starter	130 $F_{4:5}$，$F_{5:6}$ RILs	Locatelli 等，2006	抽穗期	2 年×点	1
IAH611(PI 502955)×Iltis	142 F_5 RILs	Nava 等，2012	抽穗期	1 年×点（两个播期）	11
578×三分三	98，72 $BCF_{2:6}$	Herrmann 等，2014	13 个农艺和品质性状	3 年×3 点	33
夏莜麦×赤 38	202 F_2	宋高原等，2014	籽粒长、宽和干粒重	1 年×点	17
UFRGS 01B7114-1-3×UFRGS 006013-1	215 $F_{2:3}$ RILs	吴斌等，2014	β-葡聚糖含量	1 年×点	4
UFRGS 01B7114-1-3×UFRGS 006013-1	144 $_{F5:6}$，$F_{5:7}$ RILs	Ubert 等，2017	皮裸性	1 年×点	1
URS Taura×UFRGS 017004-2	93 $F_{5:7}$ RILs	Zimmer 等，2018	抽穗期，株高	1 年×点（两个播期）	1
UFRGS 01B7114-1-3 × URS Taura	191 $F_{5:6}$＋$F_{5:7}$ RILs	Ubert 等，2017	皮裸性	1 年×点	1
	91 $F_{5:7}$ RILs	Zimmer 等，2018	抽穗期，株高	1 年×点（两个播期）	2

Dw6 基因是目前燕麦育种中主要利用的矮秆基因,因此对其研究最深。Milach 等 (1997)利用 Kanota×OT207 获得 F₂ 群体,采用 BSA 法对 Dw6 基因进行了定位,发现 OT207 中包含的 Dw6 基因与一个 RFLP 标记 Xumnl45B 连锁,但是这个标记并没有整合到六倍体 燕麦的遗传连锁图谱上面,非整倍体分析将 Dw6 定位在燕麦最小的染色体 18 上。Tanhuan-paa 等(2006)利用 Aslak×Kontant 杂交创制的 F₂ 群体,对 Dw6 进行了定位,找到一个 RAPD 标记和一个 REMAP(retrotransposon-microsatellite amplified polymorphism)标记, 随后将其转换为共显性的 SNP 标记。这两个 SNP 标记与 Dw6 的遗传距离分别是 5.2 cM 和 12.6 cM。2007 年,Howarth 等用 Buffalo×Tardis 杂交获得了的 F₂ 群体对 Dw6 基因了定 位,发现两个 SSR 标记 AME013 和 0L0256 与 Dw6 紧密连锁,Dw6 定位在两个 SSR 标记 0L0256 和 AME013 之间,这两个 SSR 标记之间的遗传距离为 8.5 cM。Molnar 等(2012)在 对 Dw6 定位上更进一步。其选用了 7 对含 Dw6 的 NIL 对 Dw6 进行了定位,发现了一个 RFLP 标记 aco245z 与 Dw6 紧密连锁。该标记位于连锁群 K033 上面,随后通过非整倍性分 析,最终将 Dw6 定位在燕麦的 18D 染色体上。Zhao 等(2018)利用 aco245 标记开发了一个 新插入缺失标记 bi17 对 Dw6 进行了定位,成功将 Dw6 基因定位在一个 1.2 cM 的范围。

对另外两个矮秆基因进行定位的研究较少。Milach 等(1997)首先对"NC2469-3"中 Dw7 进行了定位,发现了一个 RFLP 标记 Xcd708B 与 Dw7 连锁,该标记位于 KO22 连锁群上,二 者相距 3.3 cM。2012 年,Molnar 等通过非整倍性分析,将 Dw7 其定位在燕麦 19 号染色体 上。Dw8 被定位在 KO3 连锁群上,发现的与之最近的标记是 Xcdo1319A,与其相距 4.9 cM (Milach 等,1997)。

(2)其他株高 QTL 定位

由于矮秆基因普遍存在对重要经济性状的不利影响,因此燕麦研究者对其他株高相关 QTL 进行了研究。Siripoonwiwat 等(1996)最早对 KO 群体的株高 QTL 进行了分析,在 38 个连锁群中,共检测到 21 个与产量连锁的位点(α=0.05),尤其是在连锁群 3、7、9、11、16、17、 20、22、23、24 和 37 上的 QTL 在多年多点环境下都稳定表达。随后,Zhu 和 Kaeppler(2003)、 Dekoeyer 等(2004)、Tanhuanpää 等(2008;2012)、Hermann 等(2014)、Zimmer 等(2018)也 利用不同遗传群体对燕麦株高 QTL 进行了扫描。从结果上看,具有较大效应的株高 QTL 可 能与矮秆基因有关。例如 Zhu 和 Kaeppler(2003)在 OM7 连锁群上检测到的一个能解释 26.1%株高变异的 QTL,比较后发现,OM7 连锁群与 KO22 连锁群具有很高的同源性,而 KO22 上含有 Dw7 基因。De Koeyer 等(2004)同样发现在 TM 群体中的株高主效 QTL 所在 连锁群与 Dw6 所在的 KO33 连锁群同源。此外,Hermann 等(2014)和 Tanhuanpää 等 (2010)在不同群体中发现了表型变异解释超过 30%株高 QTL,这些 QTL 也可能与某些矮秆 基因相关。

近年来,随着燕麦中 SNP 芯片的成功应用,以及高密度一致性图谱的构建,使燕麦株高 QTL 研究取得了一些新的进展。Tumino 等(2017)利用 SNP 芯片对 600 个欧洲地区燕麦株 系进行了基因分型,采用全基因组关联分析(genome-wide association study,GWAS)对这些 燕麦的株高 QTL 进行了检测,共检测到 5 个与株高关联的 SNP 位点,分别位于 Mrg01、 Mrg08,Mrg09、Mrg11、Mgr13 连锁群上。其中位于 Mrg01 和 Mrg11 上的 QTL 与 Wooten

等(2009)和 Holland 等(1997)检测到的 QTL 位于同一个染色体区段。Zimmer 等(2018)利用 SNP 芯片对两个群体 UFRGS 01B7114-1-3×UFRGS 006013-1、URS Taura×UFRGS 017004-2 的株高进行了 QTL 分析。在 UFRGS 01B7114-1-3×UFRGS 006013-1 群体中检测到 3 个主效 QTL。其中位于连锁群 8 的 QTL-1 在两个不同播期中均检测到。在第一个播期中,该 QTL 区段覆盖 22.9 cM,共包含 14 个 SNP 标记,可解释的遗传变异率在 18%~21% 之间;在第二个播期中,该 QTL 区段覆盖 46 cM,除包含上述 14 个 SNP 标记外,还包含另外 3 个 SNP 标记,可解释的遗传变异率在 19%~24% 之间。在 URS Taura×UFRGS 017004-2 群体中检测到 1 个位于连锁群 5 上的主效 QTL。该 QTL 在第一播期和第二播期中均覆盖 38.1 cM,分别包含 18 和 19 个 SNP 标记,可解释的遗传变异率在 15%~21% 之间。这些 SNP 标记中,有 6 个标记在两个群体中都检测到,而其中 5 个被定位在一致性图谱上,分别位于 Mrg09、Mrg20 和 Mrg21 上。与短柄草和水稻进行比较发现,位于 Mrg09 和 Mrg20 上的两个标记 *GMI_ES01_c27869_512* 和 *GMI_ES05_c5597_803* 同时也位于短柄草和水稻株高基因附近。

2. 抽穗期基因/QTL 定位

燕麦抽穗期是重要的农艺性状之一,对燕麦品种的地理分布和适应性起到关键作用。燕麦抽穗期作为重要的育种目标性状之一,它不仅与生育期关系密切,而且直接或间接影响产量、抗逆、抗病等许多重要农艺性状。抽穗开花是燕麦对外界温度、光周期和春化等因素的应答,因此抽穗开花受到上述三个因素的综合影响。

燕麦第一张六倍体图谱(KO 图谱)中,作图群体双亲分别为冬燕麦和春燕麦,因此在抽穗期以及光周期和春化作用上存在显著差异,基于此,Siripoonwiwat 等(1996)对 KO 群体抽穗期进行了 QTL 分析,在 $\alpha=0.05$ 水平共发现 20 个 QTL 位点,具有较大效应的 QTL 分别位于 KO3、KO7、KO8、KO11、KO12、KO17、KO24 连锁群上。多元线性回归分析表明晚抽穗位点来自 Kanota,标记 *Xbcd*1405、*Xbcd*1968B、*Xcdo*187、*Xisu*1755B 能贡献了 52% 的表型变异。Holland 等(1997)又在不同春化作用下对 KO 群体的抽穗期 QTL 进行了研究,共发现 36 个与抽穗期连锁的分子标记。此后,不同研究人员又利用不同的群体对燕麦抽穗期进行了 QTL 分析(表 2-14),发现了大量与抽穗期性状相关的 QTL,这些 QTL 分布十分广泛(图 2-27),几乎遍布所有的连锁群,但主要分布在 Mrg02、Mrg12、Mrg13 和 Mrg24 上。比较作图后发现,很多报道的 QTL 与春化和光周期相关的基因或连锁的标记位于同一个染色体区段。例如在 UFRGS8×Pc68/5 * Starter、UFRGS 881971×Pc68/5 * Starter、UFRGS 8×UFRGS 930605 三个群体中发现的抽穗期主效 QTL 与 KO 图谱的 KO17 连锁群同源,而 KO17 连锁群上含有一个日照长度不敏感的主效显性基因 *Di*1。同时该区域与水稻抽穗期基因 *Hd*1 以及拟南芥开花调控相关基因 *CONSTANS(CO)* 所在的染色体区段高度同源。与此同时,在两个群体 UFRGS 881971×Pc68/5 * Starter、UFRGS 8×UFRGS 930605 中都检测到的位于连锁群 6 上的主效 QTL 与 KO 群体中的 KO_24_26_34 连锁群组同源,这个连锁群组上发现了多个抽穗期相关 QTL。同时,该区域与燕麦春化基因 *Vrn*1 所在的连锁群组 KO_24_44_18 同源。SSR 标记 *AM*87 出现在上述三个区域,因此可以用于分子标记辅助育种。

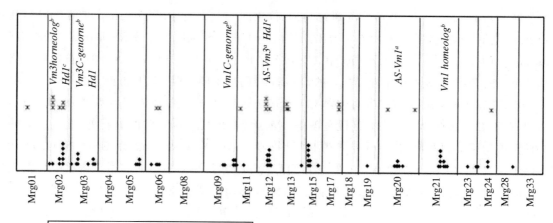

图 2-27　已报道的燕麦抽穗期 QTL 以及与抽穗期关联的分子标记（Esvelt Klos 等，2016）

3. 其他产量相关性状基因/QTL 定位

目前，对燕麦其他产量相关性状，如产量、千粒重、穗数进行 QTL 定位的报道不多，且获得的 QTL 大多位于较大的染色体区段。Siripoonwiwat 等（1996）采用单标记法对 KO 群体的包括产量性状在内的多个性状 QTL 进行了分析，在 38 个连锁群中，共检测到 26 个与产量连锁的位点（α=0.05）。De Koeyer 等（2001）对轮回选择中的分子标记与产量之间的关系进行了研究，ANOVA 分析发现 6 个与产量显著有关的 QTL 区域，其中 5 个定位在 KO 图谱上，分别位于 KO6、KO7、KO11、KO22、KO29。De Koeyer 等（2004）利用 Terra×Marion 群体（TM）对产量等性状进行了 QTL 分析，发现有两个主效 QTL 与 KO 群体上发现的产量性状 QTL 位于相同连锁群。Tanhuanpää 等（2012）等利用 Aslak×Matilda 构建的 DH 群体（AM）对燕麦 11 个农艺性状进行了 QTL 分析，发现 7 个与产量相关的 QTL，比其中 5 个与前人报道的 QTL 相同，分别位于 KO6、KO14、KO11、KO17 和 KO37 上。在发现的燕麦产量 QTL 中，很多都和其他性状 QTL 位于同一区域。如在 TM 群体中发现的产量性状 QTL 与 KO 群体中发现的籽粒性状，包括长、宽、面积 QTL 位于同一个染色体区域。在 AM 群体中发现的产量性状 QTL 与抽穗期 QTL、蛋白质含量 QTL 等位于同一个染色体区段。

4. 燕麦品质相关性状基因/QTL 定位及其分子标记

（1）燕麦 β-葡聚糖含量 QTL 定位及其分子标记

β-葡聚糖是一种极具营养价值的可溶性纤维，具有降低血脂水平和预防冠心病的疗效。在禾谷类作物中，燕麦籽粒中含有较高的 β-葡聚糖，因此被美国食品药品监督管理局列为十大健康食物之一。选育高 β-葡聚糖含量的燕麦品种也是目前燕麦育种目标之一。

尽管如此，目前对燕麦 β-葡聚糖相关的 QTL 研究还不多。Kianian 等（2000）对 KO 和 KM 两个群体进行了 QTL 分析，在 KO 群体中发现 7 个 β-葡聚糖含量相关的 QTL，其中位于 KO3 连锁群上的 QTL 表型贡献率达到 12.5%，在 KM 群体中发现 4 个 β-葡聚糖含量相关的 QTL，最大表型贡献率的 QTL 位于 KM14 连锁群上。De Koeyer 等（2004）在 TM 群体中检测到 3 个 QTL，这 3 个 QTL 与 Kianian 等检测到的 QTL 具有一定的同源关系。除了利用基于双亲群体的连锁分析对 β-葡聚糖含量进行 QTL 分析外,一些学者也利用 GWAS 对燕麦 β-葡聚糖含量进行了关联分析。Newell 等(2012)对 431 份来自世界各地的燕麦品种的 β-葡聚糖含量进行了测定,并利用 DArT 标记进行了 GWAS 分析,发现 3 个显著关联的分子标记。Asoro 等(2013)对 446 份北美燕麦的 β-葡聚糖含量进行了测定,并利用 DArT 标记进行了 GWAS 分析,发现 51 个显著关联的分子标记,其中 24 个标记定位在 KO 图谱上,这 24 个标记分布在 15 个连锁群上(表 2-15)。这些标记的变异解释值在 2%~3% 之间,说明 β-葡聚糖含量受多个基因调控,并表现出较小的加性效应。

表 2-15 GWAS 分析获得的 24 个定位在 KO 图谱上的 DArT 标记(Asoro 等,2013)

标记	KO 连锁群*	图距	与已报道 QTL 间的距离	参考文献
oPt.12985	1_3_38_break	0.5	距标记 cdo346A 0.4 cM	Kianian 等,2000
oPt.17611	1_3_38_break	1	距标记 cdo346A 0.1 cM	Kianian 等,2000
oPt.5671	1_3_38_X3	25		
oPt.17024	4_12_13	54	距标记 cdo549B 21.7 cM	Kianian 等,2000
oPt.11819	5_30	107.5		
oPt.9990	6	15.6	距标记 cdo82 70.5 cM	Kianian 等,2000
oPt.10823	6	90	距标记 cdo82 3.9 cM	Kianian 等,2000
oPt.6974	7_10_28	71.5	距标记 acacac236 5.3 cM	Groh 等,2001
oPt.6926	15	27		
oPt.16444	15	3		
oPt.2635	16_23	42.5		
oPt.9329	16_23	42.5		
oPt.0732	17	23	距标记 cdo1340 15.5 cM	Kianian 等,2000
oPt.4358	17	38.5	距标记 cdo1340 0 cM	
oPt.17220	21_46_31_40	61		
oPt.14317	22_44_18	105.6	距标记 cdo484A 11.6 cM	De Koeyer 等,2004
oPt.12704	22_44_18	106.5	距标记 cdo484A 12.5 cM	De Koeyer 等,2004
oPt.5064	22_44_18	148.5	距标记 cdo484A 54.5 cM	De Koeyer 等,2004
oPt.16618	22_44_18	73.5	距标记 cdo484A 20.5 cM	De Koeyer 等,2004
oPt.16436	22_44_18	114	距标记 cdo484A 20 cM	De Koeyer 等,2004
oPt.8249	24_26_34	53.4	距基因 β-glucanase 31.4 cM	Yun 等,1993
oPt.1661	32	30	距标记 cdo395A 25 cM	De Koeyer 等,2004
oPt.0233	36	20		
oPt.15994	37	11.4		

注:* 比较作图所用图谱来自 Tinker 等(2009)更新后的 KO 图谱。

研究表明,β-葡聚糖由纤维素合酶基因(cellulose synthase gene,Ces)和类纤维素合酶基因(cellulose synthase like gene,Csl)合成。纤维素合酶与类纤维素合酶构成一个庞大的超基因家族,包括 9 个亚家族,$CesA$、$CslA$、$CslB$、$CslC$、$CslD$、$CslE$、$CslF$、$CslG$ 和 $CslH$。在已经发现的燕麦 QTL 中,一些 QTL 与 Ces 或 Csl 位于同一个染色体区段。如与 β-葡聚糖含量显著关联的 DArT 标记 $opt.0133$,与水稻第七染色体同源,在同源区段附近含有 6 个水稻 $CslF$ 基因(Newell 等,2012);标记 $oPt.12704$ 和 $oPt.8758$ 与水稻 $CesA2$ 基因毗邻。

(2)燕麦籽粒油脂含量 QTL 定位及其分子标记

燕麦籽粒油脂含量是燕麦重要的品质性状之一。作为食品而言,要求较低的油脂含量,一方面能够降低食物的含热量,另一方面能够延长保质期。但对于饲用而言,较高的油脂含量能够提供更多的能量,有利于畜禽生长。

研究表明,燕麦油脂含量是高度可遗传的性状,遗传力在 63%～93%之间(Schipper 和 Frey,1991)。燕麦油脂含量是典型的数量性状,受多个基因控制。Kiannian 等(1999)首先利用 Kanota×Ogle 群体和 KM 群体对油脂含量进行了 QTL 分析,分别发现 3～4 个 QTL 位点。随后,研究人员在 Terra×Marion(De Koeyer 等,2004)、Ogle×MAM17-5(Zhu 等,2004)、Aslak×Matilda(Tanhuanpää 等,2010)、Dal×Exeter(Hizbai 等,2012)分别鉴定出 6、6、8、6 个 QTL。在这些 QTL 中,部分 QTL 与油脂合成第一限速酶编码基因 $Accase1$ 位于同一区段。例如,在 Dal×Exeter 群体中,鉴定出的一个表型贡献率达到 32%的主效 QTL,该 QTL 位于 13 连锁群的 oPt-17088_A 和 oPt-6135 标记之间,该区域与 $Accase1$ 紧密连锁。同样,在 Kanota×Marion、Ogle×MAM17-5 和 Aslak×Matilda 群体中也发现部分 QTL 所在的区域与 $Accase1$ 基因连锁。这说明 $Accase1$ 基因在燕麦油脂合成过程中发挥了重要作用,这些与 $Accase1$ 连锁的标记能够用于分子标记辅助育种中。

第三章

西南区燕麦生长种植特点

第一节 西南区燕麦的形态特征与生长发育

燕麦属（*Avena* L.）物种中，除 CmCm 基因组四倍体 *A. macrostachya* 外，其余均为一年生自花授粉植物。

一、西南区燕麦的形态特征

（一）根

燕麦属须根类作物，其根可以分为初生根和次生根。初生根在个体发育的初期开始生长，一般有 3～5 条，之后形成完整的根系。初生根集中分布在土壤表层，其主要功能是在燕麦的个体发育初期，次生根尚未生长前从土壤中吸收水分和营养，供给燕麦幼苗生长发育所需。初生根的功能一直可以保持到生长季末。

次生根在燕麦根系中占了较大的比重，它们主要在出苗后形成，并着生于燕麦地下分蘖节上，通常一个分蘖可以长出 2～3 条次生根。次生根集中生长在土壤的中下层，与着生于其上的须根一起构成了庞大的根系，称之为"次生根系统"，它们将伴随燕麦植株的一生，在供给植物营养物质和水分方面发挥着重要的作用。

在西南地区，燕麦的幼苗期多处于旱季，而接近成熟期时又恰逢雨季，所以在长期的选择过程中，当地的品种往往具有多分蘖的特点。分蘖较多的品种可以长出更多的次生根，根量较大，其优势是在旱季可以为植株提供充足的供水量，增强抗旱性，而在雨季可以增加植株的抗倒伏能力（林叶春，2016）。

在麦类作物当中，燕麦的根系远比小麦和大麦更加发达，在 0～50 cm 的土层当中，燕麦的根系长度是大麦的 2 倍（Stankov，1964），而根系的发达程度决定了植株对于土壤中的营养物质和水分的利用效率。这就是燕麦能够在一些土地贫瘠，甚至沙化土、盐碱土中种植的原因。

(二)茎

燕麦的茎为圆筒状,光滑而无毛,由节间将茎分为若干节,叶片离散地着生于节上,花序或穗着生于茎的顶端。通常燕麦的茎由3~5个节间组成,个别品种可多达8个以上。节数的多少受到环境因素的调控,主要与品种的生育期和光周期有关。生育期短或处于长日照条件下,其节数较少;生育期长或处于短日照条件下的,其节数较多。二者的原理并不相同,长生育期造成的节数增多,主要是因为在营养物质充分的情况下植株正常的伸长生长,而短日照条件造成的节数增多,是因为植物在生长素的影响下发生了"向光性"的生长,往往还伴随着节间距的增长以及茎秆变细、变脆,容易造成植株的倒伏(陈永军,2016)。

同一植株上的茎节间的长短(节间距)是不相同的,一般情况下,燕麦基部的节间距最短,向上依次加长,在顶端(穗部)达到最大。节间距的长短主要受到基因的调控,即与品种密切相关,此外,也受到栽培条件和自然环境的影响。通过缩短节间距而降低株高是燕麦矮化育种工作中一个切实可行的方法,国内外的育种家在这方面进行了较多的研究工作,例如燕麦矮化基因 $Dw6$,其首次报道于1980年,在Brown等的研究中,栽培燕麦品种"OT207"是矮秆基因 $Dw6$ 的供体,而"OT207"是另外一个栽培品种"OT184"经过伽马射线处理以后得到的突变体(Brown,1980)。含有 $Dw6$ 的燕麦材料,其节间数和正常的燕麦一样,但是最顶端的三个节间会大幅度地缩小,以此来达到降低株高的目的(Milach,2002)。同时赵军等于2018年开发了与 $Dw6$ 基因紧密关联的分子标记 $Bi17$,这为克隆 $Dw6$ 基因并将其应用于燕麦的矮化育种奠定了基础(Zhao等,2018)。

茎秆是植株生长发育的输导器官,负责将由根吸收的无机营养和水分运输到茎叶部,再将茎叶部通过光合作用制造的部分有机物质运送到根部,供给根的生长;同时,茎秆还对燕麦植株起到了支撑的作用,燕麦的抗倒伏性就取决于茎的高度、厚度和耐受度。一般情况下,茎较短、茎壁厚、纤维素和木质素含量高的品种不易折断,抗倒伏能力强;反之,抗倒伏能力弱。

相对北方地区而言,西南地区在燕麦的生长期内光照较少,容易导致燕麦茎秆的节间距变长,进而在生长后期充沛的降水过程中发生倒伏,所以西南地区迫切的需求矮秆、抗倒伏性强的燕麦品种。

(三)叶

燕麦的叶为披针形,由叶鞘、叶舌、叶关节和叶片组成,叶鞘和茎节相连,并像剑鞘一样将节间包裹在其中,在叶鞘和节的边缘有薄膜状的叶舌。一般品种主茎叶片数为5~8片,个别品种的叶片数多达9~10片。叶片数的多少同茎的节数一样,主要与生育期以及光周期有关,生育期短的品种叶片数少,生育期长的品种叶片多;同一品种,叶片数随着日均日照时长增加而降低。主要原因是因为叶片着生于茎节上,茎节数与叶片数呈极显著的正相关关系(徐长林,2012)。

燕麦的叶片偏向于左卷,而其他谷类作物偏向于右卷,分为初生叶、中生叶和旗叶,叶片长度一般8~30 cm,最长可达50 cm,叶片的大小与品种、栽培条件最为相关,不同品种的叶片长度和宽度不同,由此也决定了其栽培特性的不同;同时随着水肥条件的改善,叶片会显著增大,反之亦然。燕麦的初生叶短,中生叶长,旗叶短,倒数第二片叶最长,整株的叶片在茎秆上交替分布。虽然旗叶是燕麦发育过程中最后长出的叶片,但是旗叶的农艺性状与燕麦最终的产量和品质性状的关系最为密切,旗叶长、旗叶宽、旗叶与茎秆的夹角都对燕麦产量和品质起到了决定性的作用,在育种过程中需要格外注意的农艺性状(С. И. Гриб, 1992)。

叶片是植物进行光合作用的主要器官,其光合产物是燕麦生长和产量品质形成的物质基础。叶片的大小和数量多少与最终产量密切相关,通常我们用叶面积指数来评价田间叶片的利用率,它是一个表示植被利用光能状况和冠层结构的综合指标。随着叶面积指数的增大,燕麦的产量会随之上升,但是当叶面积指数达到一定的水平之后,过大的叶片会消耗较多的养分,同时会造成田间郁闭,下层叶片无法接受光照,加之通风状况较差,叶片吸收作为光合作用原料的二氧化碳的效率也随之降低,整体的产量反而会受到损伤(柴继宽,2009)。因此,在追求燕麦高产的时候,小叫盲目的选择大叶片的品种,要充分地理解"源-流-库"三者之间的关系,适当的控制叶片的生长,降低叶面积指数。

(四)穗

燕麦的穗由主轴、枝梗和小穗组成(图 3-1),为圆锥状或复总状,一共有两种穗型,周散型和侧散型。侧散型的分支通常离主轴很近且偏向同一侧并且着生角度为锐角(10°~25°),与穗轴相连,散生或对生在主轴上。穗轴与茎的结构类似,是茎的一种特化形态,同样具有节的结构,每个节上着生枝梗,称之为轮层,通常有 5~8 轮,多者可达 11 轮以上。穗节间长短因品种而异,且基部的长,顶端的短。枝梗的结构复杂,通常有一级至三级枝梗,第一级枝梗从主穗基部开始,第二级枝梗从第一级枝梗上开始,依此类推,枝梗上着生小穗。穗节间短、枝梗短的品种称为密穗型品种,反之为松散型品种。

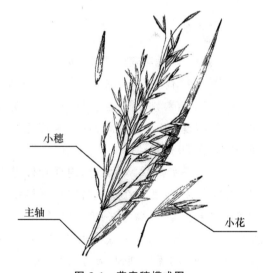

图 3-1　燕麦穗模式图

在适宜的条件下,燕麦的每一轮层的枝梗会产生更多的分级和分支,也就意味着会产生更多的籽粒。通常情况下,主穗的每个轮层由下至上,枝梗数量逐渐减少。

燕麦的小穗着生在各级枝梗的顶端或枝梗节上,由小穗枝梗、2 片护颖和多个小花组成,两片护颖拖着多个小花。在皮燕麦和裸燕麦之间,每个小穗的小花数量不同,皮燕麦通常为 3 个小花,而裸燕麦通常有 4~6 个小花,多的可达十数个。

燕麦的穗一般有 15~40 个小穗,多的可达 100 多个。小穗数的多少与品种及栽培条件相关,水肥条件充足,种植密度小,在枝梗与小穗分化期间温度低、光时间短,形成的小穗多,反之小穗少。在具体的田间性状表现上,小穗数往往与籽粒的大小呈极显著的负相关,而在小麦、大麦等麦类作物均有类似的情况出现,这应该是因为在营养成分有限度的情况下,小穗的分化过程和小花的发育过程具有拮抗作用(严文梅,1965)。

(五)花

燕麦小花的结构与其他谷类作物相似,由 1 片内稃、1 片外稃、3 个雄蕊和 1 个雌蕊组成。燕麦的外稃大于内稃,在籽粒成熟前均紧密的包裹住内稃。皮燕麦的内外稃与裸燕麦有所不同,皮燕麦的内外稃革质化,比较坚硬,成熟后紧密地包裹着种子,经过人工或机械脱粒后仍不易脱离,故称为皮燕麦,紧包着的内外稃也称之为壳。裸燕麦的内外稃膜质化,较软,成熟后极易与种子分离,脱粒后内外稃破碎,种子呈裸粒状,故称裸燕麦。裸燕麦种子大部分的内外稃脱粒时都被脱去,但仍有小部分内外稃革质化,包着种子,被称之为带壳籽粒。

燕麦的小花通常都能结籽,结实顺序是第一小花(外侧最大的小花)先结籽,其次是第二小花、第三小花,依此类推。但小穗底部的第一小花的籽粒比顶端发育得更饱满,籽粒较大而且营养价值最丰富,第一、二、三籽粒的重量比为 3:2:1。在皮燕麦中,第一小花所结的籽粒在成熟后,外稃包裹籽粒的程度最低,其籽粒在加工过程中最容易与稃皮脱离,成为裸燕麦。

燕麦有 3 枚雄蕊,雄蕊由花丝和花药组成,花药着生于花丝上;雌蕊 1 枚,由子房和柱头组成,为单子房,二裂柱头,呈羽毛状。开花前由内外稃紧紧包着雄蕊与雌蕊,开花后花丝将花药推出内外稃,为典型的自花授粉植物(林立,2017)。

(六)果实

颖果(籽粒)是燕麦的果实,包括以下几个部分:果皮、种皮、糊粉层、胚乳和胚。外部由子房壁发育而来,形成果皮(Rodionova,1994)。皮燕麦籽粒外部紧包着稃皮,但未和籽粒相黏合,裸燕麦的籽粒则松散地位于颖壳间。颖壳 14~16 mm,重量为籽粒平均重量的 25%~30%。果实瘦长而有腹沟,表面密生茸毛,在顶部形成须状冠毛,长达 0.8~1.2 mm,基部厚度为 1.8~2.0 mm。

燕麦的果实着生于小穗上,内稃和外稃中间。皮燕麦内外稃紧包着种子,需要通过机械加工才能脱皮;裸燕麦在收获时内外稃与种子已分离,脱粒后为裸粒型,加工时不用脱壳。皮燕麦的种子有黑色、褐色、白色、黄色等多种,千粒重一般为 25~30 g,高的可达 40 g 以上,皮壳率一般在 25%~35%,脱壳后的种子同裸燕麦种子无异。裸燕麦的种子有多种情况,如圆筒形、卵圆形、纺锤形、椭圆形等,种皮为白色、粉红色、黄色等,千粒重一般在 20 g 左右,高的可达 35 g,小的仅为 10 g 左右。相对而言,同一穗上收获的皮燕麦的籽粒大小较为均一,而裸燕麦籽粒大小的差异更大(张恩来,2008)。

在籽粒中,胚被挤在种子的后部,由胚芽和子叶组成。挤压成伞状的胚乳,与子叶相对。胚在种子繁殖中起到重要作用,能够发育成完整植株。裸燕麦的胚分散在颖果中很容易引起损伤。胚只占颖果的小部分,其余都是胚乳。胚乳呈分装,占籽粒重量的 70%~72%。胚乳含有淀粉,利于贮藏。胚乳分为外胚乳或糊粉层和灰色胚乳两部分。糊粉层细胞由含有蛋白质、碳水化合物、类脂、肌醇、矿物质及酚类化合物的糊粉粒组成。所有的胚乳都由许多相撞不规则的薄壁细胞的淀粉颗粒组成,这些薄壁细胞中空且易碎(屠骊珠,1986;新楠,2013)。

燕麦籽粒的基本属性包括形状、大小、饱满度和色泽,这些是区分燕麦籽粒品质的最基本的参数。籽粒大小包括以下参数:长度——尖端到极端的距离,燕麦籽粒的长度差别较大,从 5.5~12.5 mm 不等;宽度——籽粒两边缘之间的最大距离,燕麦籽粒的宽度平均为 2.5~3.5 mm,厚度为 2.5~2.8 mm。

燕麦籽粒的结构特征用"饱满度"来描述,通常用千粒重来表示。小穗中籽粒的位置不同,其千粒重不同:第一位(最外部的)籽粒,最大也最饱满,千粒重约为 37.5 g;第二位(内部的)籽粒千粒重约为 31.5 g;第三位的籽粒千粒重约为 26.5 g(黄炳羽,1994)。

燕麦品种分为有芒和无芒两种,有无芒的属性不是一成不变的,它的表现往往依据栽培条件而定。通常在一个花序上有超过 25% 的小穗有芒则认为是有芒的品种。在对燕麦种质资源的研究过程中发现,有芒的性状与很多优异的品质性状相关联,在育种过程中可以将芒型作为一个形态学标记进行选择(李骏倬,2018)。

二、西南区燕麦的生长发育

(一)西南区燕麦的生活史

燕麦从种子萌动,历经发芽、出苗、分蘖、拔节、孕穗开花、抽穗灌浆、成熟等 7 个阶段而完成一个生育周期。完成生育周期所需时间与品种特性和光、温、气、热、水及营养供应密切相关。如对长光照敏感型品种,必须从分蘖期开始,每个光周期要有一个超过 12 h 以上的阶段,称之为长光照阶段。长光照阶段燕麦光照时间低于 12 h 发育缓慢或停止发育,不能完成整个生育周期;又如冬性强的品种必须通过低温春化阶段,方可正常抽穗结实。因此,燕麦剩余周期的长短是品种特性与外部环境因素共同作用的结果。燕麦的生育周期 8 个阶段紧密相连,不可分割,既有明确的分界,又相互重叠。

燕麦的生长发育过程经历了多个器官形成阶段,种子萌发形成 3 条胚根,少数为 2 条或 5 条。一般播种 6~7 d 后开始出苗,在低温条件下为 11~12 d 甚至更迟。幼苗初期出现第一片绿叶,分蘖期与花芽分化期始于第三片叶形成时期,燕麦的分蘖能力比春小麦强,但比大麦弱。因为燕麦属于长日照作物,所以西南地区的燕麦从北方地区引种后,其生育期会相应地延长。

(二)西南区燕麦的生育时期

根据《中国燕麦学》的描述,燕麦的整个生育过程从播种到成熟可分为发芽、出苗、分蘖、拔节、孕穗开花、抽穗灌浆、成熟等 7 个生育时期(任长忠和胡跃高,2013)。各生育时期长短不一,相互重叠进行,田间物候期一般可记载为出苗期、分蘖期、拔节期、孕穗期、抽穗与开花期、灌浆与成熟期,结合西南区燕麦的实际生长情况,具体如下:

1.发芽

燕麦播种后在适宜的光温水条件下开始吸水膨胀,当种子中水分含量达到种子本身干重的 60%~65% 时,膨胀过程结束。在这个过程中,各种酶的活力随之增强,在酶的作用下,贮存在胚乳中的各种营养物质从胚乳流入胚,供胚发育的时候使用。

燕麦种子发芽时,胚鞘首先萌动突破种皮,随之胚根萌动生长突破根鞘,生出 3 条初生根。这些幼根上由很多细的根毛,具有吸收水分和养分的作用。随着根鞘的萌动,叶芽鞘也破皮而出,长出胚芽。一般将胚根长度和种子长度相等或胚芽长度相当种子长度 1/2 时,作为种子完全萌发的标志。燕麦的芽鞘具有保护第一片真叶出土的作用,其长度和播种深度关系密切,播种越深,芽鞘越长,幼苗也就因消耗大量基础营养而越弱,因此播种时要考虑播种的深度,既要符合出苗的光温环境,又不能太深影响出苗。

2. 出苗期

胚芽鞘露出地面即停止生长,不久从中生长出第一片真叶,第一真叶露出地面 2~3 cm 时即为出苗,当有 50% 以上的幼苗出苗时为实际的出苗日期。燕麦的发芽与出苗除了和温度、水分、土壤质地、通透性相关外,其种子本身的质量也很重要,种子饱满、成熟度好的,内含充足的养分,容易形成壮苗。燕麦种子具有一定的休眠期,休眠期与品种有关,有长有短,少则 3~5 d,多则几个月。在播种时,种子是否打破休眠期对于最终的产量具有决定性的因素:打破休眠期的种子,出苗快而整齐;未打破休眠期的种子,易导致发芽势弱、出苗率低、出苗不整齐、缺苗断垄。一般是野生种的种子休眠期长,栽培种的种子休眠期短。在西南冬播区,通常为 6 月收获,10 月末播种,种子贮藏时间约为 4 个月,因此冬播相较于北方和西南高寒春播区整个冬春季节的贮藏时间而言较短,所以在西南冬播区种植的燕麦,需要选择休眠期更短的品种。

3. 分蘖期

燕麦出苗后长出 2~3 片叶时开始分蘖,分蘖时间大致在出苗后 10~15 d。燕麦的分蘖能力比小麦强,但比大麦弱。燕麦的分蘖首先在第一片叶的腋芽部位开始伸出第一分蘖,同时长出次生根。田间性状统计时以全田有 50% 的植株第一分蘖伸出时为分蘖期。分蘖是由分蘖节处包含的几个密集极短的节间和腋芽发育而成,同时在分蘖节上长出次生根。分蘖和次生根都是从接近地表的分蘖节上伸出来,分蘖的发生通常先于次生根的形成,这些次生根能够形成大量丛生根系,燕麦有比小麦和大麦更发达的根系,因此虽然燕麦出苗和生长需水较多,但是其抗旱性较强,主根部分(80%~90%)都位于耕作层(Nettevich,1980)。因此,分蘖节是着生分蘖和次生根的重要器官,同时因其贮藏了极为丰富的糖分,能够提高燕麦对低温的抵抗能力。

燕麦的分蘖是在分蘖节上自下而上一次发生的。生长在主茎的分蘖在合适的环境条件下还可在第一次分蘖上发生第二次分蘖,依此类推到第四、第五次分蘖,甚至更多。但一般第一次分蘖能够抽穗结实,称之为有效分蘖,部分第二次、第三次分蘖也能够抽穗,不能够抽穗结实的为无效分蘖。

土壤肥力、施肥状况、水分供应、种植密度、播种时间、温度光照和品种特性等都是影响燕麦分蘖的环境因素。肥沃的土壤比贫瘠的土壤分蘖多;施肥多的比施肥少的分蘖多;水分供应充足的比缺失水分的分蘖多;稀植的比种植密度大的分蘖多;苗期低温、短日照条件下,比高温、长日照条件下分蘖多,因此西南平坝区冬播燕麦相对于高寒山区和北方的春燕麦来说分蘖更多,营养生长更旺盛。

4.拔节期

燕麦从分蘖期其茎穗原始体就开始分化,当植株生长到5~8片叶时,茎第一节间开始伸长进入拔节期。燕麦节间的伸长依靠于每一节基部的居间分生组织的生长,首先是第一节间开始伸长,而后依次向上,节间的长度也依次递增。

拔节期作为燕麦营养生长和生殖生长并重期,营养生长旺盛,生殖器官的分化急剧。此时关系到分蘖能否抽穗和穗部性状的发育,对于穗数、铃数、穗粒数和产量影响极大。同时,拔节期也是决定植株高度的时期,因此要根据品种、土壤肥力状况因地制宜地进行管理。植株高的品种、土壤肥力高的地块,容易发生倒伏,要适当地控制肥水;土壤肥力低的地块,要进行追肥浇水,提高成穗率。西南区由于光照较弱,植株往往相对较高,因此在水肥管理上更要结合西南区的实际,不能贪多。

5.孕穗期

当燕麦最后一个节间伸长,旗叶露出叶鞘时称孕穗,全田有50%以上的植株达到此标准为孕穗时期。孕穗期标志着燕麦进入以生殖生长为主的阶段。该阶段是燕麦性细胞形成的阶段,在这个时期对缺少光照极为敏感(Mordvinkina,1954),此时缺少光照会导致小穗瘪粒。如光照不足,营养物质从叶向小穗的输入变缓,穗中干物质积累降低。短日照可以促进茎和花序的伸长,增加植株净重,但会导致抽穗期的延迟及籽粒没有时间成熟而形成"瘪粒"(赵宝平,2010)。由于西南区相对北方光照较弱,燕麦植株的营养生长旺盛,植株高大粗壮,更适合燕麦饲草的生长。

6.抽穗与开花期

孕穗期过后,由于燕麦开花是从顶部向基部发展,而且边抽边开,相隔时间很短,所以通常将燕麦抽穗开花记作一个时期,称抽穗开花期。

燕麦的开花顺序:整个穗是由上部小穗先开,依次向下;一个枝梗,顶部铃先开,由外向内;一个小穗基部先开,由基部向上。每天开花1次,即14~16时花朵开放,16时左右开花盛期。但在西南区燕麦冬播时,一般4月前后抽穗开花,此时如遇到光照较强的晴天,也有部分燕麦在上午10点左右开花。影响开花散粉和正常受精的主要因素是温度、湿度和光照。燕麦开花时雌雄蕊同时成熟,在花内外稃开始开放时或开放前完成授粉,所以燕麦天然杂交率极低,属自花授粉植物。

7.灌浆与成熟期

燕麦完成授粉后子房开始逐渐膨大,进入积累营养物质的浆期。灌浆期与温度、湿度、光照有关。一般为30~40 d。当燕麦穗子变黄,籽粒变硬,达到品种种子固有大小时为成熟期。燕麦穗的结实-灌浆-成熟顺序同开花顺序,即"由上而下、由外向内、由基部向顶部"。燕麦这种成熟过程的特点,不仅使全穗的成熟度颇不一致,而且因光合同化物的分配规律差异而导致籽粒大小不均。

(三)西南区燕麦的生育阶段

从个体发育和产量的形成过程来看,又可以分为3个生育阶段,即营养生长阶段、营养生长与生殖生长并重阶段、生殖生长阶段。前期以根、茎、叶等营养器官生长为主;中期为茎、叶、穗与果实生长并重发育;后期以穗、粒等生殖器官生长为主(王桃,2011)。前期的营养生长和营养物质的积累均与后期生殖器官的发育有着密切的关系。因此,在栽培上调节控制前期和后期的平衡,使之向有利于高产形成的方向发展,是取得高产的关键。同时,燕麦籽粒收获和饲草收获等不同的收获目标应根据燕麦的不同生长阶段做相应的调整,以充分利用燕麦的生长潜能,获得籽粒或饲草的最高产量。温度和日照时长是主要的环境影响因子,目前燕麦携带光照不敏感基因材料的深入挖掘,进一步克服了环境因子的限制,为燕麦稳产高产奠定了基础。

第二节　西南区燕麦种植历史

一、世界范围内燕麦种植历史

燕麦分布于全世界五大洲 42 个国家,是一种喜冷凉的作物,主要集中种植在北纬 40 度以北的亚、欧、北美洲地区,因此,这一地区被称作北半球燕麦带(张克厚,2006)。

燕麦相对于大麦和小麦而言是一个新兴作物,被称为"次级作物",从农业生产中大麦、小麦等主要作物的杂草中演化而来。由于其生命力极强,并且具有较强的逆境抵抗力,燕麦逐渐取代了一些主要的作物进入了一个新的领域(任长忠和胡跃高,2013)。俄罗斯农学家 V. Belikov 指出,燕麦的贡献甚至超过了小麦以及一些与小麦相近的小宗作物。根据现代考古学以及古老的文字记载,燕麦早在 4 000 年前就已经被埃及人和巴比伦人所认识。在瑞士、法国和丹麦等欧洲国家沿湖带的建筑群发掘中发现有公元前 1500—前 700 年的燕麦,即沙燕麦—*Avena strigosa*。古德国人最先种植燕麦并且吃燕麦粥,公元前 5 世纪在德国首次出现了栽培燕麦。公元前 200—前 130 年,古罗马医生 Claudius Galenus 首次提出将燕麦用于人类饮食;在波兰,燕麦籽粒发现于新石器时代的出土文物之中。古俄国(公元 997 年)的历史记载,燕麦与小麦一起用于饲喂赛马,也可以作为人类的粮食。Raudonikas(1945)指出 7 世纪列宁格勒(现圣彼得堡)地区就已经种植燕麦。Nikolay Vavilov 认为燕麦很可能与野生小麦都起源于卡马地区,并从南部逐渐发展到北部地区;燕麦在世界上最北端种植地区可以到达以挪威为界限的欧洲北极圈,由于气候寒冷,主要是一些早熟品种在这一地带广泛种植。20 世纪末,在欧洲对燕麦开始选择育种之后,大粒燕麦品种从瑞典、英国、德国开始引入美国(戈丽娜等,2011)。

燕麦产量较高的国家有波兰、德国、俄罗斯、加拿大、美国、瑞典等,现今燕麦最大的生产国是俄罗斯,总产量占世界的 40% 以上,其他国家为加拿大、美国、澳大利亚、德国。我国大部分地区种植的为裸燕麦,只有少部分地区种植皮燕麦,而世界其他国家种植的燕麦 95% 是皮燕麦。长久以来,国外传统燕麦制品主要是燕麦片,中国则以燕麦面粉(莜面)为主(王贞,2007)。在各国燕麦在其谷物消费中所占的百分比也存在较大差异,欧洲的整体占比最高(表3-1)。

表 3-1　燕麦在谷物中所占的百分比（任长忠等，2009）

国家	所占比例／%
芬兰	33
挪威	25
瑞典，白俄罗斯，新西兰	10～15
俄罗斯，加拿大，智利	6～7
波兰，丹麦，澳大利亚	3～4
乌克兰，德国，英国	2
欧洲其他国家	1
世界其他地区	0～1

二、中国燕麦种植历史

1926 年瓦维洛夫曾提到，中国是裸燕麦的起源及多样化中心。美国、苏联一些学者认为，裸燕麦是在特定地理条件下由皮燕麦突变产生的。裸燕麦（即莜麦）最早起源于我国华北一带的高寒山区，山西省五寨县就是裸燕麦的最早发源地之一。大约在公元前 9 世纪，裸燕麦由山西传入内蒙古，逐步普及到我国北方其他地区的山丘、丘陵及农牧地区（崔林和李成雄，1989）。据山西省志记载，自唐代开始，裸燕麦从内蒙古、新疆、西藏等地被引种到俄罗斯、智利、美国等国家。也有说法是我国裸燕麦于元朝初期由成吉思汗及其子孙在战争中传入欧洲（任长忠和胡跃高，2013）。加拿大于 1903 年最早使用引进的"中国裸燕麦"作为杂交亲本与加拿大燕麦杂交，选育新品种。

燕麦在我国种植历史悠久，是我国高寒山区的一种古老农作物，为上等杂粮，且各地皆有分布，特别是华北北部长城内外和青藏高原、内蒙古、东北一带牧区或半牧区栽培较多（赵昌，2003）。我国主要种植大粒裸燕麦，其产量占燕麦总产量的 90% 以上，俗称莜麦。我国燕麦主要集中在内蒙古阴山南北，河北省的坝上、燕山地区，山西省的太行、吕梁地区，云贵川三省的大凉山高山地带也有种植，是一种特殊的粮、经、饲、药多用途作物（任长忠等，2009），目前在我国内蒙古、青海、新疆、西藏等地也有皮燕麦的饲用与粮食生产。从 20 世纪 50 年代起中国农业科学院作物研究所和华北地区科研单位先后开展了当地农家品种的收集、整理及引种鉴定和系统选育工作。60 年代初，内蒙古、河北、山西等省作为我国裸燕麦的主要产区，其相关科研单位增设了莜麦研究室，负责组织莜麦区域实验。70 年代，这些科研单位在总结种植燕麦丰产经验的基础上，结合莜麦的生理特点和生产条件，提出了一系列的切实可行的高产栽培技术。80 年代末到现在，我国燕麦育种技术已经发展到皮裸燕麦种间杂交，育成品种产量大幅度提高。2003 年在吉林省白城市农业科学院建立了"吉林省燕麦工程技术研究中心"，作为国家产业技术体系首席科学家依托单位，领衔了中国燕麦的育种栽培和推广应用工作。

历史上，我国的裸燕麦种植面积和区域远比现在大得多，华北、西北、东北、西南及江淮流域都有大量种植，北起辽宁和内蒙古，南至云南和贵州，东从山东和河北，西到西藏和新疆，后来由于生态条件的变迁和新兴作物的倡导，使其种植区域和面积逐渐缩小。新中国成立前全国约有 18 个省区种植裸燕麦,种植面积 200 万 hm² 左右(1936 年统计),新中国成立后到 20 世纪 80 年代全国种植约 130 多万 hm²,其中内蒙古 53 万 hm²,最高曾达 67 万 hm²,约占全国的 1/3,居于当地各类作物的首位,其次是河北省约 27 万 hm²,山西约 20 多万 hm²。整体看来,以华北地区为最多,约占全国裸燕麦总面积的 3/4。西北地区主要集中于六盘山两侧和祁连山以东,西南地区主要在大小凉山地区。黑龙江、吉林、辽宁、青海、新疆、西藏等省(自治区),也都有一定面积的种植,这种分布情况,与裸燕麦(莜麦)的生物学特性相适宜。但是,随着"退耕还林还草"政策的实施,过去种植裸燕麦的坡地、瘠薄地被树和草代替,裸燕麦的播种面积逐年减少,目前全国年实际播种面积约 53 万 hm²(赵世锋等,2007)。近年来,由于各种小杂粮和区域性作物受到重视,裸燕麦生产上的低待遇状况正在改变,这预示着裸燕麦生产必将有一个新的发展。

三、西南区燕麦种植历史

燕麦在西南区种植历史悠久。尤其在西南区的主要少数民族——彝族人的主食品种中排在各作物食品之前,从燕麦在彝族人饮食的用途方面和珍惜度来看,所有五谷杂粮中,燕麦的地位也是最高的。燕麦是该地区农户的重要粮食作物之一,在许多地方,燕麦还被当地政府列为最重要的抗旱救灾的粮食作物之一进行推广种植。即使在冷凉高寒、缺水少肥、土壤贫瘠的山区种植,燕麦仍可以获得一定的产量。因此,它不仅能满足当地粮食供应的需求,还在一定程度上保持水源、防止土地流失。在土豆、玉米等作物还未进入西南山区之前,从游牧逐渐变为定居状态的彝族人民就开始种植燕麦,燕麦慢慢成为彝族人的主食之一。所以,在彝族人的饮食文化甚至传统文化中,燕麦一直伴随着彝族人从古老的历史走到今天(黄承宗,2000)。

西南地区云贵川的大、小凉山,彝族聚居的高海拔地区是燕麦的重要产地之一。燕麦栽培遍及西南各山区寒冷地带,既是牲畜的重要饲料,也是山区人民的珍贵食粮和传统商品。燕麦具有喜冷凉、湿润和忌高温、干燥的生物学特性,适宜在海拔 2 600～3 000 m、年平均气温 10℃左右、年平均降雨量 1 000 mm 以上的冷凉山区种植(付泽云和刘发明,2008)。西南燕麦产区主要包括云南省的丽江、楚雄、迪庆,四川省凉山和贵州省的毕节等地区。以四川省燕麦的集中产区凉山彝族自治州为例,在凉山彝族自治州的 17 个县(市)中,无论是在东部、北部的大凉山彝族聚居区,还是西边、南边与其他民族接壤或散杂居地带,凡是住有彝族人的地方,在适宜的气候、海拔、温度、湿度条件下(主要在大、小凉山海拔 2 000～3 200 m 的高寒山区),都有燕麦的播种。凉山彝族自治州常年播种燕麦 1.4 万～2.0 万 hm²,总产 1 000 万 kg 左右,主要是单作。

四川凉山彝族自治州、云南昭通市昭阳区以及贵州西北地区是典型的西南区燕麦大面积种植并且给当地农民带来极大收益的例子。燕麦在四川凉山彝族自治州粮食生产中仅次于小麦、玉米和水稻而居于第四位,是当地海拔 2 000～3 000 m 的高寒地区重要粮食作物之一。由于燕麦对土壤的选择不严格,适应性强,用水和施肥比较少,抗病力强,病虫害少,因此种燕麦是投入少,成本低,即使粗放的"刀耕火种"也是有收获的,所以高寒山区的群众非常喜欢播种燕麦。凉山地区彝族同胞的先民们,在长期的生产实践中,通过自然选择和历代的人工选择,形成了形态特征及生物学特征性差异比较明显的两个地方品种,彝语称之为"堵吉"和"乌堵"。"堵吉"幼苗浅绿色,叶狭细,株型松散,芒长,小穗密集,籽粒色泽为灰白或浅黄,形状细长筒形。耐贫瘠耐寒性强,不耐肥,中晚熟,生育期约 200 d。"乌堵"幼苗为绿色,叶比较宽,茎秆粗,株型紧凑,穗枝硬长,有芒,小穗着粒稀,籽粒纺锤形,呈黄色,中熟,生育期约 190 d,耐水肥力强,适湿润和肥沃土壤,产量比较高。另外在凉山的高山和二半山的凹地或坡地生长有一种类似燕麦的饲草,当地称"野燕麦",每年秋季多割取作为越冬牲畜饲料。据了解称野燕麦的有两种:一种是燕麦地休耕或弃耕土地上再生或多次再生的燕麦,是一种退化了的燕麦。另一种是山间自生的燕麦,仅有极细小的籽粒。据传说古代燕麦就是这种野燕麦驯化而成的,实际上它可能是古文献里所记述的"雀麦"。在古代先秦文献《尔雅·释草》里有"蘦,雀麦"。晋人郭璞注:"即燕麦也。"宋人邢昺疏:"一名雀麦,一名燕麦。"另据明代朱橚撰《救荒本草》认为燕麦古时是不可食用的,并引古歌"田中兔丝,如何可络,燕麦实未尝不可获也。"证之。前人认为雀麦应该是俗称的"野燕麦",只能用作饲草,而燕麦是可以食用的。燕麦的茎分枝短而硬,花多竖立,雀麦则分枝长而轻,花多下垂。根据 1989 年的统计,凉山彝族自治州播种燕麦的面积达 10 042 hm²,占粮食总播种面积的 4%。主要分布在昭觉、盐沅、美姑、喜德、布托、越西、普格、金阳等县的高寒地区。新中国成立前凉山地区的高寒山地,农业生产仍处在"刀耕火种"和耕地轮休用地的方法,耕种技术粗放原始,普遍是撒播,产量低下,1 hm² 大约能收到五六百千克。现在为了保护森林资源,从而固定了农耕地面积。人们在耕作技术上也不断地改进,采取合理的轮作换茬,精细整地,适时播种;改撒播为条播或者点播,做到合理密植,单位面积产量逐步提高,已达 1 hm² 产 2 400 kg,而且其潜力依旧很大,现在市场上燕麦的需求量不断地扩大,远远大于燕麦的产出量(黄承宗,2000)。在云南省的昭通市昭阳区,燕麦作为当地高寒地区重要的粮、饲兼用作物,是具有区域特色的粮食作物。只要积极大力引进适宜昭阳区燕麦产区种植的高产、优质、抗性强的燕麦新品种,并改变群众传统的种植观念,推广高产栽培管理技术,做到科学种植、合理施肥、科学防治病虫害等,燕麦生产就能增产、稳产,持续、健康发展(伍正容和狄永国,2014)。贵州燕麦资源丰富,绝大部分以皮燕麦(即饲用燕麦)为主,广泛分布于海拔 500~2 500 m 的地区,草质柔嫩,营养丰富,其生长旺季是晚秋和冬春季,生长快,籽粒产量高,籽实可作种或者是直接作为牛马精料使用,收种后的秸秆也是一种优良饲草,是解决贵州省草地生态畜牧业冬春季节饲草料短缺的优质牧草(左相兵和付薇,2012),尤其是在贵州的西北高海拔地区优势表现得更为突出。黔西北地区海拔较高的冷凉地区是西南地区燕麦的主要种植区域之一,常年种植面积 10 000 hm² 左右,生产上主要以地方老品种为主。品种退化、混杂、病害感染严重,产量只有 1 200 kg/hm² 左右(赵彬和向达兵,2015)。因此,引进品种进行产量、抗性鉴定筛选,选出优良品种在生产上应用推广,为黔西北地区燕麦品种的更换提供品种保障。

西南区光照较弱,因此燕麦生育期较长,营养价值高。其蛋白质、淀粉、脂肪含量超过其他粮食作物,并富含膳食纤维、多种维生素和微量元素,燕麦在彝族人的饮食文化中显得很重要。彝族人对它的理解来自生活的方方面面。

(一)燕麦是茶

炎热的夏天,一个彝族人家里来了串门的邻居或是远道的客人,主人家首先会为客人端来一碗甘冽的山泉，一篾箩香喷喷的燕麦炒面。客人把少许炒面放进碗里，用竹筷逆时针方向搅动，添加的炒面以不宜太稠的情况下饮用最佳，这样的炒面使客人既解渴又凉爽。

上等的燕麦粒，蒸熟后，撒上酒粬，再在温暖的环境下捂上三五天，待空气中飘出酒香之后取出，那一粒粒燕麦粒金黄油亮，醇香四溢，放进碗里犹如粒粒黄金，加上清冽的矿泉水调制后，送进口里咀嚼，醇香、甘甜、浓郁，其味之佳自不待言，燕麦甜酒实在是上等饮品。

(二)燕麦是干粮

彝族人在打猎、旅行的时候，燕麦炒面也是最方便实用的干粮。走在茫茫山野，莽莽密林，碰到有清凉的山泉流出，放下行囊就石小憩。这时，从麂子皮做的口袋里取出精美的漆器皮碗，和一双连在一起的竹筷，舀上一碗山泉，再从口袋里抓出一把炒面放进碗里加水捏成团，如面包般放进嘴里，又香又软，既能充饥，又营养丰富；如果是又饥又渴，将炒面加水调得清淡，酣畅淋漓的一饮而下，既解渴，又充饥。

在过去的年代，彝族武士出征时，每人披一套披毡、察尔瓦，一袋炒面，一副碗筷，一把彝刀或一支步枪，一个彝族勇士就这样简易、轻便、迅捷地走向征途，走向战场。他们无论到达山野、沟壑，无论在草地、森林，宿营时披毡、察尔瓦向下一束能就地而坐，一裹就能蒙头而卧；一袋炒面，一副木碗竹筷，用碗舀上一碗山泉水，再放进炒面一搅一和，一顿战地野餐就解决了，既充饥又解渴。它不需背米伐薪，埋锅造饭，方便之极。过去彝族人打仗时神出鬼没，勇猛迅捷与他们长期在山里生存锻炼以及食物食用的方便不无关系。

(三)燕麦是美食

由于燕麦产量比荞麦低，播种面积相对较少，越发显得珍贵。所以燕麦食品虽然有燕麦团、燕麦切粑、热拌炒面、燕麦帽粑、燕麦疙瘩饭、燕麦羹等做法，但主要还是做成炒面食品。

凉山彝族制作炒面的方法有三种，最普通的做法是将燕麦粒筛选后，直接把它放进铁锅里炒熟，然后磨成面粉。第二种做法是将燕麦筛选淘洗后煮熟，再沥水放进铁锅里炒得香脆，然后磨成面粉。还有一种做法是将燕麦粒筛选淘洗后直接煮熟，但不再炒，沥水晾干后磨成面粉。这三种方法都必须筛选、清除杂质，搓掉颗粒上那层豁人的绒毛，经过炒、煮等工序后再簸一次，舂一次，这样味道和口感就最佳了。

(四)燕麦是贵重礼物

在彝族人的饮食文化中，"鸡蛋和炒面"经常被相提并论称为是口福。燕麦做成的食品被视为老年人最好的食品，常用作孝敬老人的佳肴。彝族妇女生小孩后是产后补品，也是调养病人的营养品。在过彝族年的时候，儿孙要背上鸡蛋和炒面去孝敬老人，探亲访友要带上鸡蛋和燕麦作为礼物赠送亲友。

(五)燕麦是祭祀用品

如果老人去世了，要在老人的灵前供奉上鸡蛋和炒面，让亡者在去先祖冥界的路上不至于饥饿。在彝族人最大的宗教祭祀仪式"尼木撮毕"中，需要祭献各种各样的五谷杂粮，这里燕麦做成的炒面是供奉的主要用品。

(六)燕麦是药

旧社会没有救治饥饿病的药,更不会像现在注射葡萄糖,彝族同胞因种种原因跋山涉水三五天没有粮食吃时,往往饥饿得昏迷不醒。这时不能用别的食物来抢救,只能用干圆根汤加燕麦面一起做成燕麦糊喝,只要吞下几口,此人会很快苏醒过来。彝族人患贫血病、糖尿病的比例极少,这与饮食上食用燕麦有密切关系。可以从以下几个例子来证实燕麦的营养价值和功能。

1.增强体力

旧社会彝族经常冤家械斗,有时数月半年,甚至一年,没有后勤供给。彝兵除身背枪弹外,人人背一皮口袋燕麦面,随时用水调饮一点就起到充饥解渴的作用,仗越打越勇。久吃后感到精神抖擞,从不感到疲倦乏力,体质越来越强。原凉山彝族自治州人大常委会副主任杨子坡问当过土匪的人:"你们吃什么东西能在深山老林里生活那么久?"答曰:"吃燕麦面嘛!这个东西不像洋芋、大米、玉米、荞子,吃得再饱,半天就饿了,燕麦面吃一顿可顶一天。"

20世纪50年代杨子坡有个同学叫董文章,自带粮食读书,他的家乡盛产燕麦,每月背一袋(十余斤)燕麦面作为主食。1958年冬,学校组织全乡长跑比赛,一圈400 m,其他同学跑两三圈就跑不动了,有的还累得晕倒在地,董文章跑了十几圈,越跑越有劲。问他为啥不累,他说:"我久吃燕麦面"。

2.促进儿童健康

彝族妇女生孩子时燕麦面是必备之食。有的产妇身体虚弱,无奶喂婴儿,但只要煮燕麦面连续吃几顿奶汁就充盈了,产妇吃得燕麦越多,奶就越多。产妇久吃燕麦面,小孩长大后聪明健康,身材也高大。

3.生津补肾、延年益寿

凉山彝族自治州的盐源县,博大乡的俫木瓦在新中国成立前娶了3个妻子,每月与每个妻子分别生活10 d,顿顿离不开燕麦,越活越年轻,长寿至94岁。棉桠乡和尚村过去有个富家叫杨枯打,他家有牛100多头、羊数百只、猪无数,可谓牛羊成群猪满圈,但他从不吃肉,光吃燕麦,活了99岁。

燕麦是单产很低的作物,近年来随着马铃薯、杂交玉米这些高产作物的引进推广,燕麦种植面积逐渐减少。但燕麦种植简单,需要劳动力较少,彝族的传统做法是将种子撒在地面,用牛耙一次即可,不除草、不追肥,难以受到恶劣气候影响和虫害,一般生长在海拔2 500 m以上地区,不和水稻、玉米高产作物争地,也是马铃薯轮作的好作物,麦秆是牲畜喜吃的饲料,是耕牛和其他草食牲畜过冬必备饲料。

彝族有一首赞美燕麦的民歌:

雪润的燕麦,撒种在高山,
种时红彤彤,生长很苗壮。
禾苗绿油油,花开白茫茫,

硕果结满穗,麦熟黄澄澄。

姑娘来割麦,孩儿来堆麦,

男儿来捆麦,积放在屋里。

七天八夜后,打麦场上喧,

男儿来打麦,挥棒落麦穗,

姑娘来晒麦,边晒边扬麦,

风吹尽灰渣,你抬我来装,

麦粒自进仓,柜满不用盖。

拾起燕麦秆,存放畜圈里,

隆冬到来时,为牛做美食。

好客的姑娘,手里拿撮箕,

撮来锅里炒,此时爆声叠,

美味直扑鼻,盛满磨成粉,

磨时轰轰响,麦粉无比细,

筛来车轮转,细粉似雪落。

用来作炒面,恭送老人享,

老人交口赞,尽享美佳肴,

跋山涉水用,娶媳嫁女便,

战斗鼓士气,打猎备急用,

耕耘除疲劳,居家为佳肴。

你独享殊荣,似草般平凡,

作物家族中,燕麦乃美食。

　　这是彝族人民对燕麦书写的一首赞歌,把燕麦从播种到食用描绘得生动形象,让人们对燕麦产生浓厚兴趣,迫不及待地想亲口尝尝。今天,我们应该对燕麦的品种和栽培技术作改良,大幅度提高单产,对神奇功能和食品开发作探索创新,让科技赋予这个古老作物新的生机。

第三节　西南区燕麦的生态类型

　　燕麦在中国华北、西北、西南和东北地区均有分布,然而各个产区之间在地理、气候条件上存在着巨大的差距,导致燕麦的种植在不同产区间的生态适应性、农艺性状、适宜种植的燕麦品种也相应地存在着较大的差别,从而产生了多种燕麦生态类型,并对应不同的栽培措施。

　　中国西南地区地形复杂多样,涵盖了高原、山地、丘陵、盆地和平原五种基本大陆地貌类型,地区内海拔差异巨大,最高可达 7 000 余 m,而一般情况下海拔每升高 100 m,气温约降低 $0.6 \sim 0.7℃$,使得同时期高海拔地区和低海拔地区的温度、湿度、光照等生态环境条件差异显著(徐裕华,1991)。而温度和降水情况密切关系到燕麦种植中播期的确定,燕麦性喜冷凉,在温度较低的环境中能进行良好的生长发育。燕麦种子一般在 $2 \sim 4℃$ 条件下即能发芽,当地

温稳定在 5℃ 时即可播种,幼苗能耐受 3～4℃ 的低温,但其对温度的适应也存在一定的阈值:
−8～4℃ 为冰冻半致死阈值,而最高耐受温度不能超过 35℃(魏臻武等,1995)。在我国西北、华北以及东北地区,由于冬季严寒且干燥,燕麦不能正常越冬,这些地区燕麦的种植通常采用春播,即 4 月开始播种,在山西省和陕西省有时甚至会延迟到 6 月上旬(杨海鹏和孙泽民,1989;任长忠和胡跃高,2013)。我国西南部的高山地区冬季寒冷且干燥,与西北、华北以及东北燕麦产区气候类似,燕麦无法正常越冬,而夏季凉爽是其生长适期,因此燕麦的种植也通常采用春播的形式。而西南平坝地区冬季温度适宜,但春季存在一定程度干旱现象,因此通常采用冬播。并且西南高山地区的降水较少,在选种时应适当选择耐旱品种进行种植,而平坝地区日照较弱,燕麦植株营养生长旺盛,应适当选择抗倒伏性强的品种进行种植。光照条件直接影响到燕麦生育期长短,通常在北方长日照条件下燕麦生育期为 80～120 d,而在西南山区日照较短,需 110～200 d(杨健康等,2009)。因此,西南区燕麦生态型主要是以生态区划分的,西南区燕麦的生态区大致分为 2 个主要区域:高寒春播生态区和平坝秋播生态区,每个生态区都有与之相适应的品种和生态型。根据数十年来科研工作者们对于燕麦生产、区域性实验以及引种实验等的研究总结,将西南产区的燕麦生态型分为高山春播生态型和平坝冬播生态型。

一、西南高山春播生态类型

西南高山春播生态类型主要分布在四川海拔 3 000 m 左右的高寒山区地带,云南昭通和贵州部分地区也有少量分布,如大、小凉山和高黎贡山以及甘孜、阿坝等地。这一生态类型品种春季(3 月中下旬)播种,7—8 月收获,生育期 120～170 d。该地区品种具有很强的抗旱特性,但不抗倒伏,结实率略低,千粒重也较低。

西南高山生态类型主要集中在云、贵、川三省的高寒地区。

迪庆藏族自治州位于云南省的西北部,是云南省唯一的藏区、牧区,地理位置介于东经 98°25′～100°18′,北纬 26°25′～29°16′ 之间,由于受独特地理位置和自然环境的影响以及千百年来形成的民族文化传统影响,当地草地宽广,植被类型丰富,州内农村居民几乎家家户户都饲养牲畜。燕麦作为迪庆畜牧草料的重要组成部分,全州年播种面积达 0.2 万 hm² 以上,拥有悠久的栽培历史(张桂芳等,2017)。迪庆州属于低纬高原季风气候,全州 80% 以上的土地分布在海拔 3 000 m 以上,平均海拔 3 380 m,年平均气温 5.8℃,年极端最高气温 25.1℃,最低气温 −27.4℃,无霜期 145～196 d,年太阳辐射总量 495.3～559.9 kJ/cm²,年日照时数 1 740～2 190 h,年降雨量 849.8 mm。具有明显的干湿季:当年 11 月至翌年 4 月为干季,降水量占全年的 10%～40%;5—10 月为湿季,降水量占全年的 40%～90%,且主要集中在 7—8 月(谢明恩和张万诚,2000;王仔刚等,2006;袁福锦等,2013)。

昭通市辖区位于云南省东北部的昭阳区,属北纬高原大陆季风气候,冬季气温较低,夏季气候凉爽,干湿季分明,年降水量 735 mm。由于当地种植的燕麦品种大多系群众自留种,种植多年而发生老化、混杂;黑穗病、黏虫等病虫害问题突出,存在着产量较低,农户不愿大面积精心种植的状况,导致昭阳区适宜种植燕麦的面积为 6 700 hm²,但常年燕麦种植面积为

1 300 hm²（狄永国等，2013）。因此为发展燕麦种植，该区域急需对燕麦品种进行培育和提纯，并积极引进适应性强、优质、高产、抗病虫能力强的新品种。此外，白粉病也是云南省燕麦生产区的常发病害，在春播燕麦区尤为突出，叶片的白色粉状物严重影响光合作用的进行，从而影响产量和品质，且孙道旺等（2017）的研究表明云南省燕麦白粉病菌具有强致病力，因此在选择燕麦品种时应着重考察品种的抗病性。

云南省各市县具体霜期、土壤解冻时间、水热条件、生产矛盾区等的条件差异，燕麦的播期不尽相同，但总体上都集中在2月下旬至4月下旬之间，属于春播（周赟等，2008；杨健康等，2009；韩学瑞等，2010；王丽红和李琼仙，2012；张桂芳等，2017）。

迪庆州内主要种植品种为迪燕1号、2号、3号、4号、5号等10多个，国家现代农业燕麦荞麦产业技术体系迪庆综合试验站推广种植晋燕14号、白燕11号、白燕2号、白燕11号、定引1号、冀张燕5号等（张桂芳等，2017）。

张美艳等（2016）在香格里拉进行的5个燕麦品种引种实验的结果表明，青海甜（*Avena sativa* cv. Qinghai）综合生产性能＞青海444（*Avena sativa* cv. Qinghai No. 444）＞青引1号（*Avena sativa* cv. Qingyin No. 1）＞林纳（*Avena sativa* cv. Lena）＞青引2号（*Avena sativa* cv. Qingyin No. 2），青海甜是迪庆高寒地区建植高产、优质燕麦人工草地的理想品种。锡燕3号属于中早熟品种，生育期85 d左右。适宜播期为5月20—25日（在内蒙古），区试结果证明在云南昭通产量良好，适宜种植（安建路，2002）。

四川省凉山彝族自治州燕麦种植的历史也很悠久，是西南主要产区之一，全州17个县市从海拔1 500~3 500 m区域均有燕麦种植，主要分布在昭觉、盐源、会里、冕宁、美姑、喜德、布拖、越西、普格、金阳等县，常年种植面积达1.33×10⁴ hm²（黄承宗，2000；余世学等，2010；罗晓玲等，2014）。凉山地处青藏高原和云贵高原向四川盆地过渡地带，属亚热带季风气候，干湿分明，冬半年日照充足，少雨干暖，夏半年云雨较多，气候凉爽；无霜期200 d，≥10℃有效积温2 000~3 000℃；降水量1 000 mm左右；土地资源丰富，病虫害种类少且发生轻，燕麦在凉山州的种植播期根据不同海拔高度而存在差异，但基本上均为春播，生育期为190~240 d；在长期的生产过程中，经过自然选择和历代人工选择，形成了差异明显的两个地方品种"堵吉"和"乌堵"（黄承宗，2000；余世学等，2010）。

经过长久的栽培实践，科研工作者们也筛选出了适宜在凉山彝族自治州地区种植的燕麦品种。裸燕麦白燕11号、白燕2号、坝莜12号、宁莜1号、皮燕麦坝燕4号、冀张燕3号和冀张燕5号适宜在凉山彝族自治州高寒地区种植（钟林等，2016）。凉山彝族自治州会东县可引进白燕2号、白燕11号、川燕麦1号、宁莜1号进行扩繁（朱广周和郭成燕，2016）

川西北牧区是全国五大牧区之一，然而当地冬季漫长，枯草期长达7个月，饲草料不足严重影响当地畜牧业生产。为缓解当地家畜过冬问题，饲用燕麦是当地非常重要的并正在大力推广的一年生栽培饲草。但是当地平均海拔在3 000 m以上，而多数燕麦品种在海拔3 000 m以上营养生长充分但难以完成生殖生长（刘刚和赵桂琴，2006），且长期以来从外地购进的燕麦品种适应性较差，不能接种，价格高，筛选适宜当地生长的优质饲用燕麦就变得尤为重要。Y61-005是20世纪60年代在四川红原瓦切牧场发现的野生燕麦，经过几十年的驯化、筛选的早熟、高产、耐寒、着粒性强的燕麦新材料，在与青藏高原推广多年的丹麦444和青引

1 号的品比试验中,表现优良:生育周期比丹麦 444 和青引 1 号早熟近 1 个月;干草产量达 946.89 kg/667 m²,显著高于丹麦 444;生长速率和分蘖数均高于丹麦 444 和青引 1 号,证明适宜在海拔 3 500 m 以上的川西北高寒牧区种植(刘刚等,2009)。川西北地区从青海引进青引 1 号、青引 2 号及青海甜在当地适应性良好,能产生优质燕麦饲草(刘刚等,2007)。青引 1 号、青海 444 和青海甜适宜川西北牧民栽种(陈莉敏等,2016)。杨丽(2004)在四川壤塘县进行的美国 2058 燕麦与德国燕麦的品比实验表明,德国燕麦适应性好,生长速度快,再生力强,耐刈割,适口性好,产草量高,是川西北高寒牧区理想的栽培牧草品种。梦龙燕麦(Avena sativa L. cv. Magnum)是 2013 年从美国引进的适宜四川牧区种植的优良燕麦品种,具有植株高、分蘖多、叶片宽大、叶量丰富、草产量高、抗倒伏能力强等优点。柏晓玲等(2015)的室内干旱模拟实验结果青引 3 号莜麦适宜于干旱地区种植,而青海甜燕麦则不宜。燕麦适宜在高寒及冷凉地区栽培生长,但低温仍是限制燕麦产量、品质的重要因素,柏晓玲等(2016)研究结果表明青引 3 号莜麦抗寒能力>青海甜燕麦>青引 2 号>林纳>青燕 1 号>青海 444>青引 1 号。陈有军等(2016)在川西北红原县的实验证明,单株干重大、基部第一茎节间干重大的品种抗倒伏性越好。总体上,川西北高寒地区燕麦适宜的播期为春播,季晓菲等(2018)进行的播期对其生产性能的研究表明,在一定时期内,延迟播期使其株高、分蘖数、茎叶比和草产量均有所降低,因此在川西北高寒地区应选择 4 月底至 5 月中上旬播种为宜。

黔西北高海拔冷凉地区是西南地区燕麦的主要种植区域之一,常年种植面积 1 万 hm² 左右,生产上以地方品种为主,并以收获种子为主要目的,产量在 1 200 kg/hm²,略高于全国水平。白燕 2 号和白燕 11 号在该区域引种后综合性状表现优异(林汝法等,2002;赵彬等,2015)

二、西南平坝冬播生态类型

西南平坝冬播生态类型分布在云南、贵州、四川的平坝区域,特别是大小凉山和成都平原。这一生态类型品种 10 月中下旬播种,翌年 5 月下旬至 6 月上旬收获,生育期 200～220 d。幼苗生长发育缓慢,匍匐期长。叶片宽大,植株高大,茎干较硬。该地区品种具有苗期发育慢、秆高秆壮、叶片宽并且颜色深绿、灌浆期较长、千粒重较高的特点。

尽管近些年来西南地区燕麦的种植主要集中在高寒地区,但也有不少研究表明在西南海拔较低的平坝区域仍然适合种植燕麦,并且在生产生活上能解决很多现实问题,如冬闲田的利用、冬饲草的供应等。

周素婷等(2016)对迪庆州山区燕麦产业的当家品种进行了较为详细的描述:迪燕 1 号是经迪庆州农业科学研究所 2003 年开始历经十来年从当地品种中通过系统选育而成,生育期 158 d 左右,株高 118～132 cm,穗型周散,小穗短串铃形,幼苗匍匐,叶色绿,有效分蘖 1.2 个,主穗长 33 cm,单株小穗数 12 个,单株粒数 40 粒,单株粒重 1.02 g,千粒重 21.1 g,籽粒纺锤形、黄色,田间表现整齐一致,生长势好,单株性状好,籽实产量高,品质好,抗寒性强、抗旱、抗病性好,中度抗倒伏,适宜在海拔 2 000～2 800 m 山区种植。迪燕 1 号的播期根据不同地区生态条件和耕作制度来确定,根据海拔差异,其种植区分为冬播区海拔 2 000～2 400 m 的河谷区和春播区海拔 2 400～2 800 m 的山区,冬播区 10 月中旬到下旬播种为宜,春播区 4 月中旬到下旬播种为宜。

卢寰宗等(2017)在凉山彝族自治州畜科所牧草试验地进行了关于利用冬闲田种植燕麦以满足冬季饲草需求的实验证明,OT834、OT1352 和林纳 3 个燕麦品种在该地区均能完成生育期,但种子授粉率低,成熟度差,适宜种植燕麦饲草,其中 OT834 和林纳生育期较短,不影响下一茬作物种植,且植株较高,适宜推广为该地区冬闲田种植。成都平原能在冬季种植燕麦,且燕麦综合性状的灰色关联度分析的结果表明太阳神(Titan)是最适宜在成都平原种植的燕麦品种(姚明久等,2018)。

与黔西北地区不同,黔东南州燕麦的种植为秋(冬)播,一般在 8—11 月播种,主要集中在麻江、丹寨、施秉、黄平、凯里等县市,麻江—杏山—下司—龙山—宣威—贤昌一带的农户有利用冬闲田种植燕麦以解决冬季青料供给的问题(莫兴虎和孟信群,2006)。卢敏等(2012)研究表明从 9 月中旬到 12 月中旬播种燕麦品系 Y-09-05 在黔南低热河谷地区均能完成生育阶段,但生育期随播期推迟而缩短;在 10 月 6 日至 11 月 5 日间播种,燕麦分蘖数、株高、茎叶比等生产性能指标表现更好;若想刈割鲜草,宜 9 月中旬至 10 月下旬播种,若想收获种子,宜在 10 月播种。

四川农业大学从 2009 年开始在成都平原进行燕麦冬播品种筛选和高产栽培体系创建试验,证实了燕麦在西南平坝区冬播取得饲草和籽粒高产的潜能。

第 四 章

西南区燕麦育种

西南区燕麦育种研究起步较晚,生产上普遍沿用易倒伏、生产力低的古老地方品种,单产很低,一般亩产 30~40 kg(450~600 kg/hm²),大大低于我国内蒙古、山西(1 125 kg/hm²)和河北的平均产量(1 500 kg/hm²),与世界上单产最高的国家爱尔兰 6 450 kg/hm² 相比,更是相去甚远,非常有必要开展燕麦的地方品种资源调查、新品种引进和育种以及耕作栽培措施研究。

第一节　西南区燕麦育种目标及策略

一、高寒春播区育种目标和策略

西南区燕麦种植历史悠久,种质资源丰富。尤其四川凉山彝族自治州是西南燕麦主要产区之一。全州 17 个县市海拔 1 500~3 500 m 区域均有燕麦种植,常年种植面积达 1.33 万 hm²,2 000~3 000 m 为燕麦主产区,约占燕麦总面积的 90%。因此,在选择燕麦品种时要选择适合海拔较高的半山区种植的适应性强、植株健壮、抗倒伏、抗病抗虫、耐贫瘠、高产稳产的裸燕麦品种。

2011 年至今,国家燕麦荞麦产业技术体系凉山综合试验和四川农业大学在西南燕麦主产区连续开展了燕麦品种选育、育成品种展示、燕麦有苗头品种异地鉴定试验、燕麦多点品比试验、裸燕麦籽实品质试验、白燕系列品比试验、燕麦饲草试验等燕麦品种试验 20 余项,从全国燕麦育种单位引进品种 47 个,通过统一试验方案在不同区域进行试验,统一评定各单位育成皮、裸燕麦新品种在不同生态条件下的丰产性、适应性和抗逆性。目前育成西南区燕麦新品种一个,筛选出多个适宜西南区种植的育成品种。

(一)新品种选育

燕麦是凉山彝族自治州古老的传统作物之一,常年种植面积达 20 万亩左右,主要分布在海拔 2 000~3 000 m 的高寒山区。尽管燕麦的种植面积不大,但燕麦在西南区寒冷的高海拔地区种植具有其他作物不可替代性。由于生产上普遍沿用易倒伏、生产力低的古老地方品种,而且品种严重混杂,成熟度很不一致,加之耕作栽培粗放,单产很低,一般亩产 30～40 kg。随着我国燕麦产业的推进,为满足加工快速发展及国内外消费者对燕麦食品的需求,通过系统选育的方法,育出抗逆性强、品质优良、高产稳产且适宜加工的西南区第一个燕麦新品种"川燕麦 1 号"。

品种来源:该新品系由凉山彝族自治州西昌农科所从凉山地方品种变异材料中,选择出优异单穗代号"03 燕-2-5",经单穗鉴定,系统选育而成。

选育过程:2002 年 8 月在凉山彝族自治州昭觉县比尔乡、库依乡、日哈乡和越西县宝石乡等地作燕麦生产调查,共调查了 28 块地。调查发现,以上产地农民的燕麦种植地中,品种严重混杂,同一块地中,株高有的 170～180 cm,多数是 100～140 cm;成熟度不一致,生育期相差 20 d 以上;抗病性不一致,有抗病的,也有高感锈病的。长期沿袭的这种品种状况,虽然导致西南区燕麦产量低,但同时也蕴含着大量的天然变异。从以上田块中选取了几百个农艺性状相对较好的单穗,脱粒时又将一些穗部和籽粒性状表现稍差的单穗淘汰;2002—2003 年度,在凉山彝族自治州西昌农科所试验基地(安宁河谷,海拔 1 500 m),将以上材料播成穗行,秋播春收,通过田间观察,其中编号"03 燕-2-5"穗行表现优异,性状也整齐一致,将该穗行单收单脱;2003—2004 年度进行穗行繁殖;2004—2005 年度参加秋播品比试验(在以后的各种试验中代号为"燕选 1 号"),平均亩产 226.00 kg,较对照品种"四月麦"(CK$_1$、采自盐源县)亩产 58.00 kg、伍珠(CK$_2$、采自喜德县)亩产 15.07 kg 增产极显著,较引进品种晋燕 8 号亩产 155.20 kg、晋燕 9 号亩产 163.20 kg 增产达显著水平;2006 年在昭觉县洒拉地坡乡(海拔 2 520 m)作生产试验,面积 0.45 亩,地方对照 0.40 亩,折亩产 117.78 kg,较当地主栽对照种亩产 56.25 kg 增产 109.40%。经穗系选择,择优比较,系统选育获得遗传稳定、性状优良、抗逆性较强的适应于凉山高寒山区种植的燕麦新品系。2008—2009 年参加凉山彝族自治州燕麦多点品比试验,2009 年进行生产试验,2010 年进行田间技术鉴定。

特征特性:禾本科燕麦属。幼苗直立,叶色浓绿,叶片上举,株型紧凑,分蘖力强,生长势旺,成穗率高,群体结构好,株高 116.00 cm 左右,穗长 25.18 cm 左右,侧散穗,颖壳黄色,小穗串铃形,主穗小穗数 10.50 个左右,单株主穗粒数 65.00 粒左右,粒重 1.62 g 左右,籽粒浅黄色,纺锤形,千粒重 23.33 g 左右。经农业部食品质量监督检验测试中心(四川成都)测定,水分 9.31%,蛋白含量 12.8%,粗脂肪 3.89%,粗纤维 2.56%。生育期 133 d 左右,属中熟品种。抗逆性好,抗倒伏,耐寒性强,适应性广。经多年多点种植,田间未发现燕麦黑穗病、红叶病、抗秆锈病和冠锈病。

产量表现:参加凉山彝族自治州燕麦多点品比试验(编号为 LLY-01),2008 年 3 试点产量统计,平均亩产 92.67 kg,较地方主栽对照品种增产 80.52%;2009 年 2 试点产量统计,平均亩产 80.00 kg,较地方主栽对照品种增产 8.11%。综合两年 5 点次试验结果,平均亩产 86.67 kg,较地方主栽对照品种增产 38.29%,增产点率 100%。2009 年在昭觉洒拉地坡乡二担五村进行生产试验,亩产 83.00 kg,较地方主栽对照品种增产 68.25%。

适应地区:根据凉山彝族自治州燕麦多点品比试验结果,该品系适宜推广区域:西南高寒燕麦春播种植区及相似生态区。

(二)育成品种筛选

从吉林省白城市农科院、河北省高寒作物研究所、宁夏固原农科所、内蒙古自治区农牧业科学院、定西市旱农中心等单位引进品种 13 个(裸燕麦 17 个、皮燕麦 11 个),在西南区燕麦主栽区进行育成品种异地鉴定,与当地主栽品种和自主选育的川燕麦 1 号对比,已筛选出更多适合西南区种植的燕麦品种(表 4-1)。

表 4-1　西南区育成品种筛选

品种	生育天数 /d	株高 /cm	穗长 /cm	单株 小穗数/个	千粒重 /g	亩产 /kg
白燕 14 号(皮)	103	103	16	32.8	30.6	135.42
白燕 11 号	107	139.3	17.8	51.9	23.3	133
坝莜 14 号	127	162.3	19.6	90.7	22.5	131.69
阿坝都	105	108	20.2	88	25.3	123.45
冀张燕 3 号(皮)	118	94.9	19.5	57.04	33.4	122.23
白燕 9 号(皮)	104	109	15.5	21.9	24.8	120.41
川燕麦 1 号	123	137.2	20.9	71.6	32.8	119.31
白燕 2 号	114	135.1	22.8	82.1	23.3	116.17
冀张燕 5 号(皮)	114	108.1	15.8	35.8	29.4	111.52
坝莜 13 号	135	117.1	17.2	56.9	25.3	108.65
坝燕 6 号(皮)	129	153.7	22.8	74.3	30.5	107.8
白燕 15 号(皮)	87	92	15.8	28.4	19.4	106.45
白燕 8 号	94	93	15.8	27	19.8	105.7
白燕 13 号	110	125	22	24.3	23.58	104.31
坝莜 12 号	122	102.4	18.5	74.52	24.3	101.02
坝燕 4 号(皮)	126	101.8	23.2	46.4	35	100.01
200215-13-2-2	140	117.1	17	45.8	24.9	98.4
白燕 10 号	94	97	15	30	18.5	93.21
冀张燕四号(皮)	111	112.6	17	21.3	36.25	90.66
定引 1 号(皮)	126	102.3	17.3	29.46	33.6	86.87
燕 833-1-1	124	99.3	18.4	52.7	22.2	86.87
蒙燕 833-1	118	125.6	20.7	100.1	34.9	78.29
冀张莜 12 号	119	132.3	27.1	96.4	23.8	75.76
晋燕 14 号	124	96.9	15.7	49.58	24.4	70.71

续表 4-1

品种	生育天数/d	株高/cm	穗长/cm	单株小穗数/个	千粒重/g	亩产/kg
定燕 1 号（皮）	120	116.1	26.8	53.9	23.7	69.72
远杂二号	129	154.6	30.2	81	30	67.87
燕科二号	126	144.8	25.4	75	20	63.14
宁莜 1 号	112	96.9	25.6	70.2	30.2	61.62
定莜 9 号	119	133.6	26	68.5	20	50.95
定燕 2 号（皮）	108	120.6	23.7	33.91	21.9	43.44

综合多年育成品种异地鉴定结果，川燕 1 号、阿坝都、白燕 2 号、白燕 9 号、白燕 11 号、白燕 14 号、坝莜 14 号在西南高寒春播地区的产量较稳定，可作为西南区这一生态型的燕麦选用品种进行推广种植（熊仿秋等，2012；钟林等，2016）。

（三）小农户燕麦品种多样性推广模式试验

凉山彝族自治州西昌农业科学研究所与中国农科院作物研究所合作，2015 年组织凉山彝族自治州 3 个示范县（昭觉、美姑、盐源）农牧局科技人员，共同开展了小农户燕麦品种多样性推广模式试验，目的是研究和促进凉山彝族自治州传统作物品种多样性在不同气候条件下的可利用性，通过农户直接参与试验，探索一种新的农业推广模式，以此为载体提升农民科学种田综合素质和种植积极性，参试农户对参试品种自行评价，好的品种留种传种，加速品种技术推广转化见效。选取的参试燕麦品种都是经过多年试验，在产量、抗病性、抗逆性和品质方面有较好表现的品种，燕麦 9 个（川燕 1 号、白燕 2 号、白燕 11 号、白燕 13 号、远杂 2 号、燕科 2 号、坝莜 13 号、200215-13-2-2，凉山地方品种阿坝都）（表 4-2）。每县选取 20 家共计 60 户农户参与试验，每个品种种植 20 m²，按照当地农户大田生产播种方式播种和施肥除草等田间管理进行，品种之间的土壤及田间管理尽可能一致。

表 4-2　不同燕麦品种产量和农户好评度

品种名称	试验点次	平均亩产/kg	位次	比 CK/%	农民好评点次
白燕 13 号	23	75.9	5	−10.18	1
200215-13-2-2	20	104.5	2	23.67	9
白燕 2 号	15	70.6	7	−16.45	7
川燕 1 号	29	98.4	3	16.45	
阿坝都	15	63.0	8	−25.44	1
远杂 2 号	20	72.9	6	−13.73	
白燕 11 号	23	89.4	4	5.80	3
坝莜 13 号	2	45.9	9	−45.68	
燕科 2 号	10	139.7	1	65.33	1
CK（平均产量）		84.5			

从表4-2中看出,燕麦品种"燕科2号"10点平均亩产量139.7 kg,居燕麦组试验第一位,但在综合性状上农户接受程度较低;燕麦新品系"200215-13-2-2"在20点的平均亩产104.5 kg,居燕麦组试验第二,农民好评点次9,是参试品种中被农户认可度最高的品种,因此也是比较容易推广的品种;"白燕2号"因籽粒大、粒色白,比较受农户喜爱;白燕11号23个点次平均亩产89.4 kg,产量居燕麦组试验第4位,农户好评居第3位,可以因地制宜的选用;川燕1号29点平均亩产98.4 kg,居燕麦组试验第3位,但农户好评度低;其余品种产量和农户好评度都不理想不宜推广。

二、平坝冬播区燕麦育种目标和策略

在四川、云南和贵州的平坝地区,特别是大小凉山的平坝区,冬季相对北方燕麦主栽区域温度较高,燕麦品种均能正常越冬,因此西南平坝区形成了独特的燕麦冬播区域。

通过多年育种实践,在西南平坝冬播燕麦区,由于燕麦生育期更长,具有更大的产量潜力,但基于这一生态区域的气候和光照特点,燕麦植株营养生长相对旺盛。因此在品种筛选时应选择植株矮、抗倒伏、分蘖强的品种。同时这一气候条件更适宜饲草的种植。因此,对该生态类型的适播饲草品种也进行了筛选。

(一)燕麦籽粒高产品种筛选

四川农业大学收集国外燕麦核心种质资源库的350份国外育成品种、401份国外地方品种,和国内不同省市的育成和地方品种272份共计1 023份材料,在四川成都平原、云南昭通和贵州威宁等地平坝区秋播后进行多年多点的包括不同生育期、穗型、株高、籽粒性状等农艺性状和包括小穗数、穗粒数、穗粒重、千粒重和小区产量等产量性状统计(表4-3)。

西南平坝区秋播材料生育期长,一般为200 d左右,但西南区冬季光照较少,因此考虑该生态型的籽粒高产品种应选择穗粒数高的重穗型材料,才具有更高的产量潜能。因此"坝莜6号""川燕1号"和"白燕11号"等裸粒材料在西南平坝冬播区的生产潜力较大,值得推广。

表4-3　西南平坝冬播区育成品种筛选

品种名称	皮裸	生育期/d	株高/cm	穗长/cm	单穗粒重/g	千粒重/g	折合亩产/kg
坝莜6号	裸	209	132.8	32.0	3.9	25.3	203.66
川燕1号	裸	204	135.2	26.6	3.1	26.2	204.10
裸燕8号	裸	190	115.8	18.2	2.6	28.4	208.55
白燕2号	裸	204	139.4	29.0	2.8	20.8	217.44
白燕4号	裸	190	140.0	22.6	2.7	25.7	217.44
白燕11号	裸	190	129.4	20.4	3.2	19.7	244.12
VAO-44	裸	199	124.4	25.8	3.1	26.0	306.38
Exeter	皮	199	121.0	29.6	3.1	23.2	306.38

续表 4-3

品种名称	皮裸	生育期/d	株高/cm	穗长/cm	单穗粒重/g	千粒重/g	折合亩产/kg
Aragon	皮	201	111.0	25.2	3.5	20.0	306.38
Caracas	皮	191	133.8	25.0	3.6	31.3	306.38
Avesta	皮	194	139.0	25.6	3.5	35.0	310.82
Assiniboia_AC	皮	204	131.8	34.4	5.1	25.7	315.27
WAOAT2134	皮	191	76.0	19.0	4.2	31.5	315.27
Chambord	皮	194	114.6	24.6	2.9	25.7	324.16
Pusa_Hybrid_G	皮	201	106.8	21.2	2.3	23.7	324.16
Gwen_AC	皮	204	122.4	25.6	3.8	28.1	328.61
Belmont_AC	皮	194	117.4	26.2	3.8	32.3	333.06
Jumbo	皮	199	130.4	25.4	2.6	41.6	337.50
Neklan	皮	191	148.0	24.6	2.2	53.4	341.95
OT2040	皮	199	115.4	24.2	3.8	24.5	350.84
WAOAT2133	皮	191	70.4	19.4	2.6	32.6	355.29
Marie_AC	皮	191	125.0	22.6	4.2	30.5	372.53
Longchamp	皮	203	136.4	25.0	3.6	29.6	373.08

(二)燕麦饲草高产品种筛选

作为粮饲兼用型作物,燕麦在饲草方面的表现非常可观。其分蘖力强,具有较强的再生能力;茎叶柔嫩多汁,粗纤维含量较少,适口性好,蛋白质、脂肪、可消化纤维的含量均高于小麦、大麦、黑麦、粟、玉米等谷物秸秆,是理想的饲草。青刈燕麦具有丰富的营养价值和较好的饲喂适口性,家畜和家禽对其十分青睐,青饲燕麦可提高乳牛产奶量,燕麦籽粒因其较高的蛋白含量在饲料生产中也十分被重视。燕麦籽粒可做种畜、病畜以及幼畜的补充饲料,喂养家禽可提高产卵量并使卵粒增大。饲用燕麦因其具有较强的抗逆性和较高的营养价值,在马的饲喂中占据着十分重要的作用,一直是国外赛马的主要饲料之一。

四川农业大学对国外燕麦核心种质资源库的国外育成品种、地方品种,和国内不同省市的育成和地方品种共计1 000余份材料,在四川成都平原、四川泸州叙永、云南昭通和贵州威宁等地平坝区秋播后进行多年多点的包括不同生育期、株高、倒伏性、鲜草和干草产量等性状统计。

首先对来自国内外的燕麦栽培材料及农家材料进行产量初筛。第一茬刈割时期为抽穗中期,第二茬刈割时期为灌浆初期。根据株高、产量、倒伏情况等因素综合考虑下。根据抗倒伏,产量高,株高适中的原则,选择了其中表现较好的59份材料(表4-4)。对59份材料的在不考虑刈割处理下求平均值,得出鲜草产量最高为7.8 kg/行(折合亩产5 780.6 kg/亩),最小为1.68 kg/行,平均3.03 kg/行;干草产量最高为1.68 kg/行(折合亩产1 245.1 kg/亩),最低为0.27 kg/行,平均0.78 kg/行。

表 4-4　初选的 59 份燕麦饲草产量

品种名	两次刈割		株高 /cm	单次刈割		株高 /cm	分蘖
	鲜草 /(kg/行)	干草 /(kg/行)		鲜草 /(kg/行)	干草 /(kg/行)		
Capital	2.83±0.48	0.67±0.18	93.78±3.02	2.07±0.21	0.71±0.09	110±2	5.4
Coker 227	3.11±0.85	0.73±0.23	92.56±4.82	2.49±0.69	0.93±0.15	118.67±8.33	7.4
Coker 833	3.55±0.49	0.75±0.08	101.78±1.95	2.15±0.36	0.91±0.15	142±3	5.4
DancerCD	2.95±0.53	0.74±0.04	87.44±5.59	2.37±0.6	0.86±0.4	134.67±4.73	8.6
HiFi	3.22±0.73	0.73±0.25	117.22±2.36	1.92±0.1	0.73±0.09	114±4	3.2
Medallion	4.01±0.69	0.73±0.08	131.67±2.08	2.49±0.6	1.02±0.24	164±3.61	4.4
Morton	3.92±0.59	0.9±0.26	96.44±2.91	3.24±0.42	0.89±0.02	128±4.58	3.6
Troy	2.95±0.86	0.63±0.15	116.44±3.4	2.2±0.11	0.74±0.1	151.33±1.53	3.6
Baler_CDC	5.8±1.75	0.98±0.35	118.33±5.69	3.15±0.55	1.18±0.25	153±3	8.2
Blaze	3.56±0.17	0.73±0.03	92±3	2.83±0.28	1.07±0.14	139.67±2.52	8
Drummond	5.73±1.79	0.9±0.34	98.67±6.03	3.01±0.41	1.12±0.13	160.67±2.08	5
Furlong	3.05±0.57	0.72±0.1	93±4.58	2.56±0.23	0.55±0.05	136.33±2.52	7.4
IL00-7267	3.33±0.73	0.69±0.16	99.33±3.06	2.59±0.23	0.54±0.06	136.33±3.21	6.8
IL02-8658	3.36±0.36	0.76±0.12	92±2	2.39±0.24	0.6±0.25	117.33±5.51	5.2
IL2858-1	4.22±0.85	0.81±0.15	98.33±2.52	2.75±0.21	1.08±0.15	144±1	5.2
IL86-5262	3.99±0.53	0.86±0.12	147.33±4.73	2.61±0.07	0.7±0.1	152.67±2.52	5.2
IL86-56983	3.33±0.33	0.73±0.09	106±4.36	1.83±0.42	0.46±0.14	138.33±4.16	4.2
Leggett	4.92±1.13	0.87±0.13	103.33±3.06	2.6±0.59	1.06±0.37	145.33±3.51	7.2
N327-6	4.11±0.84	0.79±0.26	114.67±3.79	3.79±0.37	1.39±0.13	151±5.29	7.2
VAO-48	4.97±1.32	0.89±0.31	100.44±4.3	4.11±0.38	1.49±0.17	170.67±3.06	6.9
VAO-46	5.59±0.55	0.83±0.08	125.78±8.6	3.07±1.05	0.85±0.44	156.67±6.43	5.7
Francis_AC	4.15±0.83	0.74±0.15	97.67±1.76	2.4±0.15	0.98±0.13	151.33±2.52	6.1
Bia	3.74±0.27	0.74±0.07	78.67±0.88	2.39±0.15	0.9±0.07	170.33±2.52	3.2
Manotick	2.46±0.05	0.62±0.05	95.44±2.14	2.66±0.55	1±0.56	131.67±12.58	3.2
OA1063-8	2.52±0.2	0.65±0.06	87.11±4.03	2.02±0.12	0.59±0.12	143.67±3.21	4
Oa1079-1	2.48±0.28	0.59±0.02	84.44±4.67	1.88±0.29	0.38±0.33	143±4.36	6.4
Shadow	4.11±0.58	0.79±0.21	119.33±4.37	2.45±0.61	0.59±0.15	140.67±8.39	3.4
Sutton	3.77±0.39	0.76±0.08	115.44±1.84	2.54±0.1	0.88±0.06	169.33±6.03	3.6
Sylva	3.44±0.26	0.67±0.08	100.33±1.53	2.25±0.12	0.8±0.16	152.33±2.52	3.8
Aveny	3.05±0.3	0.61±0.09	89.11±2.59	2.39±0.07	0.86±0.09	137.33±2.52	4.2

续表 4-4

| 品种名 | 两次刈割 | | 株高/cm | 单次刈割 | | 株高/cm | 分蘖 |
	鲜草/(kg/行)	干草/(kg/行)		鲜草/(kg/行)	干草/(kg/行)		
Belinda	2.77±0.14	0.48±0.12	90.56±4.86	2.43±0.17	0.74±0.08	160.33±7.51	3.4
Cilla	4.04±0.28	0.68±0.06	103.67±4.26	3.15±0.17	0.69±0.61	162.67±2.52	3
Freja	3.6±1.57	0.54±0.24	92.67±5.21	2.15±0.08	0.75±0.02	152.33±3.06	8.8
Ivory	4.71±0.33	0.82±0.09	84.22±1.02	3.34±0.22	1.11±0.08	175.33±3.51	4.6
Proat	3.08±0.57	0.57±0.14	98±2.33	2.87±0.38	0.53±0.1	148.33±4.93	4
Z615-4	3.38±0.1	0.67±0.16	112.67±4.73	2.91±0.43	1.03±0.09	149.67±1.53	6
Lamar	4.1±0.61	0.77±0.14	93.67±6.11	2.37±0.29	1.01±0.09	168.33±1.53	5.6
Riel	3.67±0.8	0.8±0.18	129.33±5.13	2.41±0.32	0.7±0.62	172.33±2.52	6.2
Cascade	3.57±1.22	0.6±0.14	119.33±5.13	2.39±0.83	1.04±0.34	153.33±3.51	4.8
Exeter	2.79±0.25	0.73±0.11	86.33±6.51	2.53±0.22	0.43±0.05	138.67±2.08	5.8
WAOAT	1.84±0.6	0.44±0.07	89.33±6.66	1.99±0.26	0.52±0.09	71.33±1.53	5.6
WAOAT2	2.17±0.54	0.64±0.22	69.33±5.51	2±0.2	0.62±0.11	83±2	6.4
Chambord	4.07±0.73	0.85±0.11	115.67±4.73	3.24±0.21	1.17±0.13	149±3	6.2
Freddy	5.11±0.58	0.69±0.38	115.67±3.21	2.71±0.5	1.15±0.09	134.67±4.04	5.6
Heinrich	4.13±0.7	0.66±0.21	85.33±3.21	2±0.36	0.87±0.15	148.67±3.51	5.8
Melys	3.24±0.46	0.62±0.12	102.33±7.51	2.45±0.46	0.95±0.25	125±3	6
Ranch	2.41±0.32	0.51±0.06	81.67±4.73	2.85±0.36	0.68±0.16	107±7.55	5.8
mountain	3.65±0.69	0.56±0.1	90.67±7.23	1.85±0.45	0.74±0.19	130±2	6.6
Ford early	3.43±0.44	0.67±0.15	114±3.61	2.51±0.81	0.99±0.31	179±1	8.4
Korwood	3.34±0.78	0.57±0.21	116.67±3.06	2.24±0.64	0.92±0.28	154.33±5.13	7.6
Edmund	3.03±0.89	0.71±0.2	100.33±4.73	1.91±0.17	0.72±0.14	134.67±2.89	4.6
Edo	4±0.68	0.85±0.12	97±2.65	2.6±0.28	0.99±0.12	123.33±2.08	3.4
Evita	3.06±0.51	0.56±0.11	81.67±3.51	2.07±0.11	0.73±0.11	131.67±2.31	4.2
Ot_286	4.02±0.74	0.75±0.08	108.33±7.64	2.63±0.27	0.91±0.16	140.67±2.08	5
Sisko	3.05±0.6	0.67±0.16	80.33±7.37	2.95±0.16	1±0.09	125±4	5.8
Skakun	2.58±0.55	0.45±0.07	78±8	2.83±0.4	0.93±0.21	133.67±3.51	6.4
白燕1号	2.45±0.33	0.53±0.09	82.33±4.51	1.79±0.27	0.44±0.39	116±3.61	4.4
白燕2号	2.45±0.21	0.59±0.09	62.33±3.06	2.27±0.14	0.59±0.2	157.67±2.52	7.2
白燕5号	2.87±0.17	0.49±0.09	84.67±4.51	2.09±0.51	0.61±0.58	132.33±1.53	4.8

在此基础上,通过多年的品比试验,筛选出适合西南平坝区播种的燕麦饲草品种 8 个(表 4-5)。

表 4-5　高产燕麦饲草品种草产量对比　　　　　　　　　kg/hm²

品种	平均鲜草产量	平均干草产量
Nora	59 707.48±17 139.16	10 687.6±3 491.43
IL86-5262	62 970.76±14 340.52	11 398.62±3 582.04
IL86-5698-3	72 086.79±19 898.3	13 193.31±6 217.64
SA99572	63 542.04±20 122.31	12 433.33±6 186.31
Baton AC	37 189.89±12 413.71	8 020.49±2 973.98
Sylva	57 440.23±12 993.09	10 601.59±3 236.03
Freddy	65 039.37±15 073.44	11 631.13±3 583.31
Heinric	63 131.69±16 257.96	11 399.56±4 135.43

第二节　西南区燕麦适播品种

一、高寒春播区适播品种

(一)川燕 1 号(曾用名燕选 1 号)

品种来源:由四川省凉山彝族自治州西昌农业科学研究所选育。2002 年从凉山彝族自治州昭觉县比尔乡、库依乡、日哈乡、越西县宝石乡等作燕麦品种资源调查时,从种植的田块中选择了几百个农艺性状较好的单穗,次年进行穗行种植,从中选择出优异单穗代号"03 燕-2-5",经穗行鉴定、系统选育而成的裸燕麦春性中熟品系"燕选 1 号"2011 年 1 月经四川省农作物新品种审定委员会审定通过。主要育种人员:李发良、熊仿秋、苏丽萍、彭远英、刘刚。

产量表现:该品种一般产量 80～100 kg/亩。2005 年本所品种比较试验,平均产量 226 kg/亩,比对照"四月麦"增产 293%;2008—2009 年凉山彝族自治州多点(3 点)试验中,2 年 5 点次平均产量 86.7 kg/亩,较地方对照种增产 38.2%;2011 年在盐源县作品种展示、良种繁育和微生物菌肥等试验,产量 150～186 kg/亩。

特征特性:株型紧凑,株高 116.0 cm,春播生育期 110 d,侧散穗型,铃形短串铃,穗长 25.2 cm,穗铃数 10.5 个,穗粒数 65 粒,穗粒重 1.60 g,千粒重 23.3 g,籽粒颜色黄色,籽粒纺锤形。粗蛋白含量 11.76%,粗脂肪含量 6.34%。口松易落粒,无芒,抗旱性较强,比较抗倒伏,抗病性田间未发现燕麦黑穗病、红叶病,中抗秆锈病和冠锈病。适合凉山彝族自治州海拔 2 000 m 以上高寒山区种植。

栽培要点:春季 3 月中旬至 4 月下旬播种,如果土壤墒情不好可推迟至 5 月上旬;每 667 m² 播种量 5～7.5 kg,播种时每 667 m² 用过磷酸钙 30 kg＋农家土杂肥 500 kg 或复合肥 30 kg 作底肥,幼苗长至 10 cm 左右进行中耕除草,若苗情弱,667 m² 追氮肥 5 kg 左右,生育期中注意排水防涝及杂草防除;蜡熟后期籽粒充分成熟时收获(任长忠和杨才,2018)。

(二)阿坝都

品种来源:四川省凉山彝族自治州盐源县地方品种。由四川省凉山彝族自治州西昌农业科学研究所提供。主要提供人:熊仿秋、刘纲、林凤鸣、钟林。

产量表现:该品种一般每 667 m² 产量 50~80 kg,高产栽培每 667 m² 产可达 150 kg/亩。

特征特性:幼苗颜色浅绿,株高 93.6 cm 株型紧凑。春播生育期 107 d,为晚熟品种。穗型周紧,铃形长串铃,穗长 19.2 cm,穗铃数 35.9 个,铃粒数 0.82 粒,穗粒数 29.46 粒,穗粒重 0.65 g,千粒重 22.0 g。籽粒颜色黄色,籽粒形状纺锤形,粗蛋白含量 11.00%,粗脂肪含量 5.1%,β-葡聚糖含量 4.06%,灰分 1.54%。口松易落粒,无芒,抗旱性较强,比较抗倒伏,感锈病。适合凉山彝族自治州海拔 2 500 m 左右高寒山区种植。

栽培要点:春季 3 月中旬至 4 月下旬播种,如果土壤墒情不好可推迟至 5 月下旬至 6 月上旬;亩播种量 5~7.5 kg,土质好、播种时土壤墒情好可稀播,反之密播,采用条播、犁沟条播、犁沟点播或定量撒播均可。播种时每 667 m² 用过磷酸钙 30 kg+农家土杂肥 500 kg 或复合肥 30 kg 作底肥,幼苗长至 10 cm 左右进行中耕除草,若苗情弱,每 667 m² 追氮肥 5 kg 左右,生育期中注意排水防涝及杂草防除;蜡熟后期籽粒充分成熟时收获(任长忠和杨才,2018)。

(三)白燕 2 号

品种来源:吉林省白城市农业科学研究院从加拿大引进的高代材料,采用系谱法选育而成。2003 年 1 月通过吉林省农作物品种审定委员会审定;2008 年通过新疆维吾尔自治区燕麦新品种登记认定,定名"新燕麦 1 号";2009 年 5 月通过内蒙古自治区农作物品种审定委员会认定。2013 年 10 月通过河北省科技厅组织的专家鉴定。主要育种人员:任长忠、郭来春、邓路光、沙莉、魏黎明、李建疆、刘景辉、田长叶等(任长忠和杨才,2018)。国家燕麦荞麦产业技术体系凉山综合试验站 2011 年引进。

产量表现:2011 年燕麦育成品种展示试验每 667 m² 产量 116.2 kg,2012 年 104.1 kg,此后几年产量稳定在每 667 m² 120 kg 以上。

特征特性:春性品种,生育期天数 114 d 左右。幼苗半直立、叶色深绿,分蘖力较强。株型紧凑,株高 135.1 cm,穗长 22.8 cm,侧散穗型,小穗串铃,颖壳黄色,主穗小穗数 47.1,单株粒数 82.1 个,单株粒重 19.1 g,千粒重 23.3 g,粒形纺锤形,粒色浅黄。籽粒粗蛋白含量 19.14%,粗脂肪含量 7.89%,β-葡聚糖含量 4.36%,灰分含量 1.89%。适合凉山彝族自治州海拔 2 000~2 900 m 地区种植。

栽培要点:春季 3 月中旬至 4 月下旬播种,如果土壤墒情不好可推迟至 5 月下旬至 6 月上旬(盐源县);亩播种量 8~10 kg,土质好、播种时土壤墒情好可稀播,反之密播,采用条播、犁沟条播、犁沟点播或定量撒播均可。播种时每 667 m² 用过磷酸钙 30 kg+农家土杂肥 500 kg 或复合肥 30 kg 作底肥,幼苗长至 10 cm 左右进行中耕除草,若苗情弱,每 667 m² 追氮肥 5 kg 左右,生育期中注意排水防涝及杂草防除;蜡熟后期籽粒充分成熟时收获。

(四)白燕 9 号

品种来源: 吉林省白城市农业科学研究院从加拿大引进的高代材料(引进编号:9015),采用系谱法选育而成。2008 年通过吉林省农作物品种审定委员会审定。主要育种人员:任长忠、魏黎明、郭来春、赵国军(任长忠和杨才,2018)。国家燕麦荞麦产业技术体系凉山综合试验站 2015 年引进。

产量表现: 2015 年白燕系列品种田间鉴定试验每 667 m² 产量 105.7 kg,2016 年 102.1 kg,2017 年 120.4 kg,产量表现好。

特征特性: 春性品种,生育期 98 d 左右。幼苗直立,苗期叶片鲜绿色。株型紧凑,叶片中等,株高 123.8 cm。侧散穗型,长芒,颖壳黄色,穗长 23.8 cm,小穗着生密度适中,小穗数 27.0 个,株粒数 22 粒,籽粒长卵圆形,千粒重 27.7 g。籽粒粗蛋白含量 17.18%,粗脂肪含量 8.02%,粗淀粉含量 57.27%。适合凉山彝族自治州海拔 2 000～2 500 m 地区种植。

栽培要点: 春季 3 月中旬至 4 月下旬播种,如果土壤墒情不好可推迟至 5 月下旬至 6 月上旬;亩播种量 8～10 kg,土质好、播种时土壤墒情好可稀播,反之密播,采用条播、犁沟条播、犁沟点播或定量撒播均可。播种时每 667 m² 用过磷酸钙 30 kg＋农家土杂肥 500 kg 或复合肥 30 kg 作底肥,幼苗长至 10 cm 左右进行中耕除草,若苗情弱,每 667 m² 追氮肥 5 kg 左右,生育期中注意排水防涝及杂草防除;蜡熟后期籽粒充分成熟时收获。

(五)白燕 11 号

品种来源: 吉林省白城市农业科学研究院从加拿大引进的高代材料(引进编号:V9),采用系谱法选育而成。2010 年通过吉林省农作物品种审定委员会审定。主要育种人员:任长忠、郭来春、王春龙、赵忠慧、何峰(任长忠和杨才,2018)。国家燕麦荞麦产业技术体系凉山综合试验站 2011 年引进。

产量表现: 2011 年燕麦育成品种展示试验每 667 m² 产量 173.0 kg,此后几年在产量均稳定在每 667 m² 140～150 kg,产量表现好。

特征特性: 春性品种,生育期 107 d 左右。幼苗直立,苗期叶片鲜绿色。株型紧凑,叶片中等,株高 139.3 cm。侧散穗型,长芒,颖壳黄色,穗长 17.8 cm,小穗着生密度适中,小穗数 27.8 个,株粒数 51.9 粒,单株粒重 1.21 g。籽粒长卵圆形,千粒重 23.3 g。籽粒粗蛋白含量 12.06%,粗脂肪含量 6.88%,粗淀粉含量 56.87%,β-葡聚糖含量 4.70%,灰分含量 1.51%。适合凉山彝族自治州海拔 2 000～2 900 m 地区种植。

栽培要点: 春季 3 月中旬至 4 月下旬播种,如果土壤墒情不好可推迟至 5 月下旬至 6 月上旬(盐源县);亩播种量 8～10 kg,土质好、播种时土壤墒情好可稀播,反之密播,采用条播、犁沟条播、犁沟点播或定量撒播均可。播种时每 667 m² 用过磷酸钙 30 kg＋农家土杂肥 500 kg 或复合肥 30 kg 作底肥,幼苗长至 10 cm 左右进行中耕除草,若苗情弱,每 667 m² 追氮肥 5 kg 左右,生育期中注意排水防涝及杂草防除;蜡熟后期籽粒充分成熟时收获。

(六)白燕 13 号

品种来源: 2004 年吉林省白城市农业科学研究院以"VAO2"为父本,以"VAO-10"为母本进行杂交,经用系谱法选育而成,品种代号"2004R-3-44"。2012 年通过吉林省农作物品种审定委员会审定。主要育种人员:任长忠、郭来春、王春龙等(任长忠和杨才,2018)。国家燕麦荞麦产业技术体系凉山综合试验站 2014 年引进。

产量表现:2014 年燕麦育成品种展示试验每 667 m² 产量 127.8 kg,2015 年每 667 m² 产量 114.3 kg,2016 年每 667 m² 产量 153.7 kg,产量表现好。

特征特性:春性品种,生育期 139 d 左右。幼苗直立,苗期叶片鲜绿色。株型半紧凑,株高 116.2 cm,茎秆有蜡被。周散穗型,穗长 22.2 cm,芒弯曲、黑色。小穗串铃形,小穗数 30.2 个,单株粒数 36.5 粒,单株粒重 0.96 g。籽粒椭圆形,黄色,千粒重 26.3 g。籽粒粗蛋白含量 16.05%,粗脂肪含量 7.34%,粗淀粉含量 55.6%。经田间鉴定,未见病虫害发生。适合凉山彝族自治州海拔 2 000～2 900 m 地区种植。

栽培要点:春季 3 月中旬至 4 月下旬播种,如果土壤墒情不好可推迟至 5 月中旬;亩播种量 8～10 kg,土质好、播种时土壤墒情好可稀播,反之密播,采用条播、犁沟条播、犁沟点播或定量撒播均可。播种时每 667 m² 用过磷酸钙 30 kg+农家土杂肥 500 kg 或复合肥 30 kg 作底肥,幼苗长至 10 cm 左右进行中耕除草,若苗情弱,每 667 m² 追氮肥 5 kg 左右,生育期中注意排水防涝及杂草防除;蜡熟后期籽粒充分成熟时收获。

(七)坝莜 13 号

品种来源:河北省高寒作物研究所于 1997 年以"坝莜 1 号"为母本,"冀张莜二号"为父本,通过品种间有性杂交,后经系谱法选育培育而成的裸燕麦新品种,系谱号为"9704-5-2-2-3"(任长忠和杨才,2018)。国家燕麦荞麦产业技术体系凉山综合试验站 2014 年引进。

产量表现:2014 年燕麦育成品种展示试验每 667 m² 产量 108.7 kg,2016 年每 667 m² 产量 153.7 kg。

特征特性:春性品种,生育期 121 d 左右,属中晚熟品种。幼苗直立,苗期叶片深绿色。株型紧凑,叶片上冲,株高 144.4 cm,侧散穗型,穗长 21.2 cm。小穗串铃形,小穗数 64 个,单株粒数 124.0 粒,单株粒重 2.71 g。籽粒纺锤形,黄色,千粒重 25.3 g。该品种高产稳产,抗旱、抗病(黑穗病、黄矮病、锈病)、抗倒伏性强,适应性广,增产潜力大。适合凉山彝族自治州海拔 2 000～2 500 m 地区种植。

栽培要点:春季 3 月中旬至 4 月下旬播种,如果土壤墒情不好可推迟至 5 月下旬;亩播种量 8～10 kg,土质好、播种时土壤墒情好可稀播,反之密播,采用条播、犁沟条播、犁沟点播或定量撒播均可。播种时每 667 m² 用过磷酸钙 30 kg+农家土杂肥 500 kg 或复合肥 30 kg 作底肥,幼苗长至 10 cm 左右进行中耕除草,若苗情弱,每 667 m² 追氮肥 5 kg 左右,生育期中注意排水防涝及杂草防除;蜡熟后期籽粒充分成熟时收获。

(八)坝莜 14 号

品种来源:是河北省高寒作物研究所根据育种目标,运用生态育种理论,以冀张莜四号(皮燕麦品种永 118×裸燕麦品种华北二号)×8061-14-1(434×永 73-1)多亲本阶梯杂交育成的抗旱高产广适裸燕麦品种"坝莜 1 号"为母本,9034-10-1(皮燕麦品种永 73-1×裸燕麦品种冀张莜一号)×906-38-2(裸燕麦品种小 46-5×皮燕麦品种永 118)杂交育成的抗病抗倒优质加工型裸燕麦品种"坝莜 9 号"为父本,采用裸燕麦品种间杂交技术和系谱法选育方法培育而成的裸燕麦新品种,其系谱号为"200215-13-2-2",于 2014 年定名为"坝莜 14 号"。国家燕麦荞麦产业技术体系凉山综合试验站 2015 年引进。

产量表现:2016 年燕麦育成品种展示试验每 667 m² 产量 151.7 kg,通过近几年观察,产量表现稳定。

特征特性:生育期 127 d 左右,属晚熟品种。幼苗半直立,苗色绿,生长势强,分蘖力强,成穗率高,生长整齐,植株蜡质层厚。株型紧凑,株高 162.3 cm。周散穗型,穗长 19.6 m,小穗短串铃形,有芒,小穗数 59 个,单株粒数 90.67 粒,单株粒重 2.05 g。籽粒椭圆形,粒色浅黄,千粒重 22.5 g。籽粒蛋白质含量 13.63%,粗脂肪含量 9.89%,粗淀粉含量 60.32%,β-葡聚糖含量 4.98%。口紧不落粒,抗病性强,高抗燕麦坚黑穗病,抗旱避旱能力强,茎秆坚韧,抗倒伏性强。适合凉山彝族自治州海拔 2 000~2 500 m 地区种植。

栽培要点:春季 3 月中旬至 4 月下旬播种,如果土壤墒情不好可推迟至 5 月中旬;亩播种量 8~10 kg,土质好、播种时土壤墒情好可稀播,反之密播,采用条播、犁沟条播、犁沟点播或定量撒播均可。播种时每 667 m² 用过磷酸钙 30 kg＋农家土杂肥 500 kg 或复合肥 30 kg 作底肥,幼苗长至 10 cm 左右进行中耕除草,若苗情弱,每 667 m² 追氮肥 5 kg 左右,生育期中注意排水防涝及杂草防除;蜡熟后期籽粒充分成熟时收获。

(九)坝莜 18 号

品种来源:河北省高寒作物研究所以优质、抗病、抗倒裸燕麦"坝莜 9 号"为母本,以抗旱、丰产性状优良的野燕麦与裸燕麦种间杂交后代"9641-4"为父本,于 2002 年进行有性杂交,经早代表型变异筛选、常规优良性状选择、抗旱与抗病性鉴定等手段,系谱法选育而成的高产、质优、抗旱、抗病、抗倒、耐瘠裸燕麦新品种,其系谱号为"200242-2-5-1-5-16"。国家燕麦荞麦产业技术体系凉山综合试验站 2017 年引进。

产量表现:该品种一般每 667 m² 产量 200 kg 以上。2014—2015 年参加优质晚熟裸燕麦品种区域试验,平均每 667 m² 产量 213.03 kg,比"坝莜 3 号"增产 21.47%。2015 年参加生产鉴定试验,平均每 667 m² 产量 249.92 kg,比"坝莜 1 号"增产 21.19%,比"坝莜 3 号"增产 11.80%。2017 年在燕麦饲草试验中籽粒折合每 667 m² 产量 223.3 kg,2018 年因气候原因燕麦产量较低,但该品种产量也有 118.1 kg/667 m²。

特征特性:生育期 125 d 左右,属晚熟品种。幼苗直立,苗色深绿,生长势强。株型紧凑,叶片上冲,株高 171 cm。周散穗型,穗长 25.6 cm,小穗短串铃形,小穗数 49 个,单穗粒数 47.4 粒。籽粒卵圆形,粒色浅黄,千粒重 25.7 g。籽粒蛋白质含量 15.17%,粗脂肪含量 9.89%,淀粉含量 58.26%,β-葡聚糖含量 5.31%。该品种抗病性强,免疫燕麦坚黑穗病,高抗燕麦红叶病;植株蜡质层厚,抗旱避旱能力强;茎秆坚韧,抗倒伏性强;分蘖力强,成穗率高,群体结构好。是一个适应旱坡地、旱平地、阴滩地和水浇地种植的优质高产加工型(燕麦米、燕麦片)裸燕麦品种。

栽培要点:春季 3 月中旬至 4 月下旬播种,如果土壤墒情不好可推迟至 5 月中旬;亩播种量 8~10 kg,土质好、播种时土壤墒情好可稀播,反之密播,采用条播、犁沟条播、犁沟点播或定量撒播均可。播种时每 667 m² 用过磷酸钙 30 kg＋农家土杂肥 500 kg 或复合肥 30 kg 作底肥,幼苗长至 10 cm 左右进行中耕除草,若苗情弱,每 667 m² 追氮肥 5 kg 左右,生育期中注意排水防涝及杂草防除;蜡熟后期籽粒充分成熟时收获。

二、平坝冬播区适播品种

(一)籽粒型品种

1.川燕 1 号(曾用名燕选 1 号)

品种来源:由四川省凉山彝族自治州西昌农业科学研究所选育。2002 年从凉山彝族自治州昭觉县比尔乡、库依乡、日哈乡、越西县宝石乡等作燕麦品种资源调查时,从种植的田块中选择了几百个农艺性状较好的单穗,次年进行穗行种植,从中选出优异单穗代号"03 燕-2-5",经穗行鉴定、系统选育而成的裸燕麦春性中熟品系"燕选 1 号"2011 年 1 月经四川省农作物新品种审定委员会审定通过。主要育种人员:李发良、熊仿秋、苏丽萍、彭远英、刘纲(任长忠和杨才,2018)。

产量表现:该品种在西南平坝区一般每 667 m² 产量 170~200 kg。

特征特性:株型紧凑,株高 116.0 cm,冬播生育期 200 d,侧散穗型,穗长 26 cm,穗粒重 3.1 g,千粒重 26.2 g,籽粒黄色,纺锤形。粗蛋白含量 11.76%,粗脂肪含量 6.34%。口松易落粒,无芒,抗旱、抗倒伏性较强,抗病性强,田间未发现燕麦黑穗病、红叶病,抗秆锈病和冠锈病。适合西南平坝区冬播种植。

栽培要点:10 月中下旬播种,每 667 m² 基本苗 12 万株,播种时每 667 m² 用复合肥 40 kg作底肥,次年开春进行中耕除草,若苗情弱,每 667 m² 追氮肥 5 kg 左右,生育期中注意排水防涝及杂草防除;蜡熟后期籽粒充分成熟时收获。

2.白燕 11 号

品种来源:吉林省白城市农业科学研究院从加拿大引进的高代材料(引进编号:V9),采用系谱法选育而成。2010 年通过吉林省农作物品种审定委员会审定。主要育种人员:任长忠、郭来春、王春龙、赵忠慧、何峰(任长忠和杨才,2018)。四川农业大学 2011 年引进。

产量表现:该品种在西南平坝区一般产量每 667 m² 产量 170~210 kg,产量表现好。

特征特性:在西南平坝区冬播,生育期 190 d 左右。幼苗直立,苗期叶片鲜绿色。株型紧凑,叶片中等,株高 129.4 cm。侧散穗型,长芒,颖壳黄色,穗长 20.4 cm,小穗着生密度适中,穗粒重 3.2 g。籽粒长卵圆形,千粒重 19.7 g。适合西南平坝区冬播种植。

栽培要点:10 月中下旬播种,每 667 m² 基本苗 12 万株,播种时每 667 m² 用复合肥 40 kg作底肥,次年开春进行中耕除草,若苗情弱,每 667 m² 追氮肥 5 kg 左右,生育期中注意排水防涝及杂草防除;蜡熟后期籽粒充分成熟时收获。

3.坝莜 6 号

品种来源:张家口市农业科学院于 1988 年以"7613-25-2"为母本,"7312"为父本,通过品种间有性杂交系谱法培育而成,其系谱号为"8836-1-1"。2008年通过河北省科学技术厅组织的鉴定,定名为"坝莜6号"。主要育种人员:田长叶、赵世锋、陈淑萍、温利军、杨才、董占红、李云霞等(任长忠和杨才,2018)。四川农业大学2011年引进。

产量表现:在西南冬播区一般每667 m² 产量200 kg。

特征特性:在西南平坝区冬播,生育期210 d左右。株型紧凑,叶片中等,株高132.8 cm。周散穗型,短串铃。颖壳黄色,穗长32 cm,小穗着生密度适中,穗粒重3.9 g。籽粒长卵圆形,千粒重25.3 g。适合西南平坝区冬播种植。

栽培要点:10月中下旬播种,每667 m²基本苗12万株,播种时每667 m²用复合肥40 kg作底肥,次年开春进行中耕除草,若苗情弱,每667 m²追氮肥5 kg左右,生育期中注意排水防涝及杂草防除;蜡熟后期籽粒充分成熟时收获。

(二)饲草型品种

1. Nora

品种来源:来源于国际燕麦核心种质资源库,美国阿肯色州育成品种,是美国传统燕麦饲草。

产量表现:在西南冬播区鲜草每667 m²产量约5 092.5 kg,干草每667 m²产量920 kg。

特征特性:皮燕麦,冬性。植株矮壮,株高120 cm左右。耐寒,植株颜色深绿。

栽培要点:10月上旬至中旬播种,每667 m²播种量3.5 kg,播种时每667 m²用复合肥30 kg作底肥,若苗情弱,每667 m²追氮肥5 kg左右。生育期中注意排水防涝及杂草防除,乳熟期收获。

2. IL86-5262

品种来源:来源于国际燕麦核心种质资源库,美国伊利诺伊大学育成品种。

产量表现:在西南冬播区鲜草每667 m²产量约5 221.1 kg,干草每667 m²产量1 014.2 kg。

特征特性:皮燕麦,抗黄矮病。植株高大,株高150 cm左右。

栽培要点:10月上旬至中旬播种,每667 m²播种量5 kg,播种时每667 m²用复合肥25 kg作底肥,若苗情弱,每667 m²追氮肥5 kg左右。生育期中注意排水防涝及杂草防除,乳熟期收获。

3. IL86-5698-3

品种来源:来源于国际燕麦核心种质资源库,美国伊利诺伊大学育成品种。

产量表现:在西南冬播区鲜草每667 m²产量约6 622.2 kg,干草每667 m²产量1 505.7 kg。

特征特性:皮燕麦,抗黄矮病。植株高大,株高150 cm左右。

栽培要点:10月上旬至中旬播种,每667 m²播种量3.5 kg,播种时每667 m²用复合肥20 kg作底肥,若苗情弱,每667 m²追氮肥5 kg左右。生育期中注意排水防涝及杂草防除,乳熟期收获。

4. SA99572

品种来源:来源于国际燕麦核心种质资源库,加拿大萨斯喀彻温大学作物发展中心育成品种。

产量表现:在西南冬播区鲜草每 667 m² 产量约 5 751.9 kg,干草每 667 m² 产量 1 217.1 kg。

特征特性:皮燕麦,株高 140 cm 左右。

栽培要点:10 月上旬至中旬播种,每 667 m² 播种量 3.5 kg,播种时每 667 m² 用复合肥 25 kg 作底肥,若苗情弱,每 667 m² 追氮肥 5 kg 左右。生育期中注意排水防涝及杂草防除,乳熟期收获。

5. Baton AC

品种来源:来源于国际燕麦核心种质资源库,加拿大农业部东部油种中心育成品种。育种人员:Vernon Burrows

产量表现:在西南冬播区鲜草每 667 m² 产量约 3 792 kg,干草每 667 m² 产量 849.6 kg。

特征特性:裸燕麦品种,茎干粗壮,株高 140 cm 左右。

栽培要点:10 月上旬至中旬播种,每 667 m² 播种量 5.25 kg,播种时每 667 m² 用复合肥 30 kg 作底肥,若苗情弱,每 667 m² 追氮肥 5 kg 左右。生育期中注意排水防涝及杂草防除,乳熟期收获。

6. Sylva

品种来源:来源于国际燕麦核心种质资源库,加拿大育成品种。

产量表现:在西南冬播区鲜草每 667 m² 产量约 5 811.5 kg,干草每 667 m² 产量 1 007.6 kg。

特征特性:皮燕麦品种,植株高大,株高 155 cm 左右。

栽培要点:10 月上旬至中旬播种,每 667 m² 播种量 2.25 kg,播种时每 667 m² 用复合肥 30 kg 作底肥,若苗情弱,每 667 m² 追氮肥 5 kg 左右。生育期中注意排水防涝及杂草防除,乳熟期收获。

7. Freddy

品种来源:来源于国际燕麦核心种质资源库,德国育成品种。

产量表现:在西南冬播区鲜草每 667 m² 产量约 5 937.1 kg,干草每 667 m² 产量 1 149.3 kg。

特征特性:皮燕麦品种,植株高大,株高 140 cm 左右。

栽培要点:10 月上旬至中旬播种,每 667 m² 播种量 2.25 kg,播种时每 667 m² 用复合肥 30 kg 作底肥,若苗情弱,每 667 m² 追氮肥 5 kg 左右。生育期中注意排水防涝及杂草防除,乳熟期收获。

8. Heinric

品种来源:来源于国际燕麦核心种质资源库,德国育成品种。

产量表现:在西南冬播区鲜草每 667 m² 产量约 5 556.7 kg,干草每 667 m² 产量 1 111.4 kg。

特征特性:皮燕麦品种,植株高大,株高 140 cm 左右。

栽培要点:10 月上旬至中旬播种,每 667 m² 播种量 2.25 kg,播种时每 667 m² 用复合肥 30 kg 作底肥,若苗情弱,每 667 m² 追氮肥 5 kg 左右。生育期中注意排水防涝及杂草防除,乳熟期收获。

第五章

西南区燕麦高产栽培技术

燕麦一般均种植在瘠薄的旱地，受气候条件、生产条件和品种等的影响，裸燕麦产量低而不稳。大致趋势是随生育期降雨量的变化而变化，降雨多产量就高，反之则低。近年来，燕麦产量得到了较大的提升。据统计，1950 年产量仅 349.5 kg/hm^2，1976 年最高为 1 516.5 kg/hm^2。从 1949 年至 1988 年 40 年平均产量仅 767.2 kg/hm^2。进入 1990 年以后，随着生产条件的改变和优良品种的推广，产量不断上升，目前，裸燕麦平均产量稳定在 1 500 kg/hm^2左右，其中肥沃二阴滩地历年平均产量 3 000 kg/hm^2以上；较肥平滩地和肥坡地历年平均产量 2 250 kg/hm^2左右；瘠薄旱滩地和旱坡地历年平均产量 1 125 kg/hm^2左右（赵世锋等，2007）。

长期以来，西南区燕麦耕作栽培粗放，单产很低，一般亩产 30～40 kg（450～600 kg/hm^2）。因此，从基本的土壤本底调查入手，从施肥量、播期、播种密度等各个方面探讨西南区燕麦高产栽培方案。

第一节　施肥量和施肥方式对产量的影响

氮、磷、钾是影响作物生长发育的最重要的营养因素。氮素在燕麦茎叶生长和籽粒膨大的过程中占据重要地位，燕麦缺氮会引起植株矮小、叶片黄化，花芽生长延迟且数量减少，籽粒膨大受阻，影响产量。作为喜氮植物，燕麦整个生长期对氮肥的要求较高，总氮量相同的条件下，分次追施能够充分利用氮素避免浪费，更能为燕麦整个生育期提供氮素，尤其在拔节期和孕穗期追施氮肥，有利于茎秆的发育和籽粒灌浆膨大，提高产量。燕麦生长后期要控制施肥量，以避免因氮肥施用过多导致燕麦倒伏。钾素对植物转化碳水化合物，促进氮的吸收和蛋白质的合成中起着重要作用。钾元素主要在调节植物气孔开闭和维持细胞膨胀压方面具有专一的功能，能促进植株茎秆健壮，增加植株的抗倒伏能力，同时钾元素除了不同程度地提高产量以外，还可以使养分保持平衡，促进植物对其他养分的吸收和生长发育，尤其是开花期以后对提高作物有效分蘖数，提高单位面积产量具有非常重要的作用。合理施用氮、钾肥能有效促进植株发育和光合产物的合成，提高籽粒产量和蛋白质含量。合理搭配并控制肥料用量既能增加燕麦产量，又能有效减轻化肥过量施用带来的污染。

一、西南区土壤肥力状况

在西南燕麦的集中产区分别于播种前和收获后取代表性土样测定有机质、全氮、有效氮、速效磷、速效钾和pH。取样样品为有代表性的土壤耕作层(0~20 cm)平均混合土样,每个样品为5点混合样(表5-1)。

表 5-1　土壤养分分级标准

级别	有机质/%	全氮/%	速效氮/(mg/kg)	速效磷/(mg/kg)	速效钾/(mg/kg)
1	>4	>0.2	>150	>40	>200
2	3~4	0.15~0.2	120~150	20~40	150~200
3	2~3	0.1~0.15	90~120	10~20	100~150
4	1~2	0.07~0.1	60~90	5~10	50~100
5	0.6~1	0.05~0.75	30~60	3~5	30~50
6	<0.6	<0.05	<30	<3	<30

(一)土壤 pH

土壤 pH 对作物的生长、微生物的活动、养分的有效化及土壤的物理性质都有很大的影响。燕麦生长的最适 pH 范围为 6.0~6.5。从表 5-1 可看出,西南区燕麦产区土壤 pH 变幅为 6.59~4.53,其中 pH<5 的土样为 2.6%,pH 5.0~6.5 的土样占 94.8%,pH>6.5 的占 2.6%,土壤绝大部分属酸性土,较适合燕麦生长。

(二)土壤有机质

土壤有机质是植物营养的主要来源之一,也是土壤肥力水平重要体现。产区的有机质变幅为 10.79%~1.79%,平均为 4.62%。有机质含量>4% 的土样占 61.5%,含量 3%~4% 的土样占 12.8%,含量 2%~3% 的土样占 5.2%,含量 2% 以下的土样占 20.5%。因此西南区整体土壤有机质较为丰富,按表 5-1 所示的土壤养分分级标准,有机质含量 1 级、2 级以上的土壤占了 74.3% 以上,属丰富和较丰富水平。

(三)土壤全氮

土壤中的有机氮和无机氮之和称之为全氮,也是土壤肥力水平的指标之一。西南燕麦主产区内全氮的变幅为 0.439 0%~0.088 5%,平均 0.22%,其中全氮含量>0.2% 的土样占 59%,含量在 0.15%~0.2% 之间的土样占 15.3%,含量在 0.1%~0.15% 之间的土样占 5.2%,含量 0.1% 以下的土样占 20.5%。按表 5-1 所示的土壤养分分级标准,产区里全氮含量 1、2 级以上的土壤占 74.3% 以上,属丰富和较丰富水平。

（四）土壤速效氮

速效氮的含量反映了土壤的供氮能力。西南燕麦主产区的速效氮含量变幅为 336.42～165.06 mg/kg，平均 298.92 mg/kg，按表 5-1 所示的土壤养分分级标准，所有土样 1 级，含量＞150 mg/kg，属丰富水平。

（五）土壤速效磷

速效磷的含量反映了土壤的供磷能力。西南燕麦主产区的速效磷含量变幅较大，在微量～131.95 mg/kg 之间，平均 25.40 mg/kg，其中＞40 mg/kg 的土样占 23.1%，含量 20～40 mg/kg 之间的土样占 23.1%，10～20 mg/kg 之间的土样占 12.9%，10 mg/kg 以下的土样占 41.1%。结合土壤养分分级标准可以看出，西南燕麦主产区速效磷含量在 3、4 级以下的土壤占了 54%，属中等偏下水平。

（六）土壤速效钾

速效钾的含量直接影响作物的产量和品质。西南燕麦主产区的速效钾含量变幅为 649.57～8.55 mg/kg 之间，平均 199.82 mg/kg，其中＞200 mg/kg 的土样占 46.2%，150～200 mg/kg 之间的土样占 7.7%，100～150 mg/kg 的土样占 20.6%，100 mg/kg 以下的土样占 25.7%。按表 5-1 所示的土壤养分分级标准，西南燕麦主产区速效钾含量中等偏上，1、2、3 级的土壤占 74.5%。

（七）燕麦土壤播种前和收获后养分对比

燕麦播种前和收获后有机质和全氮含量都有所下降，但降幅不大，这和西南燕麦主产区燕麦播时农户习惯增施有机肥有关，基本满足了燕麦整个生育期对有机质和全氮的需求。

速效氮含量在播种前和收获后持续在中上水平，说明燕麦对氮素肥料的需求量不大，因此要稳施氮肥，氮素肥料过多反而会造成徒长，引起倒伏，从而减产。

速效磷的含量大部分主产区在播种前和收获后都在下等水平，因此在实际生产中需要增施磷肥，以满足燕麦对磷肥的需求。

速效钾的含量在播种前和收获后相比稳中有升，说明燕麦对钾素的需求不大，但钾肥在提高产量和品质方面起重要的作用，要提高钾肥的利用率，在基肥中可不施，在生长中期通过叶面肥补施。

综上所述，西南区燕麦主产区施肥应掌握的总体原则：积极施用农家肥，科学合理施用氮肥和钾肥，因地制宜施用磷肥。

二、不同施肥量对春播燕麦产量的影响

（一）施肥与不施肥

施肥量就单因素对产量的影响不显著，但和播种量交互，对产量影响显著。对于农艺和

产量性状均比较优良的品种,播种密度通过增施肥料对分蘖成穗和个体发育的促进作用,使品种与密度对产量的影响不明显,但施肥有明显的增产效果。在西南区选用品种川燕1号、保罗在处理 B1C3(亩播种 5 kg,施底肥 40 kg＋5 kg 尿素作追肥)下的产量最高分别为139 kg/667 m² 和 106.67 kg/667 m²,而不施肥的产量一般只有 54～70 kg/667 m²。从经济性状看,施肥个体发育较好,有较高的穗粒数和千粒重,这是构成产量的重要因素。

此外,在施肥量分别为 225 kg/hm²、450 kg/hm²、675 kg/hm² 3 个水平的试验中,供试燕麦品种在施肥量为在 450 kg/hm² 下获得较高产量,且产量随施肥量的增加而增加,但增加到一定程度后,随施肥量的增加而减少。结合基肥,施肥量在 225～450 kg/hm² 下可获得较高产量。

(二)微生物菌肥对燕麦生长的影响

以当地主栽品种"川燕1号"为研究对象,以当地施肥量为基准,在此基础上减少化肥用量,代之以微生物菌肥。将试验小区燕麦播种量的 3/5 种子用提供的菌肥于播种前拌种,先喷洒自来水使种子表面湿润,再用提供的菌肥 1 袋均匀拌种。微生物菌肥拌种对出苗和分蘖基本无影响。在成熟期测定植株自然高度,以菌＋75％化肥的植株高度最高,其次是全量化肥和菌＋50％化肥,以对照和只施菌肥的株高更矮,因此适量化肥＋微生物菌肥拌种可以促进燕麦个体生长发育(表 5-2、表 5-3)。

表 5-2　微生物菌肥对燕麦出苗、分蘖和株高的影响

处理	出苗情况/(万/667 m²)	有效分蘖数/(个/m²)	株高/cm
A(全化肥)	56.8	747.5	106.5
B(菌＋50％化肥)	40.2	743.3	105.1
C(菌＋75％化肥)	32.4	618.2	109.6
D(CK)	52.7	864.1	102.4
E(菌)	33.7	593.9	101.9

表 5-3　试验各处理的燕麦草鲜重和干重　　　　　　g/(30 cm×33 cm)

处理	拔节期		开花期		灌浆期		成熟期产草量	
	鲜重	干重	鲜重	干重	鲜重	干重	样方	折亩产/kg
A(全化肥)	69.9	21.4	350.4	116.9	179.4	78.5	50.33	338.9
B(菌＋50％化肥)	76.2	22.1	305.6	88.4	258.8	114.7	45.33	305.3
C(菌＋75％化肥)	80.0	20.5	280.2	81.1	255.1	100.4	69.00	464.7
D(CK)	41.3	14.0	267.4	90.1	193.2	88.0	42.33	285.1
E(菌)	45.7	16.8	262.6	78.0	141.9	80.5	48.33	352.5

微生物菌肥对燕麦籽粒产量也有较大影响，菌＋75％化肥(处理 C)的产量最高，折合亩产 186.2 kg，较 CK(处理 D)增产 18.3％，单用微生物菌肥拌种(处理 E)折合亩产 179.6 kg，比 CK 增产 14.1％，说明微生物菌肥拌种确有减少化肥施用量和增产作用(表 5-4)。

表 5-4　微生物菌肥和化肥对燕麦籽粒产量的影响

处理	样方/(30 cm×33 cm)			平均	小区产量/(kg/30 m²)			平均	折亩产/kg
	Ⅰ	Ⅱ	Ⅲ		Ⅰ	Ⅱ	Ⅲ		
A(全化肥)	27.5	29.3	29.5	28.8	6.93	8.63	7.75	7.77	172.7
B(菌＋50％化肥)	27.2	19.5	31.2	26.0	7.35	6.50	6.50	6.78	150.7
C(菌＋75％化肥)	36.5	44.7	39.8	40.3	8.88	7.25	9.00	8.38	186.2
D(CK)	27.5	22.8	21.3	23.9	6.25	7.00	8.00	7.08	157.4
E(菌)	20.5	34.0	23.8	26.1	6.75	10.75	6.75	8.08	179.6

因此，在西南区，微生物菌肥拌种对减少化肥施用量，促进燕麦个体发育，增加燕麦干重、饲草产量和籽粒产量有一定的作用。菌肥拌种施用方法简便易行，有一定的推广价值。

(三)燕麦 3414 肥效试验

采用"3414"完全实施方案设计，氮、磷、钾 3 因素、4 水平，共 14 个处理(表 5-5)。试验设计中的 2 水平为 667 m² 施尿素 6 kg、过磷酸钙 40 kg、硫酸钾 4 kg。三种肥料在室内按照处理组合称量编上小区号，全部以底肥播种时一次施完。

各处理随机区组排列，3 次重复，小区面积 20 m²(2.5 m×8.0 m)，每小区播种 10 行，行距 0.33 m。参试种"白燕 2 号"，以 667 m² 有效发芽种子 32 万苗，田间出苗率 80％计算，按行称量播种，小区间留 0.4 m，重复间 0.5 m 隔离沟防止串肥。

表 5-5　试验处理表

编号	NPK 组合	施肥量/(kg/667 m²)			小区施肥量/(kg/20 m²)		
		尿素	过磷酸钙	硫酸钾	尿素	过磷酸钙	硫酸钾
1	$N_0P_0K_0$	0	0	0	0	0	0
2	$N_0P_2K_2$	0	20	6	0	0.60	0.18
3	$N_1P_2K_2$	4	20	6	0.12	0.60	0.18
4	$N_2P_0K_2$	8	0	6	0.24	0	0.18
5	$N_2P_1K_2$	8	10	6	0.24	0.30	0.18
6	$N_2P_2K_2$	8	20	6	0.24	0.60	0.18
7	$N_2P_3K_2$	8	30	6	0.24	0.90	0.18
8	$N_2P_2K_0$	8	20	0	0.24	0.60	0
9	$N_2P_2K_1$	8	20	3	0.24	0.60	0.09

续表 5-5

编号	NPK 组合	施肥量/(kg/667 m²)			小区施肥量/(kg/20 m²)		
		尿素	过磷酸钙	硫酸钾	尿素	过磷酸钙	硫酸钾
10	$N_2P_2K_3$	8	20	9	0.24	0.60	0.27
11	$N_3P_2K_2$	12	20	6	0.36	0.60	0.18
12	$N_1P_1K_2$	4	10	6	0.12	0.30	0.18
13	$N_1P_2K_1$	4	20	3	0.12	0.60	0.09
14	$N_2P_1K_1$	8	10	3	0.24	0.30	0.09

1.主要生育期及抗逆性

各处理生育期差别不大,只是前后 3 d,其中不施 P 肥的处理生育期延迟(表 5-6)。倒伏主要集中在 N_2 和 N_3 处理,可见随着施 N 量的增加,在增产的同时也增大了生育后期倒伏减产的可能性。

表 5-6　主要生育期及抗逆性

编号	处理	生育期(月-日)						生育期/d	倒伏比例/%
		播期	出苗	分蘖	拔节	抽穗	成熟		
1	$N_0P_0K_0$	4-16	4-28	5-20	6-3	6-24	8-3	98	
2	$N_0P_2K_2$	4-16	4-28	5-20	6-3	6-23	8-1	96	
3	$N_1P_2K_2$	4-16	4-28	5-17	6-1	6-18	8-3	98	
4	$N_2P_0K_2$	4-16	4-28	5-20	6-3	6-18	8-4	99	1.7
5	$N_2P_1K_2$	4-16	4-28	5-20	6-3	6-18	8-2	97	10.0
6	$N_2P_2K_2$	4-16	4-28	5-20	6-3	6-18	8-2	97	8.3
7	$N_2P_3K_2$	4-16	4-28	5-16	6-1	6-18	8-1	96	
8	$N_2P_2K_0$	4-16	4-28	5-16	5-31	6-18	8-2	97	13.3
9	$N_2P_2K_1$	4-16	4-28	5-18	6-2	6-19	8-1	96	3.3
10	$N_2P_2K_3$	4-16	4-28	5-18	6-2	6-19	8-3	98	8.3
11	$N_3P_2K_2$	4-16	4-28	5-18	6-2	6-19	8-2	97	26.7
12	$N_1P_1K_2$	4-16	4-28	5-20	6-2	6-18	8-1	96	
13	$N_1P_2K_1$	4-16	4-28	5-17	5-31	6-18	8-3	98	
14	$N_2P_1K_1$	4-16	4-28	5-20	6-2	6-18	8-1	96	

2.不同施肥处理的产量和经济效益分析

因当年雨水较多部分小区倒伏对产量有一定影响,对不同施肥处理的经济效益分析,其中 $N_2P_2K_3$ 净增产最高(表 5-7)。

表 5-7　燕麦不同施肥处理的经济效益分析表

试验处理	产量 /(kg/667 m²)	产值 /(元/667 m²)	增产值 /(元/667 m²)	化肥投入 /(元/667 m²)	净增收 /元	产投比
$N_0P_0K_0$	97.58	585.5		0.0		
$N_0P_2K_2$	87.21	523.3	132.9	34.2	98.7	3.89
$N_1P_2K_2$	109.45	656.7	266.4	42.6	223.8	6.25
$N_2P_0K_2$	81.59	489.5	99.2	39.0	60.2	2.54
$N_2P_1K_2$	96.60	579.6	189.3	45.0	144.3	4.21
$N_2P_2K_2$	110.82	664.9	274.6	51.0	223.6	5.38
$N_2P_3K_2$	117.08	702.5	312.2	57.0	255.2	5.48
$N_2P_2K_0$	102.85	617.1	226.8	28.8	198.0	7.87
$N_2P_2K_1$	96.91	581.5	191.1	39.9	151.2	4.79
$N_2P_2K_3$	135.57	813.4	423.1	62.1	361.0	6.81
$N_3P_2K_2$	79.28	475.7	85.4	59.4	26.0	1.44
$N_1P_1K_2$	100.33	602.0	211.7	36.6	175.1	5.78
$N_1P_2K_1$	106.56	639.4	249.0	31.5	217.5	7.91
$N_2P_1K_1$	94.75	568.5	178.2	33.9	144.3	5.26

注:以当年市场价,燕麦 6 元/kg、尿素 2.1 元/kg、过磷酸钙 0.6 元/kg、硫酸钾 3.7 元/kg 计算。

对以上施肥处理,施肥效应单因素三因素方差分析得到的经济施肥量、最大施肥量进行经济效益产投分析(表 5-8),结果表明:单施一种化肥时,以施过磷酸钙 39 kg/667 m² 为经济施肥量,产量 120.65 kg/667 m²,净增收为 310.1 元/667 m²,这同生产上农户的经验比较一致,即只施 P 肥,不施 N、K 肥,既有较好的净增收,又有一定的抗倒伏作用,而且根据对西南区多数种植燕麦的土壤养分测定,相对缺有效磷,该施肥方案为配方施肥的较好方案;N、P、K 三种肥料都施用时,以处理 $N_2P_2K_3$ 为经济有效施肥处理组合,即尿素 8 kg、过磷酸钙 20 kg、硫酸钾 9 kg/667 m²,产量 135.57 kg/667 m²,净增收 361.0 元,在易倒伏地区,该处理组合值得推广;3 种化肥都施用时,根据试验得出的回归方程计算,最大施肥量组合为:尿素 17 kg、过磷酸钙 105.9 kg、硫酸钾 23.6 kg/667 m²,产量 167.29 kg/667 m²,净增收为 426.2 元/667 m²,虽然产量和净增收最高,但该组合为理论分析得出的方案,3 种肥料特别是 P 肥施用量较大,偏离生产实际,而且 N、K 肥施用量较高,易倒伏,生产上不建议使用。

表 5-8　施肥效应单因素、三因素的经济、最大施肥量经济效应分析表

试验处理		产量 /(kg/667 m²)	产值 /(元/667 m²)	增产值 /(元/667 m²)	化肥投入 /(元/667 m²)	净增收 /元	产投比
$N_0P_0K_0$(CK)		97.58	585.5		0		
$N_2P_2K_3$		135.57	813.4	423.1	62.1	361.0	6.81
三因素	经济	107.06	642.3	252.0	33.9	218.1	7.43
	最大	167.29	1 003.8	613.4	187.3	426.2	3.28
单因素	N 经济	113.51	681.0	290.7	112.4	178.3	2.59
	N 最大	113.59	681.5	291.2	119.0	172.2	2.45
	P 经济	120.65	723.9	333.6	23.5	310.1	14.20
	P 最大	120.90	725.4	335.1	25.6	309.6	13.12
	K 经济	97.85	587.1	196.8	8.5	188.3	23.04
	K 最大	98.11	588.6	198.3	10.6	187.8	18.80

根据以上分析,得出西南区燕麦播种的施肥建议:在西南区,由于其特殊的地理气候条件,随着施 N 量的增加,在增产的同时也增大了在生育后期由于雨水多而倒伏减产的可能性,一旦燕麦发生较大面积的倒伏,施肥量的增加则得不偿失。因此,在西南区的播种施肥需考虑当地雨情适量施肥,确保化肥投入增效。

三、不同施肥量对冬播燕麦产量的影响

燕麦是无限花序作物,只要条件适宜,就可以增加小花数和小穗数,从而增加籽粒的产量(黄相国和葛菊梅,2004)。大量试验表明,施肥量对产量构成因素如穗粒重、有效穗数影响显著($P<0.05$)(贾志峰等,2007;德科加,2009;鲍根生等,2010)。因此,施肥量是燕麦产量的重要因素之一。在西南平坝区冬播燕麦区进行施肥试验的结果表明,供试的燕麦品种有效穗数、株高、生育期以及产量均随着施肥量的增加而增加,但增加幅度随着施肥量的增加而逐渐降低(周萍萍等,2015)。鲍根生等(2010)研究施肥对青藏高原地区燕麦产量的影响结果同样表明,施 N 和施 P 均能提高穗数、穗粒数、千粒重、穗粒重、种子产量。西南平坝冬播区在 825 kg/hm² 施肥水平下的平均产量最高。然而,但该施肥水平的燕麦产量与在 600 kg/hm² 施肥水平下的平均产量并无显著($P>0.05$)差异,故从经济效益角度来考虑,施肥量控制在 600 kg/hm² 左右更为适宜,能够获得最高的经济收益。

第二节　播　　期

适时播种是使苗全、苗壮、争取高产的重要因素。大量研究表明不同播期对燕麦的产量影响显著。王盼忠和刘英(2001)等的研究发现,由于燕麦的播期不同,各生育阶段所经历的时间也

不相同,差异显著,尤其是从出苗到抽穗所经历的天数差异最大,在其他条件相似的情况下,播期是影响燕麦生育期长短的主要因素。随着播期的由早到迟,燕麦的有效分蘖、单株铃重呈现出由低到高,又由高到低的变化规律。燕麦生育期、高度、产量与气象条件的关系密切,产量的形成必须要有一定的水热条件。过早播种,会使燕麦的需水关键期与感温关键期错过降雨高峰期与适宜温度期。过晚播种,会使燕麦分蘖穗直至收获时不能成熟,花期温度过高会导致灌浆期缩短种子不能完全灌浆成熟,籽粒发育不完全,影响籽粒的产量和品质。适宜的播期既要保证一定的营养生长时期,又要给开花灌浆到成熟留下足够的时间,完成营养物质的合成与运输,能充分利用自然条件中的有利条件,避开不利因素,从而实现高产的目标。

一、春播燕麦适宜播期

通过多年在西南区进行的不同播期对春播燕麦产量影响的试验表明,播期对春播燕麦的产量并无太大的影响。主要由于西南区高寒春播生态型所处的地理位置一般为亚热带季风气候的高山地区,气温随海拔高低分异明显,干湿季节分明,雨热同季,每年3—5月雨水较少,所以不同的播期所播材料通常都等着雨季来临后统一出苗,基本没有出苗时间的差异,因此在此区域播种一般都根据实际的天气情况,选择雨季来临前适时播种。

根据调查和试验,西南高寒山区的燕麦多为春播,播种日期在3月中下旬,生育期为120～170 d,这与云南、贵州、四川三省为弱冬性燕麦区,多为秋播,翌年7—8月收获,生育期230～250 d报道并不一致。在高寒山区,燕麦多为春播,且生育期低于200 d。

二、冬播燕麦适宜播期

在西南平坝冬播区,燕麦的适宜播种期为每年的10月中下旬。试验表明,播期对燕麦品种有效穗数、株高、生育期及产量影响显著($P<0.05$)。早播比晚播的生育期长,产量更高。燕麦在平坝区的播种时间要稍微早于当地小麦的播种时间,霍晓阳等(2012)研究播期和播种量对沈农燕麦1号产量的影响结果同样表明播期对沈农燕麦1号的生育期影响显著($P<0.05$)。这可能跟适当早播增加了植株的生长时间有关。生育期越长,更有利于干物质积累有关,从而使产量增加(王盼忠和刘英,2001)。早播时,燕麦有效穗数比晚播时多。吴娜等(2008)研究播期对燕麦产量的影响,结果表明,随着播期的推迟,裸燕麦分蘖力相对减弱,从而导致有效穗数的降低,最终影响燕麦产量。考虑西南平坝区光温水条件的具体实际,燕麦在平坝冬播区的最佳播种时间为10月中下旬。

第三节 播 种 密 度

一个种群密度的大小对其中个体植株的影响很大,这种影响主要通过种内竞争来实现。种群密度的大小不同,其种内个体之间的竞争压力不同,从而导致种群内个体改变的程度也不相同。种群密度越大,其个体对资源的竞争相较于种群密度小的更加激烈。这是由于种群密度过大,使得个体植株所获得的资源和生长空间份额较小,从而引起植株的碳水化合物积累受限,导致个体的生长发育受阻。播种密度主要影响燕麦分蘖数、有效穗数及穗粒重,从而影响籽粒产量。过高的密度限制了燕麦的分蘖能力,单株燕麦分蘖数将随着密度升高而减少,同时还会影响穗粒数和穗粒重随着播种密度的增加而减少,穗粒数变少且空壳率增加,穗粒重减轻,但密度对燕麦的千粒重及单株平均高度影响不显著(乔有明,2002)。

一、春播燕麦适宜密度

在西南燕麦高寒春播区,进行了 18 万苗/667 m^2、24 万苗/667 m^2、30 万苗/667 m^2 和 36 万苗/667 m^2 4 个种植密度的比较试验,结果表明:30 万苗/667 m^2 和 36 万苗/667 m^2 产量平均数最高,且在 5% 的水平上没有显著差异,其余各播种密度产量间差异显著。说明燕麦在春播区种植要合理密植,只有足够的基本苗才能保证有较高的有效穗,从而得到高产。种植密度较小时虽然植株长势健壮,但是其单位面积有效穗较低,导致产量不高。因此,春播区燕麦种植密度在 30 万~36 万苗/667 m^2 为宜。

二、冬播燕麦适宜密度

王盼忠和徐惠云(2006)研究表明,在适宜的播种量水平下,燕麦的产量构成因素之间协调较好,产量最高,若播种量过大,由于穗粒数和粒重下降造成的产量损失大于穗数增加所得的补偿,从而造成减产;反之,播种量过小,单位面积上有效穗数减小,穗粒数和粒重虽然有所增加,但得不偿失,导致减产。在西南平坝冬播燕麦区的试验结果表明,播种量在 180 万株/hm^2 时有效穗数低于 270 万株/hm^2,但最终产量却更高。在冬播区播种量在 180 万~360 万株/hm^2 的燕麦产量差异不显著($P > 0.05$),这可能与燕麦产量构成因素间的协调有关。西南平坝区光照相对较弱,但燕麦生育期长,因此燕麦单位面积总穗数小于高光照地区,而对大穗型和重穗型等单穗粒重较大的品种来说,更能充分发挥其生长潜能。考虑实际的经济效益和投入产出比,西南区冬播燕麦播种量控制在 180 万株/hm^2 左右最为合适(周萍萍等,2015)。

第四节　西南区燕麦高产栽培技术

一、高寒春播区燕麦高产栽培技术

通过多年的包括播期、施肥和播种密度在内的多因素多水平栽培试验,结合病虫草害防治的相关研究,总结农民种植经验,考虑西南种植区的生产、自然和人文条件,基于化肥农药减量化和病虫草害绿色防控,集成燕麦绿色栽培技术。

(一)种子处理

1.选种

选用通过国家或者四川省审定的适合当地生产条件的高产、优质、适应性和抗病性强的优良品种,在春播区选用"川燕麦1号""白燕11号""白燕2号"或当地优良品种"阿坝都"等。种子质量符合标准,纯度不低于96%,净度不低于97%,发芽率不低于85%,含水量不高于13%。

2.晒种

成熟度高、籽粒饱满的种子在播前晴朗天气晒2~3 d,每日翻动3~4次。

3.药剂拌种

对不抗黑穗病的品种选种、晒种后,用50%甲基托布津或多菌灵以种子重量3倍的用药量拌种,预防黑穗病。

(二)播种

1.合理密植

中等肥力土壤,春播每亩基本苗要达30万才可以保证产量和抑制杂草,小籽粒品种每亩用种量7~10 kg,大籽粒品如白燕2号每亩用种量10~12 kg。

2.播种期

春播在3月下旬至4月中旬(清明前后)播种。

3.播种方式

各地的地形、土质、种植制度和耕作栽培水平差异很大,故播种方法也各不相同。

条播:人工条播或牛犁条播,6 m开厢,行距30~33 cm。条播以南北垄为好。

点播:人工点播或牛犁点播,6 m开厢,行距30~33 cm,窝距15~20 cm,每窝下种20~30粒,每窝撒施适量底肥。

开厢匀播:先耕地再开箱,厢宽6 m,沟宽33 cm,按照亩播种量称量均匀撒播,再耙平。撒播操作简单方便,缺点在于覆土厚度不一,通常出苗不齐,出苗后不易人工除草。

(三)施肥与田间管理

1.底肥

亩用土杂肥500 kg、复合肥(有效养分≥45%)30 kg作底肥。

2.追肥

三叶至拔节前看苗施追肥,幼苗叶色深绿、长势健壮可不追肥,如果苗弱,亩用尿素5 kg提苗。

3.除草

燕麦生长前期缓慢,禾本科和阔叶杂草都很严重,如控制不严,将严重减产甚至绝收。在燕麦苗高 10～15 cm 时,抓紧时间人工除草结合追肥 1～2 次,严格控制杂草。

4.病虫害防治

燕麦的主要虫害是黏虫、蚜虫,病害是锈病、白粉病、红叶病和黑穗病。黏虫在西南春播区发生较重,每平方米虫量 50 头时,进行药剂防治,可选用 0.6％苦参碱水剂 600 倍液喷雾。蚜虫百株蚜量 500 头时,用 70％吡虫啉水分散粒剂 4 000 倍液喷雾,还可以防止蚜虫传播红叶病。选择抗病良种白燕系列对以上几种病害有较好的抗性,一般不需药剂防治。如果锈病、白粉病发生时,用戊唑醇悬浮剂、嘧啶核苷水剂进行防治。

(四)收获贮藏

1.收获

燕麦穗变黄,上、中部籽粒变硬,黄熟期时,抓紧晴好天气及时收割、脱粒,籽粒晾晒 1～2 d,将含水量控制在 13.5％以下。

2.贮藏

成品堆放在清洁、干燥、通风、无鼠虫害的地方,必须有垫板,离地 10 cm、离墙 20 cm 以上。

二、平坝冬播区燕麦高产栽培技术

(一)耕作技术

西南地区土壤主要以酸性黄壤、紫色壤、黄棕壤为主,成都冲击平原地区土壤条件好,耕层深厚,但西南地区以山地丘陵地形为主,其特点是耕层薄,易板结,土壤结构差,黏性重,保肥保水力弱。燕麦具有很强的抗逆性,对土壤的要求较为宽松,但要获得较高的籽粒产量,宜选择土壤耕层深厚、疏松肥沃、土壤墒情好的平坦地块,壤土或沙壤土最佳。山地地区因条件所限,平坦地块较少,应更注重土壤因素,尽量选择耕层深厚的地块,后期注重土壤保持墒情。所选地块在前茬作物收获后尽快深翻深耕,可以有效在秋雨季保水,保持播种时地块土壤条件良好。在用播种前耙地,做到深耕细耙,可施用腐熟有机肥作为底肥,后期测土配方施肥。

影响燕麦籽粒产量最直接的因素是燕麦籽粒的穗部性状,平坝区由于光照原因总穗数会小于北方,但由于冬播生育期更长,因此穗部的小穗数和籽粒大小至关重要,对产量的直接贡献最大。种植燕麦应当依据当地的实际生产需求和自然生态环境,选择适应性强、籽粒产量高、颗粒饱满、单穗粒重大的品种。同时要结合土壤条件选择适宜的品种。例如土壤肥力较薄的地块,宜选择根系较多的品种,在水肥条件良好的土壤中,宜选种喜肥水的品种。

播种前对种子进行整理挑选,选择头年种子最宜。播种前 1～2 d 充分晾晒,可利用紫外线杀死种子表面的病菌,促进种子内部酶的活动,增加种皮透性,提高种子的发芽率,降低其染病可能性。用种子量0.2％的拌种霜或0.15％拌种灵进行拌种,可防治燕麦黑穗病(东保柱等,2015)。用33.5％喹啉铜悬浮剂拌种对燕麦散黑穗病病原菌冬孢子萌发抑制率为100％,且对种子发芽、干物质积累、根系生长具有促进作用(张玉霞等,2015)。吡虫啉拌种皮燕麦300 mL/50 kg、吡虫啉拌种裸燕麦100 mL/50 kg可以有效防治蚜虫,预防和减少蚜虫引起的燕麦红叶病(胡凯军等,2010)。

(二)播种

1.播期

西南地区的燕麦属于弱冬性燕麦,能够越冬生长。研究表明,西南冬播区适时早播能够增加燕麦的分蘖数和有效穗数,延长生育期,促进干物质的积累,利于提高产量,以每年10月中下旬播种为宜。

2.播种密度

在西南平坝区成都平原进行燕麦籽粒高产栽培试验结果表明,12万株/667 m² 是西南平坝区较为合适的播种密度。

要保证燕麦田快的充分利用,燕麦出苗齐全壮实,提倡宽幅疏株密植,采用开沟条播或者穴播的方式,行距30～40 cm。开沟条播要保证撒种时落籽疏散均匀,穴播株距20 cm,每穴4～6粒种子,播后覆土3～5 cm,既利于出苗又可防止鸟害。平坦地块可采用机械化播种。

(三)施肥与田间管理

1.底肥

亩用复合肥(有效养分≥45％,N:P:K＝1:1:1)40 kg作底肥。

2.追肥

三叶至拔节前看苗施追肥,幼苗叶色深绿、长势健壮可不追肥,如果苗弱,亩用尿素5 kg提苗。

3.除草

随着燕麦种植面积的扩大,对种植要求的不断提高,使得草害问题得以重视,杂草不仅与燕麦争水争光争生存空间,阻碍了燕麦生长,减少产量,还会对收获过程造成困难,所以早期除草并保持除草效果非常重要。目前市面上常见的除草剂以小麦大麦为主,尚未有国家注册的用于燕麦田除草的除草剂,除草剂的不当使用会影响植物叶片进行正常的光合作用,生长受到抑制(胡战朝等,2012)。当前较为常用的用于燕麦田的化学除草剂主要有苯磺隆、2,4-D丁酯等,但存在除草效果不彻底的情况。人工除草效率低下,成本高但是除草效果好。所以当前燕麦田除草主要采用化学除草剂和人工除草相结合的方式。例如苯磺隆的施用,在燕麦三叶期至拔节期,杂草苗前或苗后早期施药,一般用药量10％苯磺隆可湿性粉剂10～20 g/亩,兑水量15～30 kg,均匀喷雾杂草茎叶。苯磺隆活性高,所以杂草幼时低剂量就能达到较好的除草效果,杂草生长较大后要提高浓度使用。每季燕麦只能使用一次苯磺隆,在土壤中残留时间约60 d。使用苯磺隆除去一年生阔叶型杂草后,结合人工除草除去剩余杂草就能得到理想的除草效果。2,4-D丁酯是一种选择性很强而有内吸传导作用的除草剂,主要用于小麦田,防除阔叶杂草,对禾本科杂草无效,所以也可以用于燕麦田杂草的防治。在燕麦越冬后返青期施用,每亩用72% 2,4-D丁酯乳油40~50 mL,加水25~30 kg均匀喷雾。2,4-D丁酯挥发性强,尤其是在有风天气,对周围的双子叶作物危害性强,容易对燕麦产生药害,药害表现为抽穗后穗子发育不完全(徐春红等,2010)。

4.灌水

水肥联合作用是影响作物产量的主要因素。水和肥之间存在着明显的交互作用,水分不足会严重影响肥效的正常发挥,水分过多会导致肥料的淋溶损失,导致作物减产,因此要保证作物的高产优质,在保证肥料配比合适施用得当的条件下还要满足水分条件的合理搭配。随着燕麦植株的生长发育,地上冠层不断增大,光合作用增强,植株蒸腾耗水量增大,对水分的需求量不断增加,灌浆中期需水量达到峰值。同一施氮水平下,燕麦产量随着灌水量的增大而显著增加(冯福学等,2017)。在拔节到灌浆期对水量的需求量大,其间要注意补充水分。西南平坝区冬季在燕麦拔节至灌浆期间通常会遭遇干旱,降雨较少,应针对具体的降水情况对植株进行灌溉,补充必要的水分,提高燕麦产量。

5.病虫害防治

病虫害是影响燕麦高产的两个主要因素,病害是燕麦抗性改良的一个主要目标。燕麦叶部、茎部病害发生普遍,危害严重。燕麦病害直接导致经济产量的损失,严重时导致植株死亡。燕麦主要病害包括生理性病害、真菌病、细菌病、病毒型病害。当前燕麦病害中,已知国内病害主要以真菌型病害为主。西南平坝区的主要病害为由于环境不适引起的非寄生性生理病害和燕麦黑穗病、冠锈病。

生理病害通常表现两种症状。一是生理性枯萎病:由于生长期间湿度、肥料及其他因素不平衡导致。因为西南平坝区冬播与传统春播在具体物候环境存在差异,因此在穗分化或授粉期间,不适的环境条件会让植株新陈代谢受到干扰,大多呈现白色"花稍",特别是靠近圆锥花序基部,形成空穗不结籽实,因而影响产量。此种情况需要根据田间环境情况,进行水肥调和,同时也可根据实际的气候情况稍微调整播期来拟合燕麦生长所需的光温水条件。二是生理性干叶斑病(灰斑病),感染部分多为叶部,感染后呈现浅绿色至灰色,随着感染加深,颜色转变为淡黄或淡褐色。品种和土壤墒情影响着病斑的面积和感染程度。病后使株高降低,叶片变小直立,整株燕麦矮小纤弱,产量大幅度减少(魏嘉典,1981)。西南平坝区雨季雨水较多,要注意排水,以免影响产量。

燕麦坚黑穗病属幼苗侵染类型。病粒随燕麦脱粒被打碎,散出病菌厚垣孢子,附着在种子表面休眠(越冬越夏)和传播,成为主要侵染源(谭荫初,2000)。种子和土壤中的病菌孢子,在燕麦种子萌发后,侵入幼苗,并随植株的生长发育而蔓延到全株,最后侵入穗部产生孢子,形成黑穗,成为下一年的侵染源。特别是在西南平坝冬播区土壤湿度大温度低的时候发病尤为严重。根据燕麦坚黑穗病的特点,通过采取综合农艺措施、实施植物检疫措施、建立无病种子田、选用抗病品种、轮作倒茬压低菌源、播前晒种、严格按照操作规程进行播前药剂拌种、对跨区作业进境收割机进行监管,经过3~4年治理,燕麦坚黑穗病可以得到控制和消灭。

散黑穗病是我国燕麦产区最普遍、严重的真菌性病害之一,由黑粉菌(*Ustilago avenae*)

引起。病株直立矮小,无分蘖或分蘖数少,根系生长弱(张玉霞等,2015)。该病原菌首先侵染花器,子房变为孢子堆,随后子房壁破裂黑粉散出,剩下弯曲的穗轴,既减少燕麦种子产量,也影响秸秆的产量和品质。

冠锈病是西南平坝冬播区的常见病害,主要危害叶及叶鞘,有时茎干及穗亦可受害。胞子堆初呈粉红色,后变橙黄色,椭圆形,聚集后成不定型大斑。冬胞子堆黑色,冬胞子上部细胞一项端呈冠状突起,因名冠锈,能够导致燕麦品质及产量的大幅降低。可用戊唑醇悬浮剂、嘧啶核苷水剂进行防治。

燕麦红叶病作为病毒型病害,也是西南燕麦冬播区的重要病害,该病是大麦黄矮病毒(BYDV)引起的病害,通过蚜虫传播,近年来,由于西南平坝区气温变暖、干旱少雨等原因,蚜虫泛滥、燕麦红叶病发生率较高,给生产造成严重威胁。红叶病主要引起燕麦矮化,抑制分蘖,减少穗数,造成不孕以至不能结实(张海英等,2010)。一般采用的防治方法是:①选育抗病和耐病品种。②及时喷灭蚜,控制传毒。③消灭地块周围杂草,控制寄主和病毒来源。④栽培上增施氮、磷、钾肥,合理浇水,可增加燕麦抗病力。⑤用40倍乐果乳油2 000~3 000倍液,80倍敌敌畏乳油3 000倍或50倍辛硫磷乳油2 000倍液喷雾防治,效果可以达到87.7%。⑥对种子进行包衣。

(四)适时收获

由于燕麦花序开花时期不同,从锥形花序的顶部逐渐向下开花,所以同一株燕麦籽粒成熟期不同。应当在穗子上部籽粒完全成熟,下部籽粒进入蜡熟期时收获。尤其四川地区,收获时易遇雨季,应在天晴时尽早及时收获,既可以避免因落粒引起的减产,又可避免籽粒在穗上生芽引起的减产和不利收割。籽粒及时晒干入仓储存。

三、平坝冬播区燕麦饲草栽培

燕麦饲草是牧区或半牧区不可或缺的栽培品种,是家畜在冬季进行饲喂的主要饲草,燕麦环境适应性强、饲用价值优良等优点十分适合高海拔牧区草地畜牧业的发展,通过青刈、干草加工以及青贮等加工方式可以有利缓解季节性缺草的难题;尤其是对于气候严酷、暖季短暂、冷季漫长的高寒牧区来说,种植燕麦饲草更是解决草畜供求季节不平衡和保护草地资源与促进草地畜牧业可持续发展的重要因素。西南平坝冬播区独特的生态气候条件,决定了此生态型的燕麦营养生长旺盛,适宜作为燕麦饲草的生产来源地。

(一)耕作技术

1.整地及选种

燕麦具有很强的抗逆性,对土壤的要求不严,尤其是饲草的种植要求较籽粒更为宽松。但要获得较高的产量,宜选择土壤耕层深厚、疏松肥沃、墒情好的平坦地块,壤土或沙壤土最佳。山地因地形条件所限,尽量选择耕层深厚的地块,后期注重土壤保持墒情。所选地块在前茬作物收获后尽快深翻深耕,可以有效在秋雨季保水,保持播种时地块土壤条件良好。在用播种前耙地,做到深耕细耙,可施用腐熟有机肥作为底肥,后期测土配方施肥。

2.种子播前处理

播种前对种子进行整理挑选,播种前1~2 d充分晾晒,可利用紫外线杀死种子表面的病菌,促进种子内部酶的活动,增加种皮透性,提高种子的发芽率,降低其染病可能性。可用甲拌磷原液100~150 g加3~4 kg水拌种50 kg或者用种子量的0.3％乐果乳剂拌种,可防治燕麦的黄矮病。用种子量0.2％的拌种霜或0.15％拌种灵进行拌种,可防治燕麦黑穗病。用33.5％喹啉铜悬浮剂拌种对燕麦散黑穗病病原菌冬孢子萌发抑制率为100％,且对种子发芽、干物质积累、根系生长具有促进作用(张玉霞,2015)。吡虫啉拌种皮燕麦300 mL/50 kg、吡虫啉拌种裸燕麦100 mL/50 kg可以有效防治蚜虫,预防和减少蚜虫引起的燕麦红叶病。用增产菌不同量进行拌种,结果表明:增产菌对燕麦分蘖数影响显著(P＜0.05),对燕麦植株高度、茎叶比、鲜草产量影响极显著(P＜0.01),最佳拌种量为300 g/hm²(刘欢等,2008)。

(二)播种

1.品种选择

品种是影响燕麦草产量和品质的重要因素,选育和栽培燕麦优质品种是提高燕麦产量和品质的有效途径之一。不同的燕麦品种在其产量构成因素、生长发育、生理和形态指标以及光合生理生态特性方面有显著差别。燕麦品种有冬性和春性之分,不同品种生育期不同,选择合适的品种在适宜地区栽培有其现实意义。株高较高的燕麦品种有其增产的优势,但同时在生产中容易发生倒伏,给机械化生产带来困难,同时也使其产量和品质下降。优良的品种在抗逆性方面也表现出其优势。种植燕麦饲草时要根据地区光、热、水、肥、土等资源条件,因地制宜,合理选择高产优质品种。根据燕麦饲草的利用方式,以直接青刈利用的,应选择以多汁青绿、粗纤维少的品种,要青贮利用的宜秋播,要晒制干草并加工成草块、草捆或草粉等产品的,就要选择干物质产量高、营养物质含量丰富的品种。

2.间套作

作物的种植方式对作物的产量和品种也有重要影响,种植方式一般包括轮作、连作、间作、套作等。单作种植方式下作物群体结构单一,生育期比较一致,田间管理与机械化作业比较方便。间套作由于构成了作物复合群体,空间利用率增加,土地、光能利用率随之增加,但是管理不如单作便利,需要与之相适应的设施。饲用燕麦由于其收获的不是籽粒,生育期比正常收获籽粒的燕麦短,这就使得燕麦饲草在种植中具有一定的灵活性,能够与多种粮用作物或饲用作物进行套作种植,增加土地与光能利用率,从而获得更高的生物产量。由于西南平坝区燕麦是冬播,因此将燕麦饲草与多年生饲用玉米的套作种植,使燕麦饲草与饲用玉米生育期互补,构成作物复合群体,能高效利用各种自然资源,生态多样性得以实现。燕麦单作或间套作都能获得较高的产量。单作种植模式下的燕麦鲜草产量显著低于套作种植,但干草产量在两种种植方式下的差异并不显著,可能是因为套作种植中在燕麦饲草生长的前中期,资源充足,但在燕麦生长后期,饲用玉米与燕麦饲草争夺资源,导致燕麦饲草没有积累更多的干物质(景孟龙,2018)。

3.播种密度的确定及播种方法

影响燕麦饲草产量的因素多样,株高是重要因素之一。在不同播种密度下,株高的差异不显著,是因为在播种密度较小时,个体植株占有的资源和生长空间较大,同时分蘖较多,此时植株除了供给主茎干的生长也要供给分蘖的生长;在播种密度较高时,个体植株占有的资源和生长空间较小,同时分蘖较少,其主要供给主茎干生长,所以在不同播种密度下,植株的株高差异不显著。为了让燕麦能够充分分蘖,积累干物质,宜选择较低的播种密度。成都平原燕麦饲草适宜的播种密度为 3.5 kg/亩左右,该密度能保证燕麦田块的充分利用,燕麦出苗齐全壮实。同时提倡宽幅疏株密植,采用开沟条播或者穴播的方式,行距 30~40 cm。开沟条播要保证撒种时落籽疏散均匀,穴播株距 20 cm,每穴 4~6 粒种子,播后覆土 3~5 cm,既利于出苗又可防止鸟害。平坦地块可采用机械化播种。

燕麦的生长发育与光照有着非常紧密的联系。燕麦的生长发育必须有充足的日照才能进行光合作用,制造营养物质,满足生长发育的需求。适宜的光照条件,就是既要保证一定的营养生长时期,又要给开花灌浆到成熟留下足够的时间,完成营养物质的合成与运输。而随着播期的推迟,燕麦的分蘖力减弱,株高降低,干草产量亦随之下降。西南平坝区冬播燕麦饲草的最佳播期在 9 月底至 10 月初。

(三)田间管理

1.灌水

燕麦在拔节期、抽穗期的需水量较大,此期间缺水会阻碍了植株的正常生长发育,应当及时浇水。在拔节到灌浆期对水量的需求量大,其间要注意补充水分。

2.追肥

在燕麦拔节期,对养分尤其是氮的需求量增大,拔节期追肥可以促进过冬回温后燕麦的迅速生长。合理施用氮、钾肥能有效促进植株发育和光合产物的合成,提高籽粒产量和蛋白质含量。合理搭配并控制肥料用量既能增加燕麦产量,又能有效减轻化肥过量施用带来的污染。

3.除草

燕麦田除草主要采用除草剂除草和人工除草相结合的方式,除草剂一般使用灭双子叶植物的化学除草剂喷施后,若除草效果不彻底,再人工拔除剩余的杂草,就能得到较为理想的除草效果。除草应遵循早除、初除的原则,除草效果较为理想,除草剂也能有充足的时间代谢,避免刈割时有残留。

(四)收获

1.利用方式

燕麦饲草有 3 种利用方式:青刈饲喂、燕麦干草和青贮。青刈燕麦鲜嫩柔软,采食率高,是直接高效的利用方式,但贮存时间短,所以通常将燕麦饲草晒干或者青贮储存。燕麦干草,国际饲料号为"3-09-099",具有耐贮存、易运输、制作方便、营养损耗小等特点。青贮燕麦是将青刈燕麦铡成 2～3 cm 的小段,添加食盐、乳酸菌或尿素溶液等添加剂在无菌环境下密封发酵而成,具有低成本、易储存的特点(李生荣,2008)。青贮燕麦制成后味道醇香,纤维结构疏松,维生素含量高,营养损失小。

刈割期的不同,饲草品质也有较大差异,确定适宜的刈割时期对饲草生长具有重要的意义。刈割期的确定不仅关系到饲草的产量和品质,更关系着动物采食后对饲草营养物质的利用率。刈割时期的确定还要考虑到饲草的利用方式。有学者对在甘肃种植的燕麦进行了不同生育期刈割制成干草后的品质试验,发现在灌浆期刈割制成干草后粗蛋白质的含量最高,达到 12.06%,而在成熟期刈割制成的干草粗蛋白质显著下降,仅有 5.89%。其结果表明在灌浆期内刈割能够得到品质好的干草(柴继宽等,2010)。孙小凡等(2003)通过对燕麦青贮饲料的产量和营养价值进行综合分析后,认为燕麦青贮饲料的刈割期应为开花后 20 d 左右,此时的青贮饲料粗蛋白产量高,青贮效果好。

2.品质评价

当前饲草品质评价的主要指标采用的是 Weende 饲料分析体系,主要包括了六个部分:水分、粗蛋白、粗脂肪、粗灰分、粗纤维、无氮浸出物。饲料作物中的水分根据存在形式不同分为吸附水和结合水,饲草刈割后通过晾晒损失的水分主要为吸附水,当饲草失去大部分吸附水以后所形成的干草有利于存贮、打捆和运输,而且通常养殖场也是用干草进行饲喂(李马驹,2017)。现阶段国内外普遍认可的是经过烘干以后饲料作物中散失结合水后的干物质含量。

第六章

西南区燕麦主要病虫草害及其防治

随着燕麦种植规模增大和全球温度升高,燕麦病虫草害的发生日益严重。2013—2017 年通过对西南区燕麦发生的病虫草害进行调查,确立了病虫草害的主要防治对象,对主要病虫草的发生规律及综合防控作了试验研究,提出了简单易行的绿色防治方法。

第一节　西南区燕麦主要病害及其防治

一、西南区燕麦病害发生情况调查

在西南燕麦主栽区域进行调查,主栽品种有"白燕 2 号""川燕麦 1 号""阿坝都"等,调查方法采用普查和定点调查相结合的方式。

为害程度分级标准　0 级:不发病,用"0"表示;1 级:病斑分布占叶片表面积<1/4,为害不明显,对燕麦生长发育、产量或质量略有影响,用"＋"表示;2 级:病斑分布占叶片表面积 1/4～1/2,为害较轻,对燕麦生长发育、产量或质量有明显影响,用"＋＋"表示;3 级:病斑分布占叶片表面积 1/2～3/4,出现枯叶、病叶较多,为害明显,对燕麦生长发育、产量、质量有较大影响,用"＋＋＋"表示;4 级:病斑分布占叶片表面积>3/4,引起叶片枯萎以至死亡,为害极大,对燕麦生长发育、产量、质量有极大影响,用"＋＋＋＋"表示。

调查结果见表 6-1,主要病害为黑穗病、红叶病、锈病、白粉病。

表 6-1　西南区燕麦主要病害种类、为害情况

病害名称	病害类型	为害部位	为害程度	发生时期
黑穗病	担子菌亚门真菌	胚、颖片	＋＋＋	抽穗期
红叶病	病毒病	全株	＋＋	全生育期
锈病	担子菌亚门真菌	叶、茎秆	＋＋＋	抽穗、乳熟期
白粉病	子囊菌亚门真菌	叶、叶鞘、茎	＋＋＋	抽穗、乳熟期

二、西南区燕麦主要病害特征特性

(一)黑穗病

1. 为害

担子菌亚门真菌,主要为害燕麦穗部、胚、颖片。主要发生时期在抽穗期。

2. 症状

该病分坚黑穗病和散黑穗病。坚黑穗病主要发生在抽穗期,病、健株抽出时间趋于一致。染病种子的胚和颖片被毁坏,其内充满黑褐色粉末状厚垣孢子,其外具坚实不易破损的污黑色膜。厚垣孢子黏结较结实不易分散,收获时仍呈坚硬块状,故称坚黑穗病(吕佩柯等,1999)。散黑穗病主要侵害种子,大部分整穗发病,个别中、下部穗粒发病。病株矮小,仅是健株株高的1/3~1/2,抽穗期提前。病状始见于花器,染病后子房膨大,致病穗的种子充满黑粉,外被一层灰膜包住,后期灰色膜破裂,散出黑褐色的厚垣孢子粉末,剩下穗轴(任长忠和胡跃高,2013)。

3. 发病与传播

坚黑穗病病菌在收获散出厚垣孢子附在种子上或落入土壤及混在肥料中越冬或越夏。厚垣孢子萌发温度范围为4~34℃,适温为15~28℃。春播种子萌发时,冬孢子也随之发芽产生具3个横隔的圆棒形担子,在担子顶端产生4个担孢子。担孢子萌发后产生次生小孢子,异宗小孢子萌发后相互质配,产生具双核的菌丝,侵入寄主的幼芽。后随植株生长而向上扩展。开花时进入花器中,子房被破坏,产生大量厚垣孢子,形成病穗。温度高、湿度大利于发病。

散黑穗病病菌以厚垣孢子存于颖片与种子之间或孢子萌发后,以菌丝潜伏在颖片与种皮之间越冬或越夏。带病种子播种后,孢子萌发或休眠菌丝恢复活动后,随之侵入幼苗。后随植株生长,向生长点和穗部扩展,在燕麦籽实里形成厚垣孢子。燕麦开花期,病株上的厚垣孢子散布降落在健株的花上,以菌丝体侵入护颖和种皮(任长忠和胡跃高,2013),使种子染病成为外观上看不出来的带菌种子。

(二)红叶病

1. 为害

红叶病由大麦黄矮病毒引起的病毒病。燕麦全生育期都可发生。

2. 症状

一般上部叶片先表现病症。叶部受害后,先自叶尖或叶缘开始,呈现紫红色或红色,逐渐向下扩展成红绿相间的条纹或斑驳,病叶变厚、变硬。后期叶片橘红色,叶鞘紫色,病株有不同程度的矮化现象,病株表现十分明显。

3. 发病与传播

燕麦红叶病是由蚜虫传播的一种病毒病,病毒浸染健康植株后3~15 d出现症状,红叶病的发生与当年蚜虫发生的时间、数量有很大关系(任长忠和胡跃高,2013)。如果气温高,干旱,蚜虫数量大,则发病较重。

(三)白粉病

1.为害

子囊菌亚门真菌,主要在抽穗、乳熟期为害叶、叶鞘、茎。

2.症状

在叶片上开始产生黄色小点,而后扩大发展成圆形或椭圆形病斑,表面生有白色粉状霉层。一般情况下部叶片比上部叶片多,叶片背面比正面多。霉斑早期单独分散,后期联合成一个大霉斑,甚至可以覆盖全叶,严重影响光合作用,使正常新陈代谢受到干扰,造成早衰,产量受到损失。叶背、茎及花器上也可发生。

3.发病与传播

以闭囊壳随病残体在土壤中越冬。病菌靠分生孢子或子囊孢子借气流传播到感病燕麦叶片上,遇温、湿度适宜,病菌萌发,侵入燕麦叶片表皮细胞,形成初生吸器,并向寄主体外长出菌丝,后在菌丝丛中产生分生孢子梗和分生孢子,成熟后脱落,随气流传播蔓延,进行多次再侵染。病菌在发育后期进行有性繁殖,在菌丛上形成闭囊壳。该病发生适温 $15 \sim 20\,℃$,低于 $10\,℃$ 发病缓慢。一般在高温干旱年份或高温高湿与高温干旱交替出现,发病严重。

(四)锈病

1.为害

担子菌亚门真菌,在抽穗、乳熟期为害叶片、茎秆。

2.症状

该病包括冠锈、秆锈和条锈 3 种,西南燕麦区冠锈和秆锈发病重。燕麦冠锈病主要发生在燕麦生长的中后期,病斑发生在叶、叶鞘及茎秆上。发病初期,叶片上产生橙黄色椭圆形小斑,后病斑渐扩展出现稍隆起的小疮胞,即夏孢子堆。当孢子堆上的包被破裂后,散发出夏孢子。后期燕麦近枯黄时,在夏孢子堆基础上产生黑色的、表皮不破裂的冬孢子堆(任长忠和胡跃高,2013)。

3.发病与传播

日平均温度达到 $21\,℃$ 以上的雨后天气,夏孢子堆会大量加速繁殖,以夏孢子借雨水、昆虫、风等进行重复侵染,完成整个周年侵染循环。

三、西南区燕麦主要病害的防治

(一)农业防治

选用抗病高产品种,如"白燕 2 号""白燕 11 号"等,收获后病株残体、田间、地头杂草带出田外销毁,加强田间管理,中耕除草,合理施肥,防止贪青,发现病株及时拔除,实行轮作倒茬。

(二)化学防治

黑穗病可选用50%多菌灵可湿性粉剂或50%苯菌灵可湿性粉剂、15%三唑酮可湿性粉剂用种子重量的0.2%拌种,充分拌匀后用薄膜覆盖闷种5 h后播种,可达到较好的防治效果。有效防治蚜虫,切断病毒的传播途径,减轻红叶病的发病。锈病、白粉病始发期和始盛期可及时喷洒生物农药2%武夷菌素600倍液、4%嘧啶核苷600倍液、多抗霉素3.5%水剂1 000倍液及化学农药20%三唑酮乳油1 500~2 000倍、43%戊唑醇悬浮剂6 000倍液、20%敌锈钠可湿性粉剂1 000倍液、40%福星乳油8 000倍液,隔7~10 d 1次,防治2~3次。

第二节　西南区燕麦主要虫害及其防治

一、西南区燕麦虫害发生情况调查

在西南燕麦主栽区域进行调查,主栽品种有"白燕2号""川燕麦1号""阿坝都"等,调查方法采用普查和定点调查相结合的方式。

为害程度分级标准　0级:无虫,用"0"表示;1级:虫斑分布占叶片表面积<1/4,为害不明显,对燕麦生长发育、产量或质量略有影响,用"+"表示;2级:虫斑分布占叶片表面积1/4~1/2,为害较轻,对燕麦生长发育、产量或质量有明显影响用"++"表示;3级:虫斑分布占叶片表面积1/2~3/4,出现枯叶、虫叶较多,为害明显,对燕麦生长发育、产量、质量有较大影响,用"+++"表示;4级:虫斑分布占叶片表面积>3/4,引起叶片枯萎,以至死亡,为害极大,对燕麦生长发育、产量、质量有极大影响,用"++++"表示。

调查结果见表6-2,燕麦需要防治的主要虫害为小地老虎、蛴螬、蚜虫、黏虫。

表6-2　西南区燕麦主要害虫种类、为害情况

害虫名称	所属目	为害部位	为害虫态	为害方式	为害程度	发生时期
小地老虎	鳞翅目	地下	幼虫	啃食	+++	苗期
蛴螬	鞘翅目	地下	幼虫	啃食	++	苗期
蚜虫	同翅目	叶、芽	成、若蚜	刺吸	+++	孕穗、抽穗期
黏虫	鳞翅目	叶	幼虫	啃食	++++	孕穗至乳熟期

二、西南区燕麦主要害虫的生物学特征

(一)小地老虎

1.为害

小地老虎为地下害虫,属鳞翅目夜蛾科,又名土蚕,切根虫。以幼虫啃食植株为害,为害

时间为出苗期、苗期、拔节期,为害程度较重。

2.形态特征

成虫体长16～23 mm,翅展42～45 mm,体暗褐色。前翅前缘及中央部分黑褐色,内横线、外横线均为黑色双条曲线。中室附近肾形斑,环形斑明显,在肾形斑外侧有3个楔形黑斑,尖端相对。后翅灰白色。幼虫体长42～47 mm,黄色至黑褐色,体表粗糙,布满大小不等的黑色小颗粒。腹部第1至第8节背面各有2对黑色毛片,呈梯形排列。臀板黄褐色,有2块深褐色大斑。

3.生活习性

以老熟幼虫在土中越冬。成虫白天在杂草、土堆等隐蔽处,夜间出来取食、交配和产卵,尤其以黄昏后活动最盛。成虫趋光性很强,喜食糖醋汁液,在嫩茎、叶背、土块、杂草等处产卵。3龄前的幼虫多在土表或植株上活动,昼夜取食心叶、嫩芽、幼芽、叶片等部位,食量较小。3龄后分散入土,白天潜伏土中,夜间活动为害,常将作物幼苗齐地面处咬断,造成缺苗断垄。

(二)蛴螬

1.为害

蛴螬为地下害虫,属鞘翅目金龟科,是金龟子幼虫的总称,又名白地蚕、土蚕、地蚕等。为害时间为苗期、拔节期,为害程度较重。在地下啃食萌发的种子,咬断幼苗根茎,轻则造成缺苗断垄,重则毁种绝收。

2.形态特征

蛴螬体长16～22 mm,体黑褐色至黑色,具光泽。鞘翅革质,坚硬,长椭圆形,长度为前胸背板宽度的2倍,每侧各有4条明显的纵隆线。前足胫节外齿3个,内方距1根,中、后足胫节末端距2根。臀节外露,背板向腹下包卷,与肛腹板相会合于腹面。幼虫体长21～23 mm,体乳白色,肥胖弯曲呈C形,多皱纹。头部橙黄或黄褐色,每侧有3根顶毛。

3.生活习性

以成虫或幼虫在土中越冬,越冬成虫4月下旬出土,5月下旬至6月中旬为出土盛期,晚上8～9点取食、交配。卵多产于寄主根际周围松散潮湿的土壤内。成虫具有假死性,趋光性不强,傍晚出土活动。幼虫共3龄,全部在土壤中度过为害幼虫共3龄,3龄期食量最大。

(三)黏虫

1.为害

黏虫是一种杂食性暴食害虫,田间为害率高,可达90%以上。属鳞翅目夜蛾科,俗称夜盗虫、五色虫、东方黏虫等。1～3龄幼虫食量较小,主要为害叶片,喜欢取食叶心,造成叶片缺刻,4～6龄幼虫为暴食期,大量啃食叶片、嫩茎、幼穗,可将燕麦叶片全部吃光,并能转移为害。

2.形态特征

黏虫成虫体长17～20 mm,翅展35～45 mm。翅淡灰褐色,前翅中央近前缘处有2个淡黄色圆斑,外方圆斑下有一小白点,其两侧各有一小黑点,顶角具一条伸向后缘的黑色斜纹。老熟幼虫体长 38 mm,头部黄补褐色,沿蜕裂线有黑棕色"八"字形纹。体背具各色纵条纹,背中线白色较细,边缘有黑细线,亚背线红褐色,上下镶有灰白色细条(任长忠和胡跃高,2013)。

3.发生与环境关系

燕麦黏虫当年发生量的大小,除取决于当年虫源基数的多少之外,在很大程度上与气候、品种、燕麦生育期、长势、海拔高度、前作等多种因素都有关系。当年如果雨水分布均匀、气温较高、燕麦处于抽穗期、种植在地势低洼、水沟边、海拔较低的地方、前作是禾本科作物且燕麦长势好的地块黏虫发生严重,反之则轻。

(四)蚜虫

1.为害

蚜虫主要以成、若蚜吸食叶片、茎秆、嫩尖和嫩穗汁液。先在植物上部叶片背面为害,抽穗灌浆后,迅速增殖,集中穗部为害,严重时植株布满蜜露,影响叶片光合作用。成、若蚜不易受惊动。它还能传播病毒病。

2.形态特征

有翅胎生雌蚜体长 2.4～2.8 mm,黄色或浅绿色,体背两侧有褐斑 4～5 个,触角比体长。无翅胎生雌蚜体长 2.3～2.9 mm,淡绿色或黄绿色,背侧有褐色斑点,触角与体等长或超过体长(任长忠和胡跃高,2013)。

3.发生与环境关系

长期干旱,温度较高,早期蚜量多,蚜虫易大发生,如天敌数量大,蚜虫发生较轻。

三、西南区燕麦主要虫害的防治

(一)农业防治

清除田边地头杂草、枯枝,尽量压低越冬虫口基数,前茬作物收获后的茎、叶、秸秆带出田外深埋,浅耕灭茬,然后深翻暴晒。调整种植结构,合理安排茬口,比较好的茬口是马铃薯、豆类、荞麦。

(二)物理防治

使用频振式杀虫灯,可大量诱集鳞翅目成虫,减少产卵,从而控制幼虫的为害,每盏杀虫灯可有效控制 20 亩范围内的害虫。色板诱杀,利用蚜虫对黄色的趋性,在田间插放黄板诱集蚜虫。色板的高度保持高于植株顶端 15 cm 左右,每亩用板 20 张,每月更换,对于诱集害虫虫口数量较多的色板及时更换。草把诱虫,利用黏虫成虫多在禾谷类作物叶上产卵习性,在麦田插谷草把或稻草把,每亩 60～100 个,每 5 d 更换新草把,把换下的草把集中烧毁。此外也可用糖醋盆、黑光灯等诱杀成虫,压低虫口。糖醋液的制作:取白酒、红糖、醋、水按 1:1:4:

16 混合在一起,加入少量有机磷杀虫剂,用棍棒搅拌均匀后,分装到敞口容器中,放在田中安全的地方,每天傍晚放入,早上取走,可诱集大量鳞翅目成虫。

(三)化学防治

防治地下害虫小地老虎和蛴螬可用 50％辛硫磷乳油 100 g 兑水 5 kg 整地时施于土中。有虫咬的痕迹时,可用 4.5％高效氯氰菊酯 2 000 倍液、5％氯虫苯甲酰胺悬浮剂 5 000 倍液于苗期喷雾防治。当黏虫每平方米达到 50 头、蚜虫百株虫量达到 500 头时,即进行药剂防治。生物药剂可选用 0.6％苦参碱水剂 600 倍液、0.3％印楝素乳油 600 倍液、95％矿物油 200 倍液＋32 000 IU/mL 苏云金杆菌 50 g。化学药剂可选用 70％吡虫啉水分散粒剂 4 000 倍液、5％啶虫脒可湿性粉剂 2 500 倍液、5％氯虫苯甲酰胺悬浮剂 5 000 倍液、10％高效氯氟氢菊酯微囊悬浮剂 1500 倍液、5％甲氨基阿维菌素苯甲酸盐水分散粒剂 2 500 倍液、4.5％高效氯氰菊酯 2 000 倍液。黏虫的防治必须掌握在 3 龄幼虫以前。

第三节　西南区燕麦主要草害及其防治

一、西南区燕麦草害发生情况调查

在西南燕麦主产区选择代表性的大片燕麦地,采用倒置"W"9 点取样调查杂草,每块地调查 9 点,每点 1 m²(1 m×1 m),调查记载杂草种类,各种杂草的数量、平均高度、盖度以及燕麦的高度,同时记载所调查地块的其他有关资料。

(一)量化指标

田间均度(U):某种杂草在各调查田块中出现的样方次数占总调查样方数的百分比。

田间密度(Dm):某种杂草在各调查田块的平均密度之和与总调查田块数之比。

田间频率(F):某种杂草出现的田块数占总调查田块数的百分比。

田间盖度(S):某种杂草在各调查田块中相对盖度之和与总调查田块的百分比。

田间高度(H):某种杂草在各调查田块中的高度之和与总调查田块的百分比。

相对多度(AR)＝UR＋MR＋FR

UR＝(某种杂草的田间均度/各种杂草的田间均度和)×100％

DR＝(某种杂草的田间密度/各种杂草的田间密度和)×100％

FR＝(某种杂草的田间频率/各种杂草的田间频率和)×100％

(二)主要杂草

西南燕麦主栽区夏季多雨,冬春干旱,多雨的天气造成大片作物地里杂草众多,燕麦地也不例外,从苗期到成熟期都有发生。据不完全统计(表 6-3),西南燕麦产区双子叶杂草占 70％

以上,单子叶杂草占20％以上,草害发生特别严重,繁多的杂草严重影响了燕麦产量。双子叶杂草的主要种类有辣子草、酸模叶蓼、尼泊尔蓼、凹头苋、三叶鬼针草、荠菜、繁缕、藜、猪殃殃、绢毛匍匐委陵菜、黄花蒿、风轮菜、半夏、腺梗豨莶、鼠麴草、印度蔊菜、车前草、酢浆草等,单子叶杂草主要有马唐、光头稗、鸭跖草、雀稗、千金子、金色狗尾草等。

表6-3　西南区麦地杂草分类表

科名	杂草名称
菊科	黄花蒿 *Artemisia annna* 艾蒿 *Artemisia argyi* 三叶鬼针草 *Bidens pilosa* 刺儿菜 *Cirsinm segetnm* 小鱼眼草 *Dichrocephala benthami* 辣子草 *Galinsoga parviflora* 鼠麴草 *Gnaphalinm affine* 泥胡菜 *Hemistepta lyrata* 苦菜 *Ixeris chinensis* 田野千里光 *Senecio oryzetorum* 腺梗豨莶 *Siegesbeckia pubescens* 蒲公英 *Taraxacum mongolicum*
旋花科	打碗花 *Calystegia hederacea*
十字花科	荠菜 *Capsella bursapastoris* 播娘蒿 *Descurainia sophia* 印度蔊菜 *Rorippa indica*
大戟科	泽漆 *Euphorbia helioscopia* 地锦 *Euphorbia humifusa*
唇形科	风轮菜 *Clinopodium chinense* 宝盖草 *Laminm amplexicaule* 夏枯草 *Prunella vulgaris* 荔枝草 *Salvia plebeia* 野薄荷 *Mentha haplocalyx*
豆科	天蓝苜蓿 *Medicago lupulina* 广布野豌豆 *Vicia cracca*
浆草科	酢浆草 *Oxalis cornicnlata*
车前科	车前 *Plantago asiatica*
蓼科	酸模叶蓼 *Polygonum lapathifolium* 尼泊尔蓼 *Polygonnm nepalense* 桃叶蓼 *Polygonum persicaria*
蔷薇科	绢毛匍匐委陵菜 *Potentilla reptans*
茜草科	猪殃殃 *Galinm aparine*
玄参科	婆婆纳 *Veronica didyma* 泥花草 *Lindernia antipoda*

续表 6-3

科名	杂草名称
荨麻科	雾水葛 *Pouzolaia zeylanica*
堇菜科	柴花地丁 *Viola yedoenis*
天南星科	半夏 *Pinellic ternate*
鸭跖草科	饭包草 *Commelina benghalensis* 鸭跖草 *Commelina commuhis*
莎草科	碎米莎草 *Cyperus iria* 牛毛毡 *Eleochavis yokoscensis* 萤蔺 *Scirpus juncoides*
禾本科	野燕麦 *Avena fatua* 马唐 *Digitaria sangninalis* 光头稗 *Echinochloa colonum* 千金子 *Leptochloa chinensis* 雀稗 *Paspalum thunbergir* 金色狗尾草 *Setaria glauca* 狗牙根 *Cyondon dactylon* 止血马唐 *Digitaria ischaemum*
藜科	藜 *Chenopodium album* 土荆芥 *Chenopodium ambrosioides*
石竹科	蚤缀 *Arenaria serpyllifolia* 牛繁缕 *Myosoton aguaticum* 小繁缕 *Setllaria apetala* 繁缕 *Stellaria media*
苋科	反枝苋 *Amaranthm retrofleexus* 凹头苋 *Amaranthus liridus*
木贼科	笔管草 *Equisetum debile*

二、西南区燕麦田主要杂草的生物学特征

(一)辣子草

辣子草,一年生杂草,种子繁殖。高 70～80 cm。茎圆形,有细条纹,略被毛,节膨大,单叶对生,草质,卵圆形或披针状,长 3～6.5 cm,宽 1.5～4 cm,先端渐尖,基部宽楔形至圆形,上面绿色,下面淡绿,边缘有浅圆齿,基生三出脉,叶脉在上面凹下,下面凸起。头状花序小,顶生或腋生,有长柄,外围有少数白色舌状花,盘花黄色。种子有角,顶端有鳞片。花果期 7—10 月。

(二)酸模叶蓼

酸模叶蓼,一年生杂草,种子繁殖。株高30～100 cm。茎直立,有分枝,粉红色,无毛,节部膨大。叶片披针形或宽披针形,顶端渐尖或急尖,基部楔形,上有月形褐斑。总状花序呈穗状,顶生或腋生,花紧密,花序梗被腺体;苞片漏斗状,被淡红色或白色,花被片椭圆形。种子宽卵形,黑褐色,有光泽。花果期7—10月。

(三)尼泊尔蓼

尼泊尔蓼,一年生杂草,种子繁殖。株高30～70 cm,茎直立或斜生,细弱,有分枝,具纵条纹。叶卵形至三角状卵形,长2～4.5 cm,宽1.5～3 cm,先端渐尖,基部逐渐成有翅的柄,下面密生黄色腺点。头状花序,其下有叶状总苞,顶生或腋生,花被片4,粉红色或白。种子扁卵圆形,黑褐色,密生小点。花果期6—10月。

(四)凹头苋

凹头苋,一年生杂草,种子繁殖。高10～30 cm,茎伏卧而上升,从基部分枝,淡绿色或紫红色。叶片卵形或菱状卵形,长1.5～4.5 cm,宽1～3 cm,顶端凹缺,有1芒尖,或微小不显。穗状花序或圆锥花序顶生,花被片矩圆形或披针形。种子黑色具环状边缘。花果期7—9月。

(五)三叶鬼针草

三叶鬼针草,一年生杂草,种子繁殖。株高30～100 cm,中部叶对生,3深裂或羽状裂,裂片卵形或卵状椭圆形,先端渐尖,基部近圆形,边缘有锯齿或分裂。上部叶对生或互生,3裂或不裂。头状花序,总苞基部被细毛,外层总苞片匙形,7～8枚,绿色。种子条形,稍有硬毛,4棱,顶端具倒刺毛的芒刺。花果期8—9月。

(六)荠菜

荠菜为越年生杂草,种子繁殖。高10～15 cm,茎直立,有分枝,被单毛、分枝或星状毛。基生叶莲座状,大头羽裂,具长。茎生叶披针形,长1～2 cm,抱茎,边缘有缺刻或锯齿。总状花序顶生或腋生,萼片4,花瓣4,白色。短角果倒三角形,扁平,先端微凹。种子2行,长椭圆形,淡褐色。花果期4—6月。

(七)繁缕

繁缕,越年生或一年生杂草,种子繁殖。茎纤细,基部分枝,直立或平卧,茎上有1行短柔毛。花单生或成聚伞花序,萼片5,背部有毛。花瓣5,白色。种子扁肾形,有一缺刻,黑褐色,密生小突起。花果期4—8月。

(八)藜

藜为一年生杂草,种子繁殖。高60～120 cm,茎直立,多分枝,有棱及条纹。叶互生,有长柄,叶片棱状卵形,下被粉粒。圆锥花序,花被片5。种子双凸状,黑色,有光泽,具浅沟纹。花果期6—10月。

(九)马唐

马唐为一年生杂草,种子繁殖。株高40～100 cm,秆基部开展或倾斜,无毛,叶鞘疏生疣基软毛。叶舌膜质,黄棕色,先端钝,长1～3 mm。叶片条状披针形,长3～17 cm,宽3～10 mm。两面疏生软毛或无毛。总状花序呈指状排列,小穗披针形,长3～3.5 mm,成对,一具柄,一无柄。颖果和小穗等长。花果期6—10月。

(十)光头稗

光头稗为一年生杂草,种子繁殖。高15～60 cm,秆较细弱,基部各节可萌蘖。叶鞘压扁,背部具脊,无毛。叶片线形或披针形,长5～20 cm,宽3～8 mm,无毛,边缘稍粗糙。圆锥花序,主轴较细弱,三棱形。分枝数个为穗型总状花序,稀疏排列于主轴一侧。小穗卵圆形,长2～2.5 cm,被小硬毛。颖果椭圆形,具小尖头,平滑光亮。花果期7—9月。

(十一)鸭跖草

鸭跖草为一年生杂草,种子或匍匐茎繁殖。株高20～40 cm,茎分枝,下部匍匐生根,须根系。单叶互生,卵状披针形,长4～9 cm,基部叶鞘短,膜质,鞘口疏生软毛。聚伞花序,总苞片佛焰苞状,有柄,心状卵形,向上对折叠。种子暗褐色,表面有皱纹。花果期6—10月。

三、西南区燕麦田杂草防除技术

燕麦田杂草防除应遵循"预防为主,综合防治"的策略,把"农业除草、人工除草、化学防除"有机结合,以达到控制杂草为害的目的。

(一)农业防除

1.轮作倒茬

燕麦-马铃薯、燕麦-荞麦、燕麦-豆类都是较好的茬口选择,能改变杂草的生长环境,创造不利于杂草生长的条件,从而控制杂草的发生。

2.耕作方式的选择

在杂草重发区,收获后采取冬季深翻土壤,让杂草暴露在土面暴晒,第二年雨后待杂草出苗后用小型旋耕机多次翻耕,再用大型拖拉机靶平土地后播种的方式。

3.合理密植

加大密度来控制杂草是有效手段,大粒型品种如白燕系列,亩用种量12 kg,小粒型品种如"川燕麦1号",亩用种量10 kg,可以达到燕麦生长健壮,同时控制杂草的目的。

(二)人工除草

采用人工条播方式的燕麦田,在苗高 10～15 cm 时人工除草 1 次,有条件的在苗高 20～25 cm 时可人工除草第 2 次,除草后适量追施尿素,燕麦苗快速封行,以苗压草,能达到控制杂草为害。

(三)化学除草

1. 苗前处理

(1)二甲戊灵乳油:属于苯胺类除草剂,是土壤封闭性除草剂。杂草通过正在萌发的幼芽吸收药剂,进入植物体内的药剂与微管蛋白结合,抑制植物细胞的有丝分裂,从而造成杂草死亡。可防除一年生禾本科杂草、部分阔叶杂草如马唐、狗尾草、千金子、马齿苋、苋、藜、繁缕等。亩用 33％二甲戊灵乳油 90～110 mL,兑水 30 kg,均匀喷于地面。喷药后 20 d 和 40 d 防效分别为 72.5％和 72.8％。

(2)50％扑草净可湿性粉剂:主要通过杂草根系吸收,对一年生禾本科杂草及阔叶杂草有良好防效。在杂草大量萌发初期,亩用 50％扑草净 180 g 加入适量水后,喷洒地面。

2. 苗后处理

(1)二甲・溴苯晴乳油:苗后茎叶处理除草剂,其有效成分为辛酰溴苯腈、二甲四氯异辛酯。具有触杀、传导功能,对麦田大多数阔叶杂草均有很好的效果。在阔叶杂草基本出齐后,选择晴好无大风天气用药。每亩用二甲・溴苯晴乳油 80～100 mL 兑水 30～40 kg 均匀喷雾。药后 20 d 防效达到了 86.48％,药后 40 d 防效 86.53％。

(2)双氟・唑嘧胺悬浮剂:是磺酰胺类超高效除草剂,杀草谱广,可防除麦田大多数阔叶杂草,包括猪殃殃、麦家公等难防杂草,并对麦田中最难防除的泽漆有非常好的抑制作用。麦喜是内吸传导型除草剂,可以传导至杂草全株,因而杀草彻底。在杂草 3～5 叶期,每亩用 12 mL,药后 20 d 防效 78.87％,药后 40 d 防效高达 86.67％。

(3)二甲四氯钠可溶性粉剂:苯氧乙酸类选择性激素型除草剂,具有较强的内吸传导性。主要用于苗后茎叶处理,穿过角质层和细胞膜,最后传导到各部分。可用于防治麦田一年生阔叶杂草。不能 3 叶期前过早施药或拔节期过晚施药,否则会产生药害。在间、套作有阔叶作物的禾谷类作物田勿用。亩用二甲四氯钠可溶性粉剂 120 g,药后 20 d 防效 62.23％,药后 40 d 防效 72.5％。

第 七 章

西南区燕麦的发展趋势与展望

第一节　西南区燕麦的产业发展现状

西南区燕麦种植虽历史悠久,但由于多年来品种混杂,种植粗放,导致燕麦产量低,品质差,除少数高山地区土地瘠薄,无法种植其他粮食才种植燕麦外,农户很少种植燕麦,原因有三:

(1)燕麦产量低,且收种麻烦;

(2)很少有人将燕麦作为主食,燕麦市场尚未拓广;

(3)人们对燕麦的认知程度低。

20世纪50—70年代,生产水平低,彝族地区的食物结构以粗粮为主,高寒山区燕麦种植占主产区粮食的30%左右。80年代后,地膜、化肥、农药等生产资料广泛应用于生产,燕麦主产区农业生产条件得到改善,高寒山区进行了"高产作物下坝、中产作物上山、低产作物靠边"的种植结构调整。进入21世纪,因为燕麦产量低、加工落后、效益差,以及其他高产作物如马铃薯面积扩大和退耕还林,燕麦种植面积有逐年萎缩的趋势,一般都是农户为了改善生活自发零星种植,且一般种植在山高、坡陡、地薄、寒冷、土壤基础养分较低的山区,雨养农业,靠天吃饭,耕作栽培为撒播,不施肥、不管理,导致燕麦在西南区属于低投入、低产出、低效益的作物。且在西南区燕麦还未申报生产标准,无法标准化生产,导致燕麦产量低,农民种植积极性不高,从而导致燕麦推广受阻。

同时,农民的零散种植无法将燕麦商品化,在西南区,燕麦使用单一,农家种植的燕麦基本自家食用,不作为商品交易,一般弄成炒麦冲水喝或做成燕麦糌粑吃,多数会做成燕麦醪糟酒招待客人。市场上将燕麦加工成燕麦粉的基本很少,主要原因有两个,一是燕麦粉单价在4~6元/kg,相对来说成本高,利润低;二是很多人只是吃过燕麦,而对其营养价值了解甚少,只知道燕麦做成炒麦食用很耐饿,经常作为长途跋涉中的口粮。

2010年起,国家燕麦产业技术体系开始对西南区燕麦发展给予专项支持,西南区开始因地制宜大力发展贫瘠地区的燕麦种植,并形成一定规模。在四川和云南都新增多个集中连片示范园区,燕麦生产取得一定的成效。燕麦逐渐大规模种植,并形成产业化,但四川燕麦加工起步很晚,只有少数企业开发了少量燕麦产品:四川旌晶食品有限公司生产的燕麦粉,四川新智强食品生产的智强牌燕麦片,西昌航飞苦荞科技发展有限公司采用双螺杆挤压膨化技术加工航飞牌燕麦快餐粉,都没有形成规模化的生产能力和产品市场,多数的燕麦加工仍处于一家一户小作坊炒面制作阶段,加工产品单一,档次不高,不能很好满足消费者对燕麦食品方便、营养、保健、口感好等不同功效的要求。唯有彝族人民传统加工的燕麦酒远销全国各地,散装单价40~200元/kg不等,精装基本上百,且供不应求。然而西南区的大型燕麦酒加工厂却寥寥无几,除了四川拉马酒业有限公司和凉山彝族自治州特色燕麦小灶酒外,其他基本都是以作坊的形式加工燕麦酒(阿西阿英,2014)。

此外,通过对西南区饲草需求量的广泛调研,目前伊利、蒙牛和新希望等几大奶业公司在西南区的奶场主要是通过进口燕麦干草的方式进行饲喂,成本较高。据新希望成都青白江奶场的技术人员介绍,如果为了节约成本采用羊草等其他饲草料替代,奶牛的日均产奶量下降1~2 kg/头。同时,西南区高山丘陵地带有很多奶牛和肉牛的养牛合作社,因此燕麦饲草在西南区的需求量较大。但由于目前养殖场和奶牛场只能通过进口燕麦饲草进行饲喂(近两年也有部分从青海购买),从而导致其生产和运输成本增大,经营效率降低,并且影响了燕麦饲草的市场开发与推广价值。因此目前西南区燕麦饲草的供需矛盾凸显,急需推广适合本地区的高产优质燕麦饲草栽培品种和相关配套的栽培方案。

第二节　西南区燕麦的发展潜力与前景

一、西南高寒春播区

西南区有较多海拔2 500 m以上适合播种燕麦的高寒耕地,仅四川凉山彝族自治州就有近160万亩,年均温10℃左右,降水量1 000 mm。土地资源丰富,日照充足,雨热同季,病虫害种类少且发生轻,远离工业区,大气水质土壤良好,环境质量高,不使用农药,化肥用量很低或不使用化肥,是发展绿色有机食品少有的一片净土。种植的荞麦、马铃薯、豆科作物与燕麦不同科,符合复种轮作要求。因此,西南区燕麦发展有较广阔的空间,在西南区燕麦具有许多作物不具备的优点:

(1)燕麦的营养保健价值非常高。据有关资料介绍,在我国日常食用的9种食粮中,燕麦面的蛋白质、脂肪、维生素、矿物质、纤维素5种营养素的含量均居首位,所含水溶性膳食纤维是小麦的4.2倍、玉米的7.7倍;所含钙分别是小麦、稻米、小米、玉米含量的2倍、5.5倍、2.3倍和1.5倍;美国《时代》周刊介绍的十大有益健康的食物中就有燕麦,燕麦中含 β-葡聚糖,这是一种多孔的可溶纤维,能够消除肠道内的胆固醇物质,并将其清除体外,新的证据证明它可能还有助于降低高血压,并有抗氧化的作用,我国的一些科研单位及医疗机构也曾联合做过实验,证明燕麦对高血压、糖尿病、肥胖症具有医疗价值;燕麦富含对人体皮肤有益的维生素E,所以还有很好的美容功效。

(2)燕麦是牲畜的好饲草。茎、叶、稃中含有丰富而易消化的营养物质,其中蛋白质含量5.2%,脂肪含量2.2%,可消化纤维含量11.4%~18.3%。

(3)燕麦性喜冷凉、湿润气候条件,是一种长日照、短生育期、要求积温较低的作物,适合无霜期较短,气温较低的寒冷地区种植;燕麦根系发达,吸收能力较强,比较耐旱,对土壤要求不严格,能适应多种不良自然条件,不与其他高产作物争地。

因此,西南燕麦产区急需对燕麦的品种和栽培技术作改良,大幅度提高单产,对燕麦的保健营养功能和食品开发作探索创新,让科技赋予这个古老作物新的生机,燕麦一定能为高寒山区粮食增产、农民增收以及为社会提供更多的理想健康食物源再立新功。

在今后的燕麦产业发展上,要以打造企业有机原料基地为契机,加强培训和技术指导,生产有机燕麦产品,大幅度提高燕麦的收购价格,确保每亩种植效益达到1 000元左右,将燕麦打造成高山区继马铃薯之后的又一支柱产业。

二、西南平坝冬播区

西南平坝区由于光温水条件以及播种时间和高寒山区存在差异,平坝区的燕麦叶片宽大,植株高大,具有作为饲草的特殊优势:

(1)西南平坝区光照相对较弱,水分充足。燕麦营养生长旺盛,茎秆粗壮,更适合饲草的生长。

(2)燕麦在北方为春播,同期可播种的其他可选择材料很多,其产量相对于饲草玉米并无优势。而在西南平坝区燕麦能正常越冬,在种收季节上恰好可以与青贮玉米轮作,保证牲畜全年的饲草的需求。

(3)燕麦具有较强的再生能力,在西南平坝地区可根据实际生产需要在饲草最缺乏的冬季先行收割一次优先满足枯草期饲草需求,剩余留茬5~10 cm,可继续生长至乳熟期收割。

另外,乌蒙山区行政区划跨云南、贵州、四川三省,是国家新一轮扶贫开发攻坚战主战场之一,乌蒙山区的凉山彝族自治州是燕麦传统种植栽培区域,其气候生态条件和当地居民的农耕习惯适合燕麦种植。今年燕麦饲草在青海和甘肃地区鲜草价格是400元/t,按目前我们筛选出的燕麦饲草材料在四川地区亩产5 t计算,保守估计毛收入为2 000元/亩。除去人工、肥料、农药、整地等费用,每亩纯收入1 200~1 500元,这样就可从乌蒙山贫困地区的优势出发,发挥其特色产业,切实为集中连片特困区的贫困群众增收。

阿西阿英. 2014. 凉山州燕麦种植情况调查及不同栽培因子对燕麦产量的影响研究[D]. 硕士学位论文. 四川农业大学.

安建路. 2002. 裸燕麦新品种锡燕 3 号的选育[J]. 内蒙古农业科技, 42.

柏晓玲, 周青平, 陈仕勇, 等. 2015. PEG 模拟干旱胁迫对 6 种燕麦品种种子萌发的影响[J]. 西南民族大学学报, 41(2): 133-137.

柏晓玲, 周青平, 陈有军, 等. 2016. 燕麦幼苗对低温胁迫的响应[J]. 草业科学, 33(7): 1375-1382.

鲍根生, 周青平, 韩志林, 等. 2010. 施肥对青藏高原燕麦产量和品质的影响[J]. 中国草地学报, 32(2): 108-112.

柴继宽, 赵桂琴, 胡凯军, 等. 2010. 不同种植区生态环境对燕麦营养价值及干草产量的影响[J]. 草地学报, 18(3): 421-425.

柴继宽. 2009. 燕麦在甘肃不同生态区域的适应性、生产性能及品质研究[D]. 硕士学位论文. 甘肃农业大学.

陈莉敏, 赵国敏, 廖兴勇, 等. 2016. 川西北 7 个燕麦品种产量及营养成分比较分析[J]. 草业与畜牧, 2: 19-23.

陈有军, 周青平, 孙建, 等. 2016. 不同燕麦品种田间倒伏性状研究[J]. 作物杂志, 5: 44-49.

崔林, 李成雄. 1989. 我国裸燕麦品种资源的品质研究[J]. 作物品种资源, 3: 32-33.

崔林, 刘龙龙. 2009. 中国燕麦品种资源的研究[J]. 现代农业科学, 16(11): 120-123.

德科加. 2009. 施肥对青藏高原燕麦种子产量及产量组分的影响[J]. 种子, 28(8): 71-74.

狄永国, 伍正荣, 李平松. 2013. 浅析燕麦低产原因及增产措施[J]. 云南农业, 10: 22-23.

东保柱, 张笑宇, 赵桂琴, 等. 2015. 不同杀菌剂对燕麦叶斑病的室内毒力和田间防效[C]// 中国植物病理学会 2015 年学术年会.

冯福学, 慕平, 赵桂琴, 等. 2017. 西北绿洲灌区水氮耦合对燕麦品种陇燕 3 号耗水特性及产量的影响[J]. 作物学报, 43(9): 1370-1380.

付泽云, 刘发明. 2008. 燕麦高产栽培技术[J]. 云南农业, 4: 16-16.

戈丽娜, 任长忠. 2011. 燕麦在膳食、医疗和化妆品方面的应用: 汉英对照[M]. 西安: 陕西科学技术出版社.

郭斌, 郭满库, 郭成, 等. 2012. 燕麦种质资源抗白粉病鉴定及利用评价[J]. 植物保护, 38(4): 144-146.

郭成，王艳，张新瑞，等．2017．燕麦种质抗坚黑穗病鉴定与评价[J]．草地学报，25(2)：379-386.

郭满库，郭建国，郭成，等．2012．燕麦种质对坚黑穗病菌的抗性筛选[J]．植物保护学报，39(6)：575-576.

韩学瑞，丁云双，刘琦，等．2010．裸燕麦标准化栽培技术[J]．中国农技推广，3：24.

洪德元．1990．植物细胞分类学[M]．北京：科学出版社.

洪义欢，肖宁，张超，等．2009．DArT技术的原理及其在植物遗传研究中的应用[J]．遗传，31(4)：359-364.

侯国．2003．莜麦高产栽培技术[J]．现代农村科技，4：10-10.

胡凯军，赵桂琴，刘永刚，等．2010．药物拌种对燕麦抗蚜性与产量及其构成因素的影响[J]．草原与草坪，30(5)：70-73.

胡凯军．2010．抗红叶病燕麦种质评价与筛选[D]．硕士学位论文.甘肃农业大学.

胡战朝，赵桂琴，刘欢，等．2012．4种除草剂对皮燕麦、裸燕麦不同生育时期光合特性的影响[J]．草原与草坪，32(4)：44-49.

黄炳羽．1994．燕麦容重和籽粒产量的轮回选择[J]．国外农学：麦类作物，1：6-9.

黄承宗．2000．谈四川凉山的燕麦种植[J]．农业考古，1：220-220.

黄璐琦，王永炎．2008．药用植物种质资源研究[M]．上海：上海科学技术出版社.

黄相国，葛菊梅．2004．燕麦(*Avena sativa* L.)的营养成分与保健价值探讨[J]．麦类作物学报，24(4)：147-149.

霍晓阳，岳武，王敬亚，等．2012．播期和播种量对沈农燕麦1号产量影响的研究[J]．吉林农业，1：39-41.

季晓菲，游明鸿，闫利军，等．2018．不同播期对梦龙燕麦生产性能的影响[J]．草学，1：23-27.

贾志锋，周青平，韩志林，颜红波．2007．N、P肥对裸燕麦生产性能的影响[J]．草业科学，24(6)：19-22.

景孟龙．2018．燕麦饲草高产优质栽培体系创建及其抗旱性评价[D]．硕士学位论文.四川农业大学.

李春杰，陈泰祥，赵桂琴，等．2017．燕麦病害研究进展[J]．草业学报，26(12)：203-222.

李骏倬，颜红海，赵军，等．2018．基于农艺性状和品质性状的燕麦属物种遗传多样性分析[J]．种子，37(11)：1-7.

李马驹．2017．不同栽培措施对燕麦饲草产量及品质的影响[D]．硕士学位论文.四川农业大学.

李生荣．2008．燕麦青贮饲草的制作技术[J]．草业与畜牧，5：55-55.

李怡琳，李淑英．1986．燕麦(裸、皮)品种抗坚黑穗病鉴定[J].作物品种资源，3：32-34.

林磊，刘青．2015．禾本科燕麦属植物的地理分布[J]．热带亚热带植物学报，23(2)：111-122.

林立，汪洋经纬，李鹏飞，等．2017．野燕麦开花习性和花粉活力研究[J]．湖北农业科学，

19：20-22.

林汝法，柴岩，廖琴，等．2002．中国小杂粮[M]．北京：中国农业科学技术出版社．

林叶春，曾昭海，郭来春．2016．裸燕麦不同生育时期对干旱胁迫后复水的响应[J]．麦类作物学报，32(2)：284-288．

刘刚，戴良先，李达旭，等．2007．不同饲用燕麦品种生产性能的综合评价[J]．草业与畜牧，7：1-5．

刘刚，李达旭，游明鸿，等．2009．几个饲用燕麦品种比较试验研究[J]．草业与畜牧，6：3-4．

刘刚，赵桂琴．2006．灰色系统理论在燕麦抗倒伏综合评价中的应用[J]．草业科学，23(10)：23-27．

刘刚，赵桂琴．2006．刈割对燕麦产量及品质影响的初步研究[J]．草业科学，23(11)：41-45．

刘青，刘欢，林磊．2014．燕麦属系统学研究进展[J]．热带亚热带植物学报，22(5)：516-524．

刘文辉．2016．播期对三种裸燕麦品种生长特性的影响[J]．草地学报，24(5)：1032-1040．

刘彦明，任生兰，边芳，等．2011．旱地莜麦新品种定莜8号选育报告[J]．甘肃农业科技，8：3-4．

卢寰宗，柳茜，刘晓波，等．2017．冬闲田种植燕麦生产性能研究[J]．草学，3：55-58．

卢敏，左相兵，刘正书，等．2012．饲用燕麦Y-09-05新品系在黔南低热河谷地区适宜播期研究[J]．草叶与畜牧，(6)：17-20．

罗晓玲，熊仿秋，钟林，等．2014．凉山州荞麦燕麦产区土壤养分监测及施肥建议[J]．西昌学院学报，28(4)：11-13．

马得泉，田长叶．1998．中国燕麦优异种质资源[J]．作物品种资源，2：4-6．

莫兴虎，孟信群．2006．燕麦在麻江的分布及利用状况[J]．贵州农业科学，34：106-108．

穆志新，刘龙龙，张丽君，等．2016．燕麦资源生物学性状多样性分析[J]．山西农业科学，44(12)：1751-1754．

彭先琴，周青平，刘文辉，等．2018．川西北高寒地区6个燕麦品种生长特性的比较分析[J]．草业科学，35(298)：274-283．

彭远英．2009．燕麦属物种系统发育与分子进化研究[D]．博士学位论文．四川农业大学．

乔有明．2002．不同播种密度对燕麦几个数量性状的影响．草业科学，19(1)：31-32．

任长忠，崔林，何峰等．2018．我国燕麦荞麦产业技术体系建设与发展[J]．吉林农业大学学报，40(4)：150-158．

任长忠，胡新中，郭来春，等．2009．国内外燕麦产业技术发展情况报告[J]．世界农业，9：62-64．

任长忠，胡跃高．2013．中国燕麦学[M]．北京：中国农业出版社．

任长忠，杨才．2018．中国燕麦品种志[M]．北京：中国农业出版社．

任自超．2018．基于荧光原位杂交的燕麦属物种基因组组成及种间关系研究[D]．硕士学位论文．四川农业大学．

沈国伟,李建设,任长忠,等. 2010. 中加燕麦种质的遗传多样性和群体结构分析[J]. 麦类作物学报,30(4):617-624.

宋高原,霍朋杰,吴斌,等. 2014. 裸燕麦子粒性状的 QTL 分析[J]. 植物遗传资源学报,15(5):1034-1039.

孙道旺,尹桂芳,卢文洁,等. 2017. 云南省燕麦白粉病病原鉴定及致病力测定[J]. 植物保护学报,44(4):617-622.

孙小凡,魏益民,张国权,等. 2003. 麦类作物青贮饲料营养价值分析[J]. 粮食与饲料工业,4:27-29.

谭荫初. 2000. 预防麦类黑穗病的关键措施[J]. 中国农村科技,10:24-24.

唐雪琴. 2014. 燕麦属物种 β-葡聚糖含量测定及 CSLH 基因克隆[D]. 硕士学位论文. 四川农业大学.

屠骊珠,李少华,郭晓雷,等. 1986. 皮燕麦胎胚发育的初步研究[J]. 内蒙古大学学报:自然科学版,4:763-770.

王丽红,李琼仙. 2012. 优质燕麦高产栽培技术[J]. 云南农业科技,2:28.

王盼忠,刘英. 2001. 不同播期对旱地莜麦生产效应的影响[J]. 内蒙古农业科技,2:14-15.

王盼忠,徐惠云. 2006. 高寒区旱地裸燕麦合理种植密度的研究[J]. 北方农业学报,1:38-39.

王桃,徐长林,张丽静,周志宇. 2011. 5 个燕麦品种和品系不同生育期不同部位养分分布格局[J]. 草业学报,20(4):70-81.

王洋坤,胡艳,张天真. 2013. RAD-seq 技术在基因组研究中的现状及展望[J]. 遗传,36(1):41-49.

王玉亭. 2011. 燕麦籽粒皮裸性基因遗传与分子作图[D]. 硕士学位论文. 中国农业科学院.

王仔刚,武军,王自英,李永千. 2006. 云南省迪庆州短期气候统计预测模式研究[J]. 成都信息工程学院学报,21(5):726-730.

王贞. 2007. 中国燕麦填图[D]. 硕士学位论文. 兰州大学.

魏嘉典. 1981. 莜麦病害概述[J]. 北方农业学报,01:41-45.

魏臻武,尹大海,王槐三. 1995. 电导法配合 Logistic 方程确定燕麦冰冻半致死温度[J]. 青海畜牧兽医杂志,25(1):11-13.

吴斌,张茜,宋高原,等. 2014. 裸燕麦 SSR 标记连锁群图谱的构建及 β-葡聚糖含量 QTL 的定位[J]. 中国农业科学,47(6):1208-1215.

吴凯. 2018. 农作物 SNP 芯片技术及其在分子育种中的应用[J]. 山西农业科学,46(4):670-672.

吴娜,曾昭海,任长忠,等. 2008. 播期对裸燕麦生物学特性和产量的影响[J]. 麦类作物学报,28(3):496-501.

伍正容,狄永国. 2014. 昭通市昭阳区燕麦低产原因及高产栽培技术[J]. 现代农业科技,1:70-70.

相怀军,张宗文,吴斌. 2010. 利用 AFLP 标记分析皮燕麦种质资源遗传多样性[J]. 植物遗传资源学报，11（3）：271-277.

相怀军. 2010. 燕麦种质遗传多样性及坚黑穗病抗性 QTL 定位[D]. 硕士学位论文. 中国农业科学院.

肖大海，杨海鹏. 1992. 我国燕麦遗传资源的收集与鉴定概况[J]. 作物品种资源，3：7-8.

谢明恩，张万诚. 2000. 云南短期气候预测方法与模型[M]. 北京：气象出版社：11-14.

新楠，董瑞峰，樊明寿. 2013. 裸燕麦胚乳发育过程细胞学研究[J]. 天津农学院学报，20（1）：7-10.

熊仿秋，钟林，刘纲，等. 2012. 燕麦新品种展示试验[J]. 西昌农业科技，1：6-9.

徐春红，张维东. 2010. 除草剂 2,4-D 丁酯药害产生的原因及预防措施[J]. 上海蔬菜，2：73-74.

徐微，张宗文，吴斌，等. 2009. 裸燕麦种质资源 AFLP 标记遗传多样性分析[J]. 作物学报，35（12）：2205-2212.

徐微，张宗文，张恩来，等. 2013. 大粒裸燕麦（*Avena nuda L.*）遗传连锁图谱的构建[J]. 植物遗传资源学报，14（4）：673-678.

徐裕华. 1991. 西南气候[M]. 北京：气象出版社.

徐长林. 2012. 高寒牧区不同燕麦品种生长特性比较研究[J]. 草业学报，21（2）.

严文梅. 1965. 裸燕麦不孕性原因的研究[J]. 作物学报，4.

颜红海. 2013. 基于 *Pgk*1、*Acc*-1 和 *psbA-trn*H 序列以及谷蛋白电泳的燕麦属物种系统发育研究[D]. 硕士学位论文. 四川农业大学.

颜红海. 2017. 燕麦属物种种间关系研究及栽培燕麦皮裸性状全基因组关联分析[D]. 博士学位论文. 四川农业大学.

杨才，王秀英. 2001. 极早熟高产莜麦新品种花早 2 号的选育[J]. 作物杂志，5：46-46.

杨才，赵云云，王秀英，等. 2005. 采用 *A. magna* × *A. nuda* 种间杂交技术育成高蛋白 *A. nuda* 新种质 S109 和 S20[J]. 河北北方学院学报（自然科学版），21（1）：36-40.

杨海鹏，孙泽民. 1989. 中国燕麦[M]. 北京：农业出版社.

杨健康，王韵雪，刘元剑. 2009. 燕麦的特征特性及高产栽培技术[J]. 中国园艺文摘，12：168-169.

杨丽. 2004. 两种燕麦品种的比较试验[J]. 四川畜牧兽医，31（6）：28-29.

姚明久，程明军，何光武，等. 2018. 9 个燕麦品种在成都平原的产量和营养品质分析[J]. 四川畜牧兽医，（1）：24-26.

余世学，曹吉祥，李军凉. 2010. 凉山州燕麦产业发张现状及对策思考[J]. 杂粮作物，30（5）：375-378.

俞益，周良炎. 1997. 燕麦染色体 C-分带研究[J]. 华北农学报，12（3）：69-72.

袁福锦，薛世明，李继中，等. 2013. 迪庆州草地畜牧业生产现状及发展思路[J]. 养殖与饲料，1：54-58.

袁军海，曹丽霞，张立军，等. 2014. 100 份燕麦种质资源抗秆锈病鉴定[J]. 河南农业科学，43（1）：89-92.

张翠萍.1999. 莜麦的黑穗病及其防治[J]. 现代农业, 2: 1-1.

张恩来. 2008. 燕麦核心种质构建及其遗传多样性研究[D]. 硕士学位论文. 中国农业科学院.

张桂芳, 斯那七皮, 唐世文. 2017. 云南省迪庆州燕麦饲草产业发展现状及对策思考[J]. 中国农业信息, 22: 23-25.

张海英, 刘永刚, 郭建国. 2010. 两种悬浮种衣剂对燕麦蚜虫及红叶病的防治效果[J]. 麦类作物学报, 30(4): 775-777.

张克厚. 2006. 美国优质燕麦在甘肃省的试验结果分析及其启示[J]. 世界农业, 5: 48-49.

张向前, 刘景辉, 齐冰洁, 等. 2010. 燕麦种质资源主要农艺性状的遗传多样性分析[J]. 植物遗传资源学报, 11(2): 168-174.

张玉霞, 王国基, 姚拓, 等. 2015. 燕麦散黑穗病防治药剂筛选及其对燕麦幼苗生长的影响[J]. 草地学报, 23(3): 616-622.

赵宝平, 武俊英. 2017. 莜麦[M]. 北京: 中国农业科学技术出版社.

赵宝平, 张娜, 任长忠, 等. 2010. 光周期对燕麦生育时期和穗分化的影响[J]. 生态学报, 31(9): 2492-2500.

赵彬, 向达兵, 毛春, 等. 2015. 黔西北地区燕麦品种引种栽培试验初报[J]. 农业科技通讯, 12: 116-118.

赵昌. 2003. 高脂血症的克星——莜麦[J]. 饮食科学, 11: 22-22.

赵峰, 郭满库, 郭成, 等. 2017. 213份燕麦种质的白粉病抗性评价[J]. 草业科学, 34(2): 331-338.

赵军. 2016. 燕麦矮秆基因 $DwWA$ 的初步定位[D]. 硕士学位论文. 四川农业大学.

赵世锋, 田长叶, 王志刚, 等. 2007. 我国燕麦生产和科研现状及未来发展方向[J]. 园艺与种苗, 27(6): 428-431.

郑殿升, 王晓鸣, 张京. 2006a. 燕麦种质资源描述规范和数据标准[M]. 北京: 中国农业出版社.

郑殿升, 吕耀昌, 田长叶, 等. 2006b. 中国裸燕麦 β-葡聚糖含量的鉴定研究[J]. 植物遗传资源学报, 7(1): 54-58.

郑殿升, 张宗文. 2017. 中国燕麦种质资源国外引种与利用[J]. 植物遗传资源学报, 18(6): 1001-1005.

郑殿生. 2006. 燕麦[M]//董玉琛, 郑殿生. 中国作物及其野生近缘植物: 粮食作物卷. 北京: 中国农业出版社: 250-277.

钟林, 熊仿秋, 刘纲, 等. 2016. 凉山州燕麦育成品种筛选[J]. 农业科技通讯, 7: 81-84.

周萍萍, 赵军, 颜红海, 等. 2015. 播期、播种量与施肥量对裸燕麦籽粒产量及农艺性状的影响[J]. 草业科学, 32(3): 433-441.

周萍萍. 2017. 基于 $Rpb2$ 基因序列的燕麦属物种关系研究及中国裸燕麦种质资源遗传多样性分析[D]. 硕士学位论文. 四川农业大学.

周素婷, 唐世文, 王文军, 等. 2016. 燕麦品种"迪燕1号"高产栽培综合技术[J]. 云南农业,

7：23-24.

周小刚，张辉. 2006. 四川农田常见杂草原色图谱[M]. 成都：四川科学技术出版社.

周赟，侯永顺，杨任松. 2008. 永胜县高寒山区燕麦品种筛选试验研究[J]. 云南农业科技，6：49-50.

朱广周，郭成燕. 2016. 有机燕麦高产栽培技术探索[J]. 四川农业科技，2：29-30.

左相兵，付薇，杨正德，等. 2012. 贵州饲用燕麦种质资源农艺性状的遗传多样性分析[J]. 贵州农业科学，40(6)：9-13.

С. И. Гриб，甘盛馨. 1992. 燕麦生产过程的形态生理规律[J]. 麦类作物学报，1：42-43.

Acevedo M，Jackson E W，Chong J，et al. 2010. Identification and validation of quantitative trait loci for partial resistance to crown rust in oat[J]. Phytopathology，100(5)：511-521.

Admassu-Yimer B，Bonman J M，Esvelt Klos K. 2018. Mapping of crown rust resistance gene Pc53 in oat (Avena sativa)[J]. Plos One，13(12)：e0209105.

Andrews K R，Good J M，Miller M R，et al. 2016. Harnessing the power of RADseq for ecological and evolutionary genomics[J]. Nature Reviews Genetics，17(2)：81-92.

Asoro F G，Newell M A，Scott M P，et al. 2013. Genome-wide association study for beta-glucan concentration in elite North American oat[J]. Crop Science，53(2)：542-553.

Aung T，Chong J，Leggett M. 1996. The transfer of crown rust resistance Pc94 from a wild diploid to cultivated hexaploid oat[M]. In：Kema G. H. J，Niks R. E，Daamen R. A(eds)[M] Proc. 9th Int. Eur. Mediterr. Cereal Rusts and Powdery Mildews Conf. Lunteren Netherlands. Wageningen，European and Mediterranean Cereal Rust Foundation，pp 167-171.

Badaeva E D，Loskutov I G，Shelukhina O Y，et al. 2005. Cytogenetic analysis of diploid Avena L. species containing the as genome [J]. Genetika，41(12)：1718-1724.

Badaeva E D，Oiu S，Dedkova O S，et al. 2011. Comparative cytogenetic analysis of hexaploid Avena L. species[J]. Russian Journal of Genetics，47(6)：691.

Badaeva E D，Shelukhina O Y，Goryunova S V，et al. 2010. Phylogenetic relationships of tetraploid AB-genome Avena species evaluated by means of cytogenetic (C-banding and FISH) and RAPD analyses [J]. Journal of Botany，2010：1-13.

Baird N A，Etter P D，Atwood T S，et al. 2008. Rapid SNP discovery and genetic mapping using sequenced RAD markers[J]. Plos One，3(10)：e3376.

Baum B R，Rajhathy T，Sampson D R. 1973. An important new diploid Avena species discovered on the Canary Island[J]. Canadian Journal of Botany，51(51)：759-762.

Baum B R，Rajhathy T. 1976. A study of Avena macrostachya [J]. Canadian Journal of Botany，54(21)：2434-2439.

Baum B R. 1977. Oats：wild and cultivated. A monograph of the genus Avena L. (Poaceae)[M]. Minister of Supply and Services.

Beer S C，Goffreda J，Phillips T D，et al. 1993. Assessment of genetic variation in Avena *sterilis* using morphological traits, isozymes, and RFLPs[J]. Crop Science, 33(6): 1386-1393.

Boczkowska M, Nowosielski J, Nowosielska D, et al. 2014. Assessing genetic diversity in 23 early Polish oat cultivars based on molecular and morphological studies[J]. Genetic Resources and Crop Evolution, 61(5): 927-941.

Boczkowska M, Tarczyk E. 2013. Genetic diversity among Polish landraces of common oat (*Avena sativa* L.)[J]. Genetic Resources and Crop Evolution, 60(7): 2157-2169.

Brown C M, Craddock J C. 1972. Oil content and groat weight of entries in the world oat collection[J]. Crop Science, 12(4): 514-515.

Brown P D, McKenzie R I H, Mikaelsen K. 1980. Agronomic, genetic and cytologic evaluation of vigorous new semidwarf oat[J]. Crop Science, 20: 303-306.

Bush A L, Wise R P, Rayapati P J, et al. 1994. Restriction fragment length polymorphisms linked to genes for resistance to crown rust (*Puccinia coronata*) in near isogenic lines of hexaploid oat (*Avena sativa*)[J]. Genome, 37: 823-831.

Bush A L, Wise R P. 1996. Crown rust resistance loci on linkage groups 4 and 13 in cultivated oat[J]. Journal of Heredity, 87(6): 427-432.

Bush A L, Wise R P. 1998. High-resolution mapping adjacent to the *Pc*71 crown-rust resistance locus in hexaploid oat[J]. Molecular Breeding, 4(1): 13-21.

Cabral A L, Gnanesh B N, Fetch J M, et al. 2014. Oat fungal diseases and the application of molecular marker technology for their control[M] // In: Goyal A, Manoharachary C (eds). Future Challenges in Crop Protection Against Fungal Pathogens. Springer, New York, NY, pp 343-358.

Carson M L. 2009. Broad-spectrum resistance to crown rust, *Puccinia coronata* f. sp. *avenae*, in accessions of the tetraploid slender oat, *Avena barbata*[J]. Plant Disease, 93: 363-366.

Carson M L. 2011. Virulence in oat crown rust (*Puccinia coronata* f. sp. *avenae*) in the United States from 2006 through 2009[J]. Plant Disease, 95: 1528-1534.

Catchen J M, Amores A, Hohenlohe P, et al. 2011. Stacks: building and genotyping loci de novo from short-read sequences[J]. G3: Genes|Genomes|Genetics, 1(3): 171-182.

Chaffin A S, Huang Y F, Smith S, et al. 2016. A consensus map in cultivated hexaploid oat reveals conserved grass synteny with substantial subgenome rearrangement[J]. The Plant Genome, 9(2).

Chen G, Chong J, Gray M, et al. 2006. Identification of single-nucleotide polymorphisms linked to resistance gene *Pc*68 to crown rust in cultivated oat[J]. Canadian Journal of Plant Patholoy, 28(2): 214-222.

Chen G, Chong J, Prashar S, et al. 2007. Discovery and genotyping of high-throughput SNP markers for crown rust resistance gene *Pc*94 in cultivated oat[J]. Plant Breeding,

126(4): 379-384.

Chen Q, Armstrong K. 1994. Genomic in situ hybridization in *Avena sativa*[J]. Genome, 37(4): 607-612.

Cheng D W, Armstrong K C, Drouin G, et al. 2003. Isolation and identification of Triticeae chromosome 1 receptor-like kinase genes (*Lrk*10) from diploid, tetraploid, and hexaploid species of the genus *Avena*[J]. Genome, 46(1): 119-127.

Cherewick W J, McKenzie R I H. 1969. Inheritance of resistance to loose smut and covered smut in the oat varieties Black Mesdag, Camas, and Rodney[J]. Canadian Journal of Genetics and Cytology, 11(4): 919-923.

Chong J, Brown P D. 1996. Genetics of resistance to *Puccinia coronata* f. sp. *avenae* in two *Avena sativa* accessions[J]. Canadian Journal of Plant Pathology, 18(3): 286-292.

Chong J, Gruenke J, Dueck R, et al. 2008. Virulence of oat crown rust *Puccinia coronata* f. sp. *avenae* in Canada during 2002—2006[J]. Canadian Journal of Plant Pathology, 30: 115-123.

Chong J, Gruenke J, Dueck R, et al. 2011. Virulence of *Puccinia coronata* f. sp. *avenae* in the Eastern Prairie Region of Canada during 2007—2009[J]. Canadian Journal of Plant Pathology, 33(1): 77-87.

Chong J, Howes N K, Brown P D, et al. 1994. Identification of the stem rust resistance gene *Pg*9 and its association with crown rust resistance and endosperm proteins in 'Dumont' oat[J]. Genome, 37(3): 440-447.

Chong J, Reimer E, Somers D, et al. 2004. Development of sequence-characterized amplified region(SCAR) markers for resistance gene *Pc*94 to crown rust inoat[J]. Canadian Journal of Plant Pathology, 26: 89-96.

Chong J, Seaman W L. 1997. Incidence and virulence of *Puccinia coronata* f. sp. *avenae* in Canada in 1995[J]. Canadian Journal of Plant Pathology, 19: 176-180.

Christin P A, Besnard G, Samaritani E, et al. 2008. Oligocene CO_2 decline promoted C_4 photosynthesis in grasses [J]. Currient Biology, 18(1): 37-43.

Christin P A, Spriggs E, Osborne C P, et al. 2014. Molecular dating, evolutionary rates, and the ages of the grasses [J]. System Biology, 63(2): 153-165.

Coffman F A. 1961. Origin and history. In: Coffman F. A (ed). Oats and oat improvement [M]. American Society of Agronomy, Madison, Wisconsin, USA.

Cosson ME, Durie de Maisonneuve MC. 1855. Expl. sci. Alger. II: 104-114.

Darmency H, Aujas C. 1986. Polymorphism for vernalization requirement in a population of *Avena fatua*[J]. Botany, 64(4): 730-733.

Davies D W, Jones E T. 1927. Further studies on the inheritance of resistance to crown rust (*P. coronata Corda*) in F3 segregates of a cross between Red Rustproof (*A. sterilis*) Scotch Potato oats (*A. sativa*)[J]. Welsh Journal of Agriculture, 11: 232-235.

De Candolle A. 1886. Origin of cultivated plants [M]. Paul, Trench.

De Koeyer D L, Stuthman D D. 2001. Allelic shifts and quantitativetrait loci in a recurrent selection population of oat[J]. Crop Science, 41: 1228-1234.

De Koeyer D L, Tinker N A, Wight C P, et al. 2004. A molecular linkage map with associated QTL from a hulless × covered spring oat population[J]. Theoretical and Applied Genetics, 108: 1285-1298.

Devos K M, Gale M D. 2000. Genome relationships: the grass model in current research [J]. The Plant Cell, 12(5): 637-646.

Díaz-Lago J E, Stuthman D D, Abadie T E. 2002. Recurrent selection for partial resistance to crown rust in oat[J]. Crop Science, 42: 1475-1482.

Diederichsen A. 2008. Assessments of genetic diversity within a world collection of cultivated hexaploid oat (*Avena sativa* L.) based on qualitative morphological characters[J]. Genetic Resources and Crop Evolution, 55(3): 419-440.

Dietz S M, Murphy H C. 1930. Inheritance of resistance to *Puccinia coronata avenae*, p. f. Ⅲ[J]. Phytopathology, 20: 120

Drossou A, Katsiokis A, Leggett J M, et al. 2004. Genome and speciesrelationships in genus Avena based on RAPD and AFLP molecularmarkers [J]. Theoretical and Applied Genetics, 109(1): 48-54.

Dyck P L, Zillinsky F J. 1963. Inheritance of crown rust resistance transferred from diploid to hexaploid oats[J]. Canadian Journal of Genetics and Cytology, 5: 398-407.

Dyck P L. 1966. Inheritance of stem rust resistance and other characteristics in diploid oats, *Avena strigosa*[J]. Canadian Journal of Genetics and Cytology, 8(3): 444-450.

Eaton D A R. 2014. PyRAD: assembly of de novo RADseq loci for phylogenetic analyses [J]. Bioinformatics, 30(13): 1844-1849.

Elshire R J, Glaubitz J C, Sun Q, et al. 2011. A robust, simple genotyping-by- sequencing (GBS) approach for high diversity species[J]. Plos One, 6(5): e19379.

Esvelt Klos K, Huang Y F, Bekele W A, et al. 2016. Population genomics related to adaptation in elite oat germplasm[J]. Plant Genome, 9(2).

Etheridge W C. 1916. classification of the varieties of cultivated oats[J].

Fabijanski S, Fedak G, Armstrong K, et al. 1990. A repeated sequence probe for the C genome in *Avena* (Oats) [J]. Theoretical and Applied Genetics, 79(1): 1-7.

Farnham M W, Stuthman D D, Pomeranke G J. 1990. Inheritance of and selection for panicle exsertion in semidwarf oat[J]. Crop Science, 30(2): 328-334.

Fetch T G, Jin Y. 2007. Letter code system of nomenclature for *Puccinia graminis* f. sp. *avenae*[J]. Plant Disease, 91: 763-766.

Fetch T, Dunsmore K. 2003. Stem rust of cereals in western Canada in 2002[J]. Canadian Plant Disease Survey, 83: 76-77.

Finkner R E，Atkins R E，Murphy H C. 1955. Inheritance of resistance to two races of crown rust in oats. Iowa State College Journal of Science，30：211-228.

Finkner V C. 1954. Genetics factors governing resistance and susceptibility of oats to *Puccinia coronata Corda* var. *avenae*，F. and L.，race 57[J]. Iowa Agricultural Experiment Station Research Bulletin，411：1039-1063.

Fleischmann G，Mckenzie R I H，Shipton W A. 1971a. Inheritance of Crown Rust Resistance in *Avena sterilis* L. from Israel[J]. Crop Science，11(3)：451-453.

Fleischmann G，Mckenzie R I H，Shipton W A. 1971b. Inheritance of crown rust resistance genes in *Avena sterilis* collections from Israel，Portugal，and Tunisia[J]. Genome，13(2)：251-255.

Fleischmann G，Mckenzie R I H. 1968. Inheritance of crown rust resistance in *Avena sterilis*[J]. Crop Science，8(6)：710-713.

Fominaya A，Hueros G，Loarce Y，et al. 1995. Chromosomal distribution of a repeated DNA sequence from C-genome heterochromatin and the identification of a new ribosomal DNA locus in the *Avena* genus[J]. Genome，38(3)：548-557.

Fominaya A，Loarce Y，Montes A，et al. 2017. Chromosomal distribution patterns of the $(AC)_{10}$ microsatellite and other repetitive sequences，and their use in chromosome rearrangement analysis of species of the genus *Avena*[J]. Genome，60(3)：216-227.

Fominaya A，Vega C，Ferrer E. 1988a. Giemsa C-banded karyotypes of *Avena* species[J]. Genome，30(5)：627-632.

Fominaya A，Vega C，Ferrer E. 1988b. C-banding and nucleolar activity of tetraploid *Avena* species[J]. Genome，30(5)：633-638.

Fox S L，Brown P D，Chong J. 1997. Inheritance of crown rust resistance in four accessions of *Avena sterilis* L.[J]. Crop Science，37(2)：342-345.

Fox S L，Jellen E N，Kianian S F，et al. 2001. Assignment of RFLP linkage groups to chromosomes using monosomic F1 analysis in hexaploid oat[J]. Theoretical and Applied Genetics，102(2-3)：320-326.

Frey K J，Holland J B. 1999. Nine cycles of recurrent selection for increased groat-oil content in oat[J]. Crop Science，39(6)：1636-1641.

Fu Y B，Kibite S，Richards K. 2004. Amplified fragment length polymorphism analysis of 96 Canadian oat cultivars released between 1886 and 2001[J]. Canadian Journal of Plant Science，84(1)：23-30.

Fu Y B，Peterson G W，Scoles G，et al. 2003. Allelic diversity changes in 96 Canadian oat cultivars released from 1886 to 2000[J]. Crop Science，43(6)：1989-1995.

Fu Y B，Peterson G W，Williams D，et al. 2005. Patterns of AFLP variation in a core subset of cultivated hexaploid oat germplasm[J]. Theoretical and Applied Genetics，111(3)：530-539.

Gnanesh B N, Fetch J M, Menzies J G, et al. 2013. Chromosome location and allele-specific PCR markers for marker-assisted selection of the oat crown rust resistance gene $Pc91$[J]. Molecular Breeding, 32(3): 679-686.

Gnanesh B N, Fetch J M, Zegeye T, et al. 2014. oat[M]. In: Pratap A, Kumar J(eds). Alien Gene Transfer in Crop Plants, Volume 2. Springer, New York, NY, pp. 51-73.

Gnanesh B N, McCartney C A, Eckstein P E, et al. 2015. Genetic analysis and molecular mapping of a seedling crown rust resistance gene in oat[J]. Theoretical and applied genetics, 128(2): 247-258.

Grains E F. 1925. Resistance to covered smut in varieties and hybrids of oats[J]. Journal of the American Society of Agronomy, 17: 775-789.

Grisebach. 1844. Spicil flora Rumel. Ⅱ: 1-452.

Groh S, Zacharias A, Kianian S F, et al. 2001. Comparative AFLP mapping in two hexaploid oat populations[J]. Theoretical and Applied Genetics, 102: 876-884.

Hagmann E, von Post L, von Post R, et al. 2011. QTL mapping of powdery mildew resistance in oats using DArT markers[C]. In: Proceedings of 15th International EWAC Conference. pp: 7-11.

Harder D E, Chong J, Brown P D, et al. 1990. Inheritance of resistance to *Puccinia coronata avenae* and *P. graminis avenae* in an accession of *Avena sterilis* from Spain[J]. Genome, 33(2): 198-202.

Harder D E, Chong J, Brown P D. 1995. Stem and crown rust resistance in the Wisconsin oat selection X1588-2[J]. Crop Science, 35(4): 1011-1015.

Harder D E, Mckenzie R I H, Martens J W. 1980. Inheritance of crown rust resistance in three accessions of *Avena sterilis*[J]. Canadian Journal of Genetics and Cytology, 22(1): 27-33.

Harder D E, Rih M K, Martens J W. 1984. Inheritance of adult plant resistance to crown rust in an accession of *Avena sterilis*[J]. Phytopathology, 74(3): 352-353.

Hayes H K, Moore M B, Stakman E C. 1939. Studies of inheritance in crosses between Bond, *Avena byzantina*, and varieties of *A. sativa*[J]. Minesota Agricutural Experiment Sation Technical Bulletin, 137: 1-38.

He X, Bjørnstad A. 2012. Diversity of North European oat analyzed by SSR, AFLP and DArT markers[J]. Theoretical and Applied Genetics, 125(1): 57-70.

He X, Skinnes H, Oliver R, et al. 2013. Linkage mapping and identification of QTL affecting deoxynivalenol (DON) content (Fusarium resistance) in oats (*Avena sativa* L.)[J]. Theoretical and Applied Genetics, 126(10): 2655-2670.

Herrmann M H, Yu J, Beuch S, et al. 2014. Quantitative trait loci for quality and agronomic traits in two advanced backcross populations in oat (*Avena sativa* L.)[J]. Plant Breeding, 133(5): 588-601.

Heun M, Murphy J P, Phillips T D. 1994. A comparison of RAPD and isozyme analyses for determining the genetic relationships among *Avena sterilis* L. accessions[J]. Theoretical and Applied Genetics, 87(6): 689-696.

Hizbai B T, Gardner K M, Wight C P, et al. 2012. Quantitative trait loci affecting oil content, oil composition, and other agronomically important traits in oat[J]. The Plant Genome, 5(3): 164-175.

Hoffman D L, Chong J, Jackson E W, et al. 2006. Characterization and mapping of a crown rust resistance gene complex (*Pc*58) in TAM O-301[J]. Crop Science, 46(6): 2630-2635.

Holden J H W. 1996. Species relationships in the Avenue [J]. Chromosoma, 20: 75-124.

Holland J B, Moser H S, O'Donoughue L S, et al. 1997. QTL sand epistasis associated with vernalization responses in oat[J]. Crop Science, 37: 1306-1316.

Holland J B, Portyanko V. A, Hoffman D A, et al. 2002. Genomic regions controlling vernalization and photoperiod responses in oat[J]. Theoretical and Applied Genetics, 105: 113-126.

Howes N K, Chong J, Brown P D. 1992. Oat endosperm proteins associated with resistance to stem rust of oats[J]. Genome, 35: 120-125.

Hsam S L K, Mohler V, Zeller F J. 2014. The genetics of resistance to powdery mildew in cultivated oats (*Avena sativa* L.): current status of major genes[J]. Journal of Applied Genetics, 55(2): 155-162.

Hsam S L K, Peters N, Paderina E V, et al. 1997. Genetic studies of powdery mildew resistance in common oat (*Avena sativa* L.). I. Cultivars and breeding lines grown in Western Europe and North America[J]. Euphytica, 96: 421-427.

Irigoyen M L, Ferrer E, Loarce Y. 2006. Cloning and characterization of resistance gene analogs from *Avena* species[J]. Genome, 49(1): 54-63.

Irigoyen M L, Loarce Y, Fominaya A, et al. 2004. Isolation and mapping of resistance gene analogs from the *Avena strigosa* genome[J]. Theoretical and Applied Genetics, 109(4): 713-724.

Irigoyen M, Loarce Y, Linares C, et al. 2001. Discrimination of the closely related A and B genomes in AABB tetraploid species of *Avena* [J]. Theoretical and Applied Genetics, 103(8): 1160-1166.

Jaccoud D, Peng K, Feinstein D, et al. 2001. Diversity arrays: a solid state technology for sequence information independent genotyping. Nucleic acids research, 29(4): e25.

Jackson E W, Obert D E, Avant J B, et al. 2010. Quantitative trait loci in the Ogle/TAM O-301 oat mapping population controlling resistance to *Puccinia coronata* in the field[J]. Phytopathology, 100(5): 484-492.

Jackson E W, Obert D E, Menz M, et al. 2007. Characterization and mapping of oat crown rust resistance genes using three assessment methods[J]. Phytopathology，97(9)：1063-1070.

Jackson E W，Obert D E，Menz M，et al. 2008. Qualitative and quantitative trait loci conditioning resistance to *Puccinia coronata* pathotypes NQMG and LGCG in the oat (*Avena sativa* L.) cultivars Ogle and TAM O-301[J]. Theoretical and Applied Genetics，116(4)：517-527.

Jellen E N，Gill B S，Cox T S. 1994. Genomic in situ hybridization differentiates between A/D- and C-genome chromatin and detects intergenomic translocations in polyploid oat species (genus *Avena*) [J]. Genome，37(4)：613-618.

Jellen E N，Rines H W，Fox S L，et al. 1997. Characterization of 'Sun Ⅱ' oat monosomics through C-banding and identification of eight new 'Sun II' monosomics[J]. Theoretical and Applied Genetics，95(8)：1190-1195.

Jin H，Domier L. L，Shen X，et al. 2000. Combined AFLP and RFLP mapping in two hexaploid oat recombinant inbred populations[J]. Genome，43(1)：94-101.

Katsiotis A，Hagidimitriou M，Heslop-Harrison J S. 1997. The close relationship between the A and B genomes in *Avena* L. (Poaceae) determined by molecular cytogenetic analysis of total genomic，tandemly and dispersed repetitive DNA sequences[J]. Annals of Botany，79(2)：103-109.

Katsiotis A，Schmidt T，Heslop-Harrison J S. 1996. Chromosomal and genomic organization of Ty1-copia-like retrotransposon sequences in the genus *Avena*[J]. Genome，39(2)：410-417.

Kebede A Z，Friesen-Enns J R，Gnanesh B N，et al. 2018. Mapping oat crown rust resistance gene *Pc*45 confirms association with *PcKM*[J]. G3：Genes，Genomes，Genetics，2：505-511.

Kianian S F，Egli M A，Phillips R L，et al. 1999. Association of a major groat oil contentQTL and an acetyl-CoA carboxylase gene in oat[J]. Theoretical and Applied Genetics，98：884-894.

Kianian S F，Fox S L，Groh S，et al. 2001. Molecular marker linkage maps indiploid and hexaploid oat (*Avena* sp.)[M]. In：Phillips R. L，Vasill. K (eds). DNA-based markers in plants. Kluwer，Dordrecht，pp 443-462.

Kianian S F，Phillips R L，Rines H W，et al. 2000. Quantitative trait loci influencing β-glucan content in oat (*Avena sativa*，2n＝6x＝42)[J]. Theoretical and Applied Genetics，101：1049-1055.

Kiehn F A，McKenzie R I H，Harder D E. 1976. Inheritance of resistance to *Puccinia coronata avenae* and its association with seed characteristics in four accessions of *Avena sterilis*[J]. Canadian Journal of Genetics and Cytology，18(4)：717-726.

Kihara H，Nishiyama I. 1932. Different compatibility in reciprocal crosses of *Avena*，with special reference to tetraploid hybrids between hexaploid and diploid species [J]. Japanes Journal of Botany, 6: 245-305.

Kihara H. 1924. Zytologische und genetische Studien bei wichiti-gen Getreidearten mit besonderer Rucksicht auf das Verhalten der Chromosomen und die Sterilitat in den Bastar-den. Mem. Coil. Sci. Kyoto Imp. Univ. B: 1-200.

King S R, Bacon R K. 1992. Vernalization requirement of winter and spring oat genotypes [J]. Crop Science, 32(3): 677-680.

Koch C. 1848. Beitrage zu einer Flora des Orientes. Linneaea. XXI: 289-443.

Kremer C A, Lee M, Holland J B. 2001. A restriction fragmentlength polymorphism based linkage map of a diploid *Avena* recombinant inbred line population[J]. Genome, 44: 192-204.

Kulcheski F R, Graichen F A S, José A M, et al. 2010. Molecular mapping of *Pc*68, a crown rust resistance gene in *Avena sativa*[J]. Euphytica, 175(3): 423-432.

Ladizinsky G. 1971. *Avena prostrata*: A new diploid species of oat[J]. Israel Joutnal of Botany, 20(1): 297-301.

Ladizinsky G. 1998. A new species of *Avena* from Sicily, possibly the tetraploid progenitor of hexaploid oats [J]. Genetic Resources & Crop Evolution, 45(3): 263-269.

Ladizinsky G. 2012. Studies in Oat Evolution: A Man's Life with *Avena* [M]. Heidelberg: Springer. 1-96.

Lambalk J J M, Faber N M, Bruijnis A B, et al. 2004. Method for obtaining a plant with a lasting resistance to a pathogen[P]. U. S. Patent 7,501,555. 2009-3-10.

Leggett J M, Markhand G S. 1995. The genomic identification of some monosomics of *Avena sativa* L. cv. S [J]. Genome, 38(4): 747-751.

Leggett J M, Thomas H M, Meredith M R, et al. 1994. Intergenomic translocations and the genomic composition of *Avena maroccana* Gdgr. revealed by FISH [J]. Chromosome Research, 2(2): 163-164.

Leggett J M, Thomas H. 1995. Oat evolution and cytogenetics. In: Welch R. W (ed). The oat crop: production and utilization[M]. Chapman and Hall, London, pp 120-149.

Leggett J M. 1980. Chromosome relationships and morphological comparisons between the diploid oats *Avena prostrata*, *A. canariensis* and the tetraploid *A. maroccana* [J]. Genome, 22(2): 287-294.

Leggett J M. 1989. Interspecific diploid hybrids in *Avena*[J]. Genome, 32(2): 346-348.

Leonard K J. 2003. Regional frequencies of virulence in oat crown rust in the United States from 1990 through 2000[J]. Plant Disease, 87(11): 1301-1310.

Li C D, Rossnagel B G, Scoles G J. 2000a. The development of oat microsatellite markers and their use in identifying relationships among *Avena* species and oat cultivars. Theoretical and Applied Genetics, 101(8): 1259-1268.

Li C D，Rossnagel B G，Scoles G J. 2000b. Tracing the phylogeny of the hexaploid oat with Satellite DNAs[J]. Crop Science，40(6)：1755-1763.

Li R，Wang S，Duan L，et al. 2007. Genetic diversity of wild oat (*Avena fatua*) populations from China and the United States[J]. Weed Science，55(2)：95-101.

Li T，Cao Y，Wu X，et al. 2015. First report on race and virulence characterization of *Puccinia graminis* f. sp. *avenae* and resistance of oat cultivars in China[J]. European Journal of Plant Pathology，142(1)：85-91.

Li W T，Peng Y Y，Wei Y M，et al. 2009. Relationships among *Avena* species as revealed by consensus chloroplast simple sequence repeat (ccSSR) markers [J]. Genetic Resources & Crop Evolution，56(4)：465-480.

Lin Y，Gnanesh B. N，Chong J，et al. 2014. A major quantitative trait locus conferring adult plant partial resistance to crown rust in oat[J]. BMC Plant Biology，14：250.

Linares C，Ferrer E，Fominaya A. 1998. Discrimination of the closely related A and D genomes of the hexaploid oat *Avena sativa* L[J]. Proceedings of the National Academy of Sciences of the United States of America，95(21)：12450-12455.

Linares C，González J，Ferrer E，et al. 1996. The use of double FISH to physically map the positions of 5S rDNA genes in relation to the chromosomal location of 18S-5. 8S-26S rDNA and a C genome specific DNA sequence in the genus *Avena*[J]. Genome，39(3)：535-542.

Linnean C. 1753. *Avena* L. [M]. Species Plantarum. Holmiae：Laurentius Salvius.

Litzenberger S C. 1949. Inheritance of resistance to specific races of crown and stem rust，to Helminthosporium blight，and of certain agronomic characters of oats[J]. Iowa Agricultural Experiment Station Research Bulletin，370：453-496.

Locatelli A B，Federizzi L C，Milach S C K，et al. 2006. Loci affecting flowering time in oat under short-day conditions[J]. Genome，49(12)：1528-1538.

Loskutov I G，Abramova L I. 1999. Morphological and karyological inventarization of species *Avena* L. genus [J]. Tsitologiya(Cytology)，41(11)：1069-1070.

Loskutov I G，Rines H W. 2011. *Avena*[M]. Springer.

Loskutov I G. 2001. Interspecific Crosses in the Genus *Avena* L [J]. Russian Journal of Genetics，37(5)：467-475.

Loskutov I G. 2007. Oat (*Avena* L.). distribution, taxonomy, evolution and breeding value[M]. VIR, St. Peterburg, Russia.

Loskutov I G. 2008. On evolutionary pathways of *Avena* species [J]. Genetic Resources and Crop Evolution，55(2)：211-220.

Loskutov I G. 2010. Vavilov and his Institute：a history of the world collection of plant genetic resources in Russia [M].

Lu F，Lipka A E，Glaubitz J，et al. 2013. Switchgrass genomic diversity，ploidy，and evolution: novel insights from a network-sased SNP discovery protocol[J]. Plos Genetics, 9 (1): e1003215.

Lyrene P M, Shands H L. 1975. Groat protein percentage in *Avena sativa* × *A. sterilis* crosses in early generation[J]. Crop Science, 15(3): 398-400.

Malzew A. 1930. Wild and Cultivated Oats: Sectio Euvena Griseb [M].

Marshall A, Cowan S, Edwards S, et al. 2013. Crops that feed the world 9. Oats- a cereal crop for human and livestock feed with industrial applications[J]. Food Security, 5(1): 13-33.

Marshall D R, Bieberstein VD. Flora Taur.‐Cauc. Ⅲ. Suppl. 1819, 84.

Marshall H G, Myers W M, 1961. A cytogenetic study of certain interspecific *Avena* hybrids, and the inheritance of resistance in diploid and tetrapolid varieties to races of crown and stem rust[J]. Crop Science, 1(1): 29-34.

Martens J W, McKenzie R I H, Fleischmann G. 1968. The inheritance of resistance to stem and crown rust in Kyto oats[J]. Canadian Journal of Genetics and Cytology, 10: 808-812.

Martens J W, McKenzie R I H, Harder D E. 1980. Resistance to *Puccinia graminis avenae* and *P. coronata avenae* in the wild and cultivated *Avena* populations of Iran, Iraq and Turkey[J]. Canadian Journal of Genetics and Cytology, 22: 641-649.

Martens J W, Rothman P G, McKenzie R I H, et al. 1981. Evidence for complementary gene action conferring resistance to *Puccinia graminis avenae* in *Avena sativa*[J]. Canadian Journal of Genetics and Cytology, 23: 591-595.

Martens J W. 1977. Stem rust of oats in Canada in 1977. Canadian Plant Disease, 58: 51-52.

Martens J W. 1985. Stem rust of oats. In: Roelfs AP, Bushnell WR (eds) The cereal rusts, vol. Ⅱ, disease, distribution, epidemiology and control[M]. Academic, New York, USA.

McCallum B D, Fetch T, Chong J. 2007. Cereal rust control in Canada[J]. Australian Journal of Agricultural Research, 58: 639-647.

McCartney C, Stonehouse R, Rossnagel B, et al. 2011. Mapping of the oat crown rust resistance gene *Pc*91[J]. Theoretical and Applied Genetics, 122(2): 317-325.

McKenna A, Hanna M, Banks E, et al. 2010. The Genome Analysis Toolkit: a MapReduce framework for analyzing next-generation DNA sequencing data[J]. Genome research, 20: 1297-1303.

Mckenzie R I H, Fleischmann G. 1964. The inheritance of crown rust resistance in selections from two israeli collections of *Avena sterilis*[J]. Genome, 6(2): 232-236.

Mckenzie R I H, Green G J. 1965. Stem rust resistance in oats. I. the inheritance of resistance to race 6af in six varieties of oats[J]. Genome, 7(2): 268-274.

Mckenzie R I H, Martens J W, Rajhathy T. 1970. Inheritance of oat stem rust resistance in a tunisian strain of *Avena sterilis*[J]. Genome，12(3)：501-505.

Mckenzie R I H，Martens J W. 1968. Inheritance in the oat strain C. I. 3034 of adult plant resistance to race C 10 of stem rust[J]. Crop Science，8(5)：625-627.

McKenzie R I H. 1961. Inheritance in oats of reaction to race 264 of oat crown rust[J]. Canadian Journal of Genetics and Cytology，3：308-311.

Mengistu L W，Messersmith C G，Christoffers M J. 2005. Genetic diversity of herbicide-resistant and -usceptible *Avena fatua* populations in North Dakota and Minnesota[J]. Weed Research，45(6)：413-423.

Milach S C K，Federizzi L C. 2001. Dwarfing genes in plant improvement[J]. Advances in Agronomy，73：35-63.

Milach S C K，Rines H W，Phillips R L，et al. 1998. Inheritance of a new dwarfing gene in oat[J]. Crop Science，38：356-360.

Milach S C K，Rines H W，Phillips R L. 1997. Molecular geneticmapping of dwarfing genes in oat[J]. Theoretical and Applied Genetics，95：783-790.

Milach S C K，Rines H W，Phillips R L. 2002. Plant height components and gibberellic acid response of oat dwarf lines [J]. Crop Science，42：1147-1154.

Mohler V，Zeller F，Hsam S K. 2012. Molecular mapping of powdery mildew resistance gene *Eg*-3 in cultivated oat (*Avena sativa* L. cv. Rollo)[J]. Journal of Applied Genetics，53(2)：145-148.

Molnar S J，Chapados J T，Satheeskumar S，et al. 2012. Comparative mapping of the oat *Dw*6/*dw*6 dwarfing locus using NILs and association with vacuolar proton ATPase subunit H[J]. Theoretical and Applied Genetics，124(6)：1115-1125.

Mordvinkina A I. 1969. Resistance species，ecologo-geographical groups and varieties to main diseases[J]. Works on Applied Botany，Genetics and Plant Breeding，39(3)：233-242.

Morikawa T. 1985. Identification of the 21 monosomic lines in *Avena byzantina*，C. Koch cv. 'Kanota'[J]. Theoretical and Applied Genetics，70(3)：271-278.

Murai K，Tsunewaki K. 1986. Phylogenetic relationships between *Avena* species revealed by the restriction endonuclease analysis of chloroplast and mitochondrial DNAs [J]. Proceedings of the Second International Oats，12：34-38.

Murphy H C，Stanton T R，Harland S. 1937. Breeding winter oats resistant to crown rust，smut，and cold[J]. Agronomy Journal，29：622-637.

Murphy H C，Zillinsky F J，Simons M D，et al. 1958. Inheritance of seed color and resistance to races of stem and crown rust in *Avena strigosa*[J]. Agronomy Journal，50(9)：539-541.

Murphy J P，Hoffman L A. 1992. The origin，history，and production of oat [J]. Oat Science & Technology：1-28.

Nava I C，Wight C P，Pacheco M T，et al. 2012. Tagging and mapping candidate loci for vernalization and flower initiation in hexaploid oat[J]. Molecular Breeding，30(3)：1295-1312.

Nawal A H，Peterson G W，Carolee H，et al. 2018. Genotyping-by-sequencing empowered genetic diversity analysis of Jordanian oat wild relative *Avena sterilis*［J］. Genetic Resources and Crop Evolution，65(8)：2069-2082.

Nettevich E D，Komar O A. 1980. Comparative study of photosynthetic potential and net photosynthetic production in relation to yield formation in barley and spring wheat[J]. Doklady Vsesoyuznoi Ordena Lenina i Ordena Trudovogo Krasnogo Znameni Akademii Sel'skokhozyaistvennykh Nauk Imeni Ⅵ Lenina，4：10-13.

Newell M A，Asoro F G，Scott M P，et al. 2012. Genome-wide association study for oat (*Avena sativa* L.) beta-glucan concentration using germplasm of worldwide origin[J]. Theoretical and Applied Genetics，125(8)：1687-1696.

Nielsen J. 1977. A collection of cultivars of oats immune or highly resistant to smut[J]. Canadian Journal of Plant Science，57(1)：199-212.

Nielsen J. 1978. Frequency and geographical distribution of resistance to *ustilago* in six wild species of *Avena*[J]. Canadian Journal of Plant Science，58(4)：1099-1101.

Nikoloudakis N，Bladenopoulos K，Katsiotis A. 2016. Structural patterns and genetic diversity among oat (*Avena*) landraces assessed by microsatellite markers and morphological analysis[J]. Genetic Resources and Crop Evolution，63(5)：801-811.

Nikoloudakis N，Katsiotis A. 2008. The origin of the C-genome and cytoplasm of *Avena* polyploids［J］. Theoretical and Applied Genetics，117(2)：273-281.

Nishiyama I. 1934. The genetics and cytology of certain cereals：Ⅵ. Chromosome behavior and its bearing on inheritance in triploid Avenahybrids[C]. Memoirs of the College of Agriculture. Kyoto：Kyoto University.

Nishiyama I. 1984. Interspecific cross-incompatibility system in the genus *Avena*［J］. The Botanical Magazine，97(2)：219-231.

O'Donoughue L S，Chong J，Wight C P，et al. 1996. Localization of stem rust resistance genes and associated molecular markers in cultivated oat[J]. Phytopathology，86：719-727.

O'Donoughue L S，Kianian S F，Rayapati P J，et al. 1995. A molecular linkage map of cultivated oat[J]. Genome，38：368-380.

O'Donoughue L S，Souza E，Tanksley S D，et al. 1994. Relationships among north American oat cultivars Based on restriction fragment length polymorphisms[J]. Crop Science，34(5)：1251-1258.

O'Donoughue L S，Wang Z，Röder M，et al. 1992. An RFLP-based linkage map of oats based on a cross between two diploid taxa (*Avena atlantica* × *A. hirtula*)[J]. Genome，

35(5): 765-771.

Okoń S, Kowalczyk K. 2012. Identification of SCAR markers linked to resistance to powdery mildew in common oat (*Avena sativa*)[J]. Journal of Plant Disease and Protect 119: 179-181.

Okoń S. 2012. Identification of powdery mildew resistance genes in polish common oat (*Avena sativa* L.) cultivars using host-pathogen tests[J]. Acta Agrobotanica, 65(3): 63-68.

Oliver R E, Tinker N A, Lazo G R, et al. 2013. SNP discovery and chromosome anchoring provide the first physically-anchored hexaploid oat map and reveal synteny with model species[J]. Plos One, 2013, 8(3): e58068.

Osler R D, Hayes H K. 1953. Inheritance studies in oats with particular reference to the Santa Fe type of crown rust resistance[J]. Agronomy Journal, 45: 49-53.

Pavek J J, Myers W M. 1965. Inheritance of seedling reaction to *Puccinia graminis* Pers. f. sp. *avenae* Race 13A in crosses of oat strains with four different reactions[J]. Crop Science, 5(6).

Pellizzaro K, Nava I C, Chao S, et al. 2016. Genetics and identification of markers linked to multiflorous spikelet in hexaploid oat[J]. Crop Breeding and Applied Biotechnology, 16 (1): 62-70.

Peng Y Y, Baum B R, Ren C Z, et al. 2010c. The evolution pattern of rDNA ITS in *Avena* and phylogenetic relationship of the *Avena* species (Poaceae: Aveneae) [J]. Hereditas, 147(5): 183-204.

Peng Y Y, Wei Y M, Baum B R, et al. 2010a. Phylogenetic inferences in *Avena* based on analysis of *FL* intron2 sequences [J]. Theoretical and Applied Genetics, 121(5): 985-1000.

Peng Y Y, Wei Y M, Baum B R, et al. 2010b. Phylogenetic investigation of *Avena* diploid species and the maternal genome donor of *Avena* polyploids[J]. Taxon, 59(5): 1472-1482.

Peng Y Y, Wei Y M, Baum B R, Zheng Y L. 2008. Molecular diversity of the 5S rRNA gene and genomic relationships in the genus *Avena* (Poaceae: Aveneae) [J]. Genome, 51 (2): 137-154.

Penner G A, Chong J, Levesque-Lemay M, et al. 1993a. Identification of a RAPD marker linked to the oatstem rust gene *Pg*3[J]. Theoretical and Applied Genetics, 85: 702-705.

Penner G A, Chong J, Wight C P, et al. 1993b. Identificationof an RAPD marker for the crown rust resistancegene *Pc*68 in oats[J]. Genome, 36:818-820.

Poland J A, Brown P J, Sorrells M E, et al. 2012. Development of high-density genetic maps for barley and wheat using a novel two-enzyme genotyping-by-sequencing approach [J]. Plos One, 7(2):e32253.

Pomeranz Y, Robbins G S, Briggle L W. 1971. Amino acid composition of oat groats[J]. Journal of Agricultural and Food Chemistry, 19(3): 536-539.

Portyanko V A, Chen G, Rines H W, et al. 2005. Quantitative trait locifor partial resistance to crown rust, *Puccinia coronata*, incultivated oat, *Avena sativa* L. [J]. Theoretical and Applied Genetics, 111: 313-324.

Portyanko V A, Hoffman D L, Lee M, et al. 2001. A linkagemap of hexaploid oat based on grass anchor DNA clonesand its relationship to other oat maps[J]. Genome, 44: 249-265.

Prasad V, Strmberg C A E, Alimohammadian H, et al. 2005. Dinosaur coprolites and the early evolution of grasses and grazers [J]. Science, 310(5751): 1177-1180.

Prasad V, Strmberg C A E, Leaché A D, et al. 2011. Late Cretaceous origin of the rice tribe provides evidence for early diversification in Poaceae [J]. Nature Communication, 2 (9): 480.

Puritz J, Hollenbeck C M, Gold J R. 2014. dDocent: a RADseq, variant-calling pipeline designed for population genomics of non-model organisms[J]. Peer J, 2(1): e431.

Qualset C O, Peterson M L. 1978. Polymorphism for vernalization requirement in a winter oat cultivar[J]. Crop Science, 18(2): 311-315.

Rajhathy T, Baum B R. 1972. *Avena damascena*: a new diploid oat species[J]. Genome, 14 (3): 645-654.

Rajhathy T, Dyck P L. 1963. Chromosomal differentiation and speciation in diploid *Avena*: II. The karyotype of A pilosa[J]. Canadian Journal of Genetics and Cytology, 5(2): 175-179.

Rajhathy T, Gupta P K, Tsuchiya T. 1991. The chromosomes of *Avena* [J]. Developments in Plant Genetics & Breeding, 2: 449-467.

Rajhathy T, Morrison J W. 1960. Genome homology in the genus *Avena* [J]. Canadian Journal of Genetics and Cytology, 2(3): 278-285.

Rajhathy T, Thomas H. 1974. Cytogenetics of Oats (*Avena* L.)[M]. Ottawa: The Genetics Society of Canada.

Rajhathy T. 2011. Evidence and an hypothesis for the origin of the C genome of hexaploid *Avena*[J]. Genome, 8(4):774-779.

Rayapati P J, Gregory J W, Lee M, et al. 1994. A linkage map of diploid *Avena* based on RFLP loci and a locus conferring resistance to nine isolates of *Puccinia coronata* var. 'avenae'[J]. Theoretical and Applied Genetics, 98(7-8): 831-837.

Reed G M. 1934. Inheritance of resistance to loose and covered smut in hybrids of Black Mesdag with Hull-less, Silvermine, and Early Champion oats[J]. American Journal of Botany, 21: 278-291.

Reich J M, Brinkman M A. 1984. Inheritance of groat protein percentage in *Avena sativa* L. × A. *fatua* L. crosses[J]. Euphytica, 33(3): 907-913.

Rezai A，Frey K J. 1988. Variation in relation to geographical distribution of wild oats-seed traits[J]. Euphytica，39(2)：113-118.

Rezai. 1977. Variation for some agronomic traits in the World Collection of wild oats (*Avena sterilis* L.)[D]. Iowa State University，USA.

Rines H W，Stuthman D D，Youngs F L，et al. 1980. Collection and evaluation of *Avena fatua* for use in oat improvement[J]. Crop Science，20(1)：63-68.

Rodionov A V，Tyupa N B，Kim E S，et al. 2005. Genomic configuration of the autotetraploid oat species *Avena* macrostachya inferred from comparative analysis of ITS1 and ITS2 sequences：On the oat karyotype evolution during the early events of the *Avena* species divergence [J]. Russion Journal of Genetics，41(5)：518-528.

Rodionova N A，Soldatov V N，Merezhko V E，et al. 1994. Kulturnaya flora SSSR. Oves. (cultivated flora of the USSR. Oat)[M]. vol 2，part. USSR，Kolos，Moscow

Rooney W L，Rines H W，Phillips R L. 1994. Identification of RFLP markers linked to crown rust resistance genes *Pc*91and *Pc*92 in oat[J]. Crop Science，34：940-944.

Saarela J M，Liu Q，Peterson P M，et al. 2010. Phylogenetics of grass"Aveneae-type plastid DNA clade" (Poaceae：Pooideae，Poeae) based on plastid and nuclear ribosomal DNA sequence data [C]. Seberg O，Peterson P M，Davis J. Diversity，Phylogeny，and Evolution in the Monocotyledons. Denmark：Aarhus University Press：557-586.

Sadasivaiah R S，Rajhathy T. 1968. Genome relationships in tetraploid *Avena* [J]. Canadian Journal of Genetica and Cytology，10(3)：655-669.

Sanderson K E. 1960. Inheritance of reaction to several races of crown rust. *Puccinia coronate avenae* Erikss. in two crosses involving Ukraine Oats[J]. Canadian Journal of Plant Science，40(2)：345-352.

Sanz M J，Jellen E N，Loarce Y，et al. 2010. A new chromosome nomenclature system for oat (*Avena sativa* L. And *A. Byzantine* C. Koch) based on FISH analysis of monosomic lines[J]. Theoretical and Applied Genetics，121(8)：1541-1552.

Sanz M J，Loarce Y，Fominaya A，et al. 2013. Identification of RFLP and NBS/PK profiling markers for disease resistance loci in genetic maps of oats [J]. Theoretical and Applied Genetics，126(1)：203-218.

Satheeskumar S，Sharp P J，Lagudah E S，et al. 2011. Genetic association of crown rust resistance gene *Pc*68，storage protein loci，and resistance gene analogues in oats[J]. Genome，54(6)：484-497.

Schipper H，Frey K J. 1991. Growth analyses of oat lines with low and high groat-oil content[J]. Euphytica，54(3)：221-229.

Schipper H，Frey K J. 1991. Selection for groat-oil content in oat grown in field and greenhouse[J]. Crop Science，31(3)：661-665.

Shelukhina O Y，Badaeva E D，Brezhneva T A，et al. 2008. Comparative analysis of diploid species of *Avena* L. using cytogenetic and biochemical markers: *Avena canariensis* Baum et Fedak and *A. longiglumis* Dur [J]. Russian Journal of Genetics, 2008, 44(6): 694-701.

Shelukhina O Y, Badaeva E D, Loskutov I G, et al. 2007. A comparative cytogenetic study of the tetraploid oat species with the A and C genomes: *Avena insularis*, *A. magna*, and *A. murphyi* [J]. Genetika, 43(6): 613-626.

Simons M D, Martens J W, McKenzie R I H, et al. 1978. Oats: a standardized system of nomenclature for genes and chromosomes and catalog of genes governing characters[M]. US Department of Agriculture, Madison, Wisconsin, USA.

Simons M D, Sadanaga K, Murphy H C. 1959. Inheritance of resistance of strains of diploid and tetraploid species of oats to races of the crown rust fungus[J]. Phytopathology 49: 257-259.

Simons M D. 1956. The genetic basis of the crown rust resistance of the oat variety Ascencao[J]. Phytopathology, 46: 414-416.

Simons M D. 1972. Polygenic resistance to plant disease and its use in breeding resistant cultivars[J]. Journal of Environmental Quality, 1(3): 232-240.

Simons M D. 1985. Crown rust. In: Roelfs AP, Bushnell WR (eds) The cereal rusts, vol. II, disease, distribution, epidemiology and control[M]. Academic, New York, USA.

Siripoonwiwat W, O'Donoughue L S, Wesenberg D, et al. 1996. Chromosomal regions associated with quantitative traits in oat[J]. Journal of Agricultural Genomics, 2:1-13.

Song G, Huo P, Wu B, et al. 2015. A genetic linkage map of hexaploid naked oat constructed with SSR markers[J]. The Crop Journal, 3(4): 353-357.

Sraon H S, Reeves D, Rumbaugh M. 1975. Quantitative gene action for protein content of oats[J]. Crop Science, 15(5): 668-670.

Stankov N Z. 1964. Root System of Crops [M]. Moscow: Kolos.

Stebbins G L. 1971. Chromosomal evolution in higher plants [M]. Edward Arnold.

Steinberg J G, Fetch J M, Fetch T G. 2005. Evaluation of *Avena* spp. accessions for resistance to oat stem rust[J]. Plant Disease, 89(5): 521-525.

Tan M Y A, Carson M L. 2013. Screening wild oat accessions from Morocco for resistance to *Puccinia coronata*[J]. Plant disease, 97(12): 1544-1548.

Tang X Q, Yan H H, Wang Z Y, et al. 2014. Evaluation of diversity and the relationship of *Avena* species based on agronomic characters[J]. International Journal of Agriculture and Biology, 16(1): 14-22.

Tanhuanpää P, Kalendar R, Laurila J, et al. 2006. Generation of SNP markers for short straw in oat (*Avena sativa* L.)[J]. Genome, 49(3): 282-287.

Tanhuanpää P, Kalendar R, Schulman A. H, et al. 2008. First doubled haploid linkage map for cultivated oat[J]. Genome, 51(8): 560-569.

Tanhuanpää P, Manninen O, Beattie A, et al. 2012. An updated doubled haploid oat linkage map and QTL mapping of agronomic and grain quality traits from Canadian field trials [J]. Genome, 55(4): 289-301.

Tanhuanpää P, Manninen O, Kiviharju E. 2010. QTLs for important breeding characteristics in the doubled haploid oat progeny[J]. Genome, 2010, 53(6): 482-493.

Thomas H. 1992. Cytogenetics of *Avena*. In: Marshall HG, Sorrells ME (eds). Oat science and technology. American Society of Agronomy Inc. , Madison, WI, pp 473-507.

Thro A M, Frey K J. 1985. Inheritance of groat-oil content and high-oil selection in oats (*Avena sativa* L.)[J]. Euphytica, 34(2): 251-263.

Tinker N A, Chao S, Lazo G R, et al. 2014. A SNP genotyping array for hexaploid oat[J]. The Plant Genome, 7(3).

Tinker N A, Kilian A, Wight C P, et al. 2009. New DArT markers for oat provide enhanced map coverage and global germplasm characterization[J]. BMC Genomics, 10: 39.

Tumino G, Voorrips R E, Rizza F, et al. 2016. Population structure and genome-wide association analysis for frost tolerance in oat using continuous SNP array signal intensity ratios[J]. Theoretical and Applied Genetics, 129(9): 1711-1724.

Ubert I P, Zimmer C M, Pellizzaro K, et al. 2017. Genetics and molecular mapping of the naked grains in hexaploid oat[J]. Euphytica, 213:41.

Upadhyaya Y M, Baker E P. 1960. Studies on the mode of inheritance of Hajira type stem rust resistance and Victoria type crown rust resistance as exhibited in crosses Rajhathy involving the oat variety Garry[J]. Proceedings of the Linnean Society of New South Wales, 85: 157-179.

Vavilov N. 1926. The origin of the cultivation of 'primacy' crops, in particular cultivated hemp [J]. Studies on the origin of cultivated plants: 221-233.

Weetman L M. 1942. Genetic studies in oats of resistance to two physiologic races of crown rust[J]. Phytopathology, 32: 19.

Welch R W, Brown J C W, Leggett J M. 2000. Interspecific and intraspecific variation in grain and groat characteristics of wild oat (*Avena*) species: very high groat (1→3),(1→4)-β-D-glucan in an *Avena atlantica* genotype[J]. Journal of Cereal Science, 31(3): 273-279.

Welch R W, Leggett J M, Lloyd J D. 1991. Variation in the kernel (1→3) (1→4)-β-D-Glucan content of oat cultivars and wild *Avena* species and its relationship to other characteristics[J]. Journal of Cereal Science, 13(2): 173-178.

Welch R W, Leggett J M. 1997. Nitrogen content, oil content and oil composition of oat cultivars (*A. sativa*) and wild *Avena* species in relation to nitrogen fertility, yield and partitioning of assimilates[J]. Journal of Cereal Science, 26(1): 105-120.

Welsh J N, Carson R B, Cherewick W J, et al. 1953. Oat varieties: past and present[R].

Canada Department of Agriculture, Ottawa, ON.

Welsh J N, Johnson T. 1954. Inheritance of reaction to race 7a and other races of oat stem rust, *Puccinia graminis avenae*[J]. Canadian Journal Botany, 32: 347-357.

Welsh J N, Peturson B, Machacek J E. 1954. Associated inheritance of reaction to races of crown rust, *Puccinia coronata avenae* Erikss. , and to victoria blight, *Helminthosporium victoriae* M. and M. , in oats[J]. Canadian Journal of Botany, 32(1): 55-68.

Wight C P, O'Donoughue L S, Chong J, et al. 2004. Discovery, localization, and sequence characterization of molecular markers for the crown rust resistance genes *Pc*38, *Pc*39, and *Pc*48 in cultivated oat (*Avena sativa* L.)[J]. Molecular Breeding, 14(4): 349-361.

Wight C P, Tinker N A, Kianian S F, et al. 2003. A molecular marker map in 'Kanota' × 'Ogle' hexaploid oat (*Avena* spp.) enhanced by additional markers and a robust framework[J]. Genome, 46(1): 28-47.

Winkler L R, Michael B J, Shiaoman C, et al. 2016. Population structure and genotype-phenotype associations in a collection of oat landraces and historic cultivars[J]. Frontiers in Plant Science, 7: 1077.

Wong L S L, McKenzie R I H, Harder D E, et al. 1983. The inheritance of resistance to *Puccinia coronata* and of floret characters in *Avena sterilis* [J]. Canadian Journal of Genetics and Cytology, 25: 329-335.

Wu Z L, Phillips S M. 2006. *Avena* L. [M]. Beijing: Science Press & St. Louis: Missouri Botanical Garden Press.

Yan H H, Baum B R, Zhou P P, et al. 2014a. Phylogenetic analysis of the genus *Avena* based on chloroplast intergenic spacer *psbA-trnH* and single-copy nuclear gene *Acc*1[J]. Genome, 57(5):267-277.

Yan H, Baum B R, Zhou P. 2014b. Genetic diversity of seed storage proteins in diploid, tetraploid and hexaploid *Avena* species [J]. Israel Journal of Ecology & Evolution, 60(2-4): 47-54.

Yan H, Bekele W A, Wight C P, et al. 2016. High-density marker profiling confirms ancestral genomes of avenaspecies and identifies D-genome chromosomes of hexaploid oat [J]. Theoretical and Applied Genetics, 129(11): 2133-2149.

Yan H, Martin S R, Bekele W A, et al. 2016. Genome size variation in the genus *Avena* [J]. Genome, 59(3): 209-220.

Yu G X, Wise R P. 2000. An anchored AFLP- and retrotransposon-based map of diploid *Avena*[J]. Genome, 43: 736-749.

Yu J, Herrmann M. 2006. Inheritance and mapping of a powdery mildew resistance gene introgressed from *Avena macrostachya* in cultivated oat[J]. Theoretical and Applied Genetics, 113(3): 429-437.

Yun S J, Martin D J, Gengenbach B G, et al. 1993. Sequence of a (1-3,1-4) beta- glucanase cDNA from oat[J]. Plant Physiology, 103: 295-296.

Zegeye T. 2008. Stem rust resistance in *Avena strigosa* Schreb. : inheritance, gene transfer, and identification of an amplified fragment length polymorphism (AFLP) marker [D]. University of Manitoba, Canada.

Zhao J, Tang X, Wight C P, et al. 2018. Genetic mapping and a new PCR-based marker linked to a dwarfing gene in oat (*Avena sativa* L.)[J]. Genome, 2018, 61(7): 497-503.

Zhou X, Jellen E N, Murphy J P. 1999. Progenitor Germplasm of Domisticated Hexaploid Oat [J]. Crop Science, 39(4): 1208-1214.

Zhu S, Kaeppler H F. 2003. A genetic linkage map forhexaploid, cultivated oat (*Avena sativa* L.) based on an intraspecific cross 'Ogle/MAMI7-5'[J]. Theoretical and Applied Genetics, 107: 26-35.

Zhu S, Rossnagel B G, Kaeppler H F. 2004. Genetic analysis of quantitative trait loci for groat protein and oil content in oat[J]. Crop Science, 44: 254-260.

Zhukovsky P M. 1968. New centres of the origin and new gene centres of cultivated plants including specifically endemic micro-centres of species closely allied to cultivated species (in Russian with English abstract)[J]. Bot Zh, 53: 430-460.

Zillinsky F J, Murphy H C. 1967. Wild oat species as source of disease resistance for improvement of cultivated oats[J]. Plant Disease Report, 51: 391-395.

Zimmer C M, Ubert I P, Pacheco M T, et al. 2018. Molecular and comparative mapping for heading date and plant height in oat[J]. Euphytica, 214(6): 101.